普通高等院校电工电

电路分析基础

主 编◎李 姿 陈玉玲

副主编◎张可菊 杨冶杰

参 编◎孙 瑜 刘寅生 牛 强

北京理工大学出版社

BEIJING INSTITUTE OF TECHNOLOGY PRESS

内 容 简 介

本书是根据教育部的电路的教学基本要求编写的教材,满足应用型人才的培养需求,突出了电路的基本分析方法与实践应用能力的培养。本书的主要内容包括电路的基本概念和电路定律、电阻电路的等效变换、电路分析的一般方法、电路定理、动态电路的时域分析、正弦稳态电路分析、电路的频率响应、耦合电感和理想变压器、三相电路。本书采用了较为新颖的体例结构和描述方法,力求做到易读和易学,便于教学与自学。同时,本书利用二维码的方式对内容进行扩展,实现对电路基本理论的应用。

本书可作为应用型本科电子、电气类相关专业的电路理论课程教材,也可供从事电子技术的工程技术人员参考。

图书在版编目(CIP)数据

电路分析基础 / 李姿, 陈玉玲主编. --北京: 北京理工大学出版社, 2023.1 (2023.2 重印)

ISBN 978-7-5763-2063-3

Ⅰ. ①电… Ⅱ. ①李… ②陈… Ⅲ. ①电路分析-高等学校-教材 Ⅳ. ①TM133

中国国家版本馆 CIP 数据核字(2023)第 008674 号

出版发行 / 北京理工大学出版社有限责任公司

社　　址 / 北京市海淀区中关村南大街 5 号

邮　　编 / 100081

电　　话 / (010) 68914775 (总编室)

　　　　　　(010) 82562903 (教材售后服务热线)

　　　　　　(010) 68944723 (其他图书服务热线)

网　　址 / http://www.bitpress.com.cn

经　　销 / 全国各地新华书店

印　　刷 / 河北盛世彩捷印刷有限公司

开　　本 / 787 毫米×1092 毫米　1/16

印　　张 / 16

字　　数 / 376 千字

版　　次 / 2023 年 1 月第 1 版　2023 年 2 月第 2 次印刷

定　　价 / 48.00 元

责任编辑 / 陆世立

文案编辑 / 李 硕

责任校对 / 刘亚男

责任印制 / 李志强

前　言

FOREWORD

电路是电类相关专业的一门重要的专业基础课，提供了线性电路分析的各种方法，对相关电类专业基础课和专业课起着重要的作用。本书在编写过程中以基本概念、基本定理、基本分析方法和基本技能为基础，同时注重电路的应用性，为应用型本科院校电类相关专业开展电路课程提供了教材基础。

本书分为9章：第1章重点介绍电路组成、描述电路的物理量、电路元件和电路基本定律；第2~4章介绍电路的分析方法和定律等；第5~9章介绍交流电路的组成及相应的分析方法等。

本书各章的基本体例结构如下。

（1）内容提要：概括本章讲解的主要内容。

（2）知识目标：说明本章的学习重点。

（3）知识导图：以知识导图的形式表示本章的知识结构。

（4）实用电路举例与分析：穿插于正文中，说明理论知识的实际应用。

（5）实践环节：将实践与理论知识融为一体。

（6）电路应用：结合实际案例，将课程知识点进行扩展，做到理实融合，让学生进一步理解课程知识点与实际的联系。

（7）本章小结：对本章主要内容和知识点进行概要回顾。

（8）综合练习：用相关习题加强对本章主要内容的复习与巩固。

根据应用型人才培养目标和"应用为本，学以致用"的办学理念，本书编写突出以下特点：

（1）内容由简入繁，做到深入浅出、循序渐进；

（2）增加应用案例，做到理论联系实际，激发学生的学习兴趣，有利于提升学生思考问题和解决问题的能力。

本书由沈阳工学院的骨干教师、个别企业教师、辽河石油职业技术学院教师及沈阳理工大学教师共同参与完成。其中，第1、8章由辽河石油职业技术学院张可菊编写，第2、6章由李姿、牛强编写，第3、5章由陈玉玲编写，第4、7、9章由杨冶杰、孙瑜、刘寅生编写。全书由李姿、陈玉玲担任主编，并负责总体设计和最后定稿。本书在编写过程中得到沈阳工学院信息与控制学院刘惠鑫院长、田林琳副院长的大力支持，对于参与编写的各位作者、专家、学校领导，在此一并表示感谢。由于时间有限，本书中难免存在不妥之处，恳请读者批评指正。

编 者

2022 年 6 月

目　录

CONTENTS

第1章 电路的基本概念和电路定律

内容提要

　　研究电路的基本规律和分析方法是电路理论的重要内容之一。为此，首先要定义电路、与电路相关的基本术语、电路的分类和描述电路的基本物理量，接着介绍组成电路的电阻元件、电压源、电流源和受控源，然后重点介绍电路的基本定律——基尔霍夫定律，最后介绍电位的概念及其计算。第1章作为全书的基础，所述内容将贯穿于以后各章。电路是电类专业重要的专业基础课程。

知识目标

◆了解电路的组成、功能及电路模型；

◆理解描述电路的物理量，熟练掌握电压和电流参考方向，以及电功率的计算；

◆熟悉电阻、电压源、电流源、受控源的特性，掌握它们的应用；

◆熟练掌握基尔霍夫定律及其应用；

◆理解电路中电位的概念，掌握电位的计算。

二维码1-1　知识导图

1.1 电路与电路模型

所谓"电路"，就是为了实现一定的目的，由电气设备和电气元件连接构成的电流通路。比如，手电筒中由干电池、小灯泡、导线和按钮开关连接构成的电流通路。简单地讲，电路是电流通过的路径。实际电路通常由各种电路实体部件(如电源、电阻器、电感线圈、电容器、变压器、仪表、二极管等)组成。每一种电路实体部件具有各自不同的电磁特性和功能，按照人们的需要，把相关电路实体部件按一定方式进行组合，就构成了电路。电路按照电流、电压的变化规律，分为线性电路与非线性电路，本书只研究线性电路。

1.1.1 电路的组成与功能

1. 电路的组成

无论是简单的电路，还是最大且复杂的电网输电电路，都由电源、负载和中间环节三部分组成。最简单的手电筒电路如图 1.1 所示。

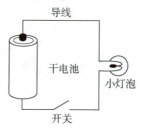

图 1.1 手电筒电路

(1)电源是指为电路提供电能或信号的设备，如干电池、蓄电池、稳压电源、交流电源、信号源等。由于电源向电路提供能量或信号，因此通常将电源称为激励源，也称为输入。在激励源的作用下，在电路各部分产生的电压和电流称为响应，也称为输出。

(2)负载是指用电装置，它是将电能转化为其他形式的能量的设备。例如，日光灯、白炽灯将电能转化为光能；电炉、电暖气将电能转化为热能；电动机将电能转化为机械能等。负载可以消耗电能，也可以存储能量。

(3)中间环节是指连接电源与负载的金属导线和控制电路工作状态的开关等设备。

简单电路的每一组成部分只有一两个电气元件，如手电筒电路中电源为干电池、负载为小灯泡、导线与按钮开关；复杂电路的每一组成部分都由许多个电气元件组成。

2. 电路的功能

电路种类繁多，但就其功能来说可概括为两个方面。

(1)电路用于进行能量的传输、分配与转换。例如，电力网络将电能从发电厂输送到各个工厂、广大农村和千家万户，供各种电气设备用电，输电线路如图 1.2(a)所示。

(2)电路实现信号的变换、处理与控制。例如，电视机将高频电视信号分离成图像信号和伴音信号，分别对它们进行加工处理，送入显示器和扬声器还原成图像和声音。电视机电路如图 1.2(b)所示。

（a）

（b）

图1.2　电路的功能

(a)输电线路；(b)电视机电路

1.1.2　电路模型

1. 理想电路元件

实际电路中的电路元件一般和电能的消耗及电磁能的存储有关，如果把这些特性都考虑进去，就给分析电路带来很大困难。为了便于分析、设计电路，需要根据各种元件的主要物理性质，建立它们的物理模型，这些抽象化的基本物理模型称为理想电路元件，简称电路元件。一种电路元件一般只表征一种电磁性质，电阻元件表征实际电路中消耗电能的性质；电感元件表征实际电路中产生磁场、储存磁能的性质；电容元件表征实际电路中产生电场、储存电能的性质；电源元件表征实际电路中将其他形式的能量转化为电能的性质。常用的电路元件符号如图1.3所示。

图1.3　常用的电路元件符号

不同的实际电路元件，只要具有相同的主要电磁性质，在一定条件下可用同一个电路元件表示。例如，电炉、电灯、电暖气等都以消耗电能为主要特性，因此都可以用电阻元件表示。

同一实际电路元件在不同的条件下，其物理模型可以有不同的形式。例如，实际电感线圈在直流稳定状态下，可以用电阻元件表示；在交流低频情况下，可以用电感元件和电阻元件的串联表示；在高频情况下，需要考虑线圈的分布电容，可以用电感与电阻串联后再与电容并联的模型表示，如图1.4所示。

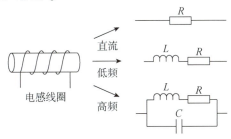

图1.4　电感线圈的不同模型

2. 电路模型

由电路元件构成的电路称为实际电路的电路模型。电路模型是实际电路理想化的模型，是在一定条件下对实际电路的科学抽象和足够精确的数学描述。

用电路元件符号来表示一个电路模型的图形称为电路原理图，简称电路图。手电筒电路的电路图如图 1.5 所示。

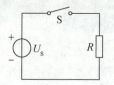

图 1.5　手电筒电路的电路图

图 1.6 所示为一简单照明电路，干电池是电源，灯泡是负载，导线和开关为中间环节，是连接电源和负载的部分，起传递、分配和控制电能的作用。

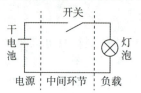

图 1.6　简单照明电路

3. 集总参数与集总参数电路

上述的理想电路元件又称为集总参数元件，简称集总元件。集总元件的几何尺寸远远小于其工作频率的波长，对外没有电磁辐射，电磁过程都集中在元件内部进行。即从元件一端流入的电流等于另一端流出的电流，元件两个端子之间的电压为单值量。这样，元件端子的电压、电流关系可以用一个集总参数描述。

由集总元件构成的电路称为集总参数电路。本书研究的电路都是集总参数电路。如果电路工作频率对应的波长与实际电路的几何尺寸可以比拟，那么实际电路不能用集总参数电路模拟。

1.2　描述电路的物理量

电路中描述电路特性的主要物理量有电压、电流、电荷、磁通（磁通链）、能量、电功率等，其中最重要的是电流、电压和电功率。

1.2.1　电流

带电粒子（电子、离子）的定向移动形成电流。电子和负离子带负电荷，正离子带正电荷。

1. 电流的大小

电流的大小定义为单位时间通过导线截面的电荷量，用符号 i 或者 I 表示，其数学表达

式为

$$i(t) = \frac{\mathrm{d}q(t)}{\mathrm{d}t} \tag{1.1}$$

式中，q 为通过导体横截面的电荷量，单位为库伦(C)。

电流的单位是安培(A)，常用的辅助单位有千安(kA)、毫安(mA)、微安(μA)，它们之间的换算关系是

$$1\ \mathrm{kA} = 10^{3}\ \mathrm{A},\ 1\ \mathrm{mA} = 10^{-3}\ \mathrm{A},\ 1\ \mathrm{\mu A} = 10^{-6}\ \mathrm{A}$$

2. 电流的方向

由于带正电与带负电的两种带电粒子在形成电流时运动方向相反，人们习惯规定正电荷移动的方向为电流方向，并称为电流的实际方向。

如果电流的大小和方向都不随时间变化，称其为直流电流，常用 DC 来表示，在直流电阻电路中，大写字母 I 和小写字母 i 都可以表示直流；如果电流的大小和方向都随时间做周期性变化且均值为零，称其为交变电流，简称交流，常用 AC 来表示。

3. 电流的参考方向

电流不但有大小，而且有方向。在简单电路中，如图 1.7 所示，可以直接判断电流的方向。即在电源内部电流由负极流向正极，而在电源外部电流则由正极流向负极，以形成一闭合回路。但在较为复杂的电路中，如图 1.8 所示，流过电阻 R_5 的电流的实际方向有时难以判定。

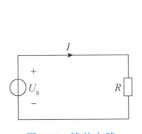

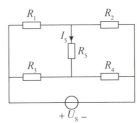

图 1.7　简单电路　　　　图 1.8　复杂电路

在分析比较复杂的电路时，往往无法确定电流的实际方向，为了电路分析和计算的需要，引进了参考方向的概念。所谓电流的参考方向，是指人为假设的电流方向，用箭头表示，如图 1.9 所示。

$$A \circ\!\!-\!\!\boxed{}\!\!-\!\!\circ B$$
$$\xrightarrow{\quad} i$$

图 1.9　电流的参考方向

电流的参考方向一般用实线箭头表示，既可以画在线上，如图 1.10(a)表示；也可以画在线外，如图 1.10(b)所示；还可以用双下标表示，如图 1.10(c)所示，其中，I_{ab} 表示电流的参考方向是由 a 点指向 b 点。

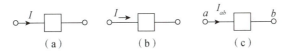

图 1.10　电流参考方向的标注方法

(a)画在线上；(b)画在线外；(c)双下标表示

4. 电流的参考方向与实际方向的关系

（1）如果电流的参考方向与实际方向相同，则电流为正值，如图 1.11（a）所示。

（2）如果电流的参考方向与实际方向相反，则电流为负值，如图 1.11（b）所示。

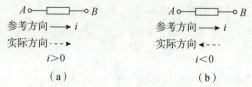

图 1.11　电流参考方向与实际方向的关系
（a）方向相同；（b）方向相反

5. 电流的测量

在电路调试和维护过程中，经常进行电流的测量。电流测量使用电流表，或万用表的电流挡，如果测量直流电流，则使用直流电流表，测量交流电流，则使用交流电流表。测量时将电流表串联到被测支路中，并注意选择合适的量程，当不知被测电流数值范围时，可以先将电流表调到最大量程，然后根据被测电流数值调整到合适量程。如果测量直流电流，则还要注意将电流表的正极接到电位高的一端。电流的测量如图 1.12 所示。

上述电流的测量称为直接测量，即用测量仪表直接测量得到被测值。

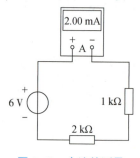

图 1.12　电流的测量

1.2.2　电压

1. 电压的定义

将单位正电荷从电路中一点移至另一点时电场力做的功，称为两点的电压，用 u 或 U 表示，即

$$u = \frac{\mathrm{d}W}{\mathrm{d}q} \tag{1.2}$$

式中，W 为电场力做的功，单位为焦耳（J）；q 为电荷量，单位为库伦（C）。

电压的单位为伏特（V），常用的辅助单位有千伏（kV）、毫伏（mV）、微伏（μV），它们之间的换算关系为

$$1\ \mathrm{kV} = 10^3\ \mathrm{V},\ 1\ \mathrm{mV} = 10^{-3}\ \mathrm{V},\ 1\mu\mathrm{V} = 10^{-6}\ \mathrm{V}$$

电压反映了正电荷由 a 点运动到 b 点所获得或失去的能量。例如，正电荷由 a 点运动到 b 点时失去能量，即 a 点电位高，b 点电位低；反之，正电荷由 a 点运动到 b 点时得到能量，即 a 点电位低，b 点电位高。

电压的实际方向是从高电位点指向低电位点，即为电压降的方向。

2. 电压的参考方向

与电流类似，分析、计算电路时，也要预先设定电压的参考方向。同样，所设定的参考方向并不一定就是电压的实际方向。当电压的参考方向与实际方向相同时，电压为正值；当电压的参考方向与实际方向相反时，电压为负值。这样，电压的值有正有负，它也是一个代数量，其正负表示电压的实际方向与参考方向的关系。

电压的参考方向有以下 3 种表示方法。

（1）用箭头表示电压的参考方向，如图 1.13（a）所示，箭头的方向表示电压降的方向，即 A 点电位高于 B 点电位。

（2）用正、负极性表示电压的参考方向，如图 1.13（b）所示，"+"极性一端表示高电位端，"−"极性一端表示低电位端。

（3）用双下标表示电压的参考方向，如图 1.13（c）所示，u_{AB} 表示 A 点电位高，B 点电位低。

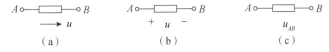

图 1.13 电压参考方向的表示方法
（a）用箭头表示；（b）用正、负极性表示；（c）用双下标表示

3. 电压与电流参考方向的关系

由于电压与电流的参考方向可以任意选定，对于同一段电路或同一个元件就会出现电压与电流的参考方向一致或者不一致两种情况。

1）关联参考方向

若电压、电流的参考方向一致，即电流从电压参考方向的正极性一端流向负极性一端，称为关联参考方向，如图 1.14（a）所示。

当电压、电流为关联参考方向时，若 $u>0$，则 $i>0$；反之，若 $u<0$，则 $i<0$。即电压与电流的符号永远是相同的。

图 1.14 关联与非关联参考方向
（a）关联参考方向；（b）非关联参考方向

2）非关联参考方向

若电压、电流的参考方向不一致，即电流从电压参考方向的负极性一端流向正极性一端，称为非关联参考方向，如图 1.14（b）所示。

当电压、电流为非关联参考方向时，若 $u>0$，则 $i<0$；反之，若 $u<0$，则 $i>0$。即电压与电流的符号永远是相反的。

要特别注意当电压、电流为非关联参考方向时，与电压、电流有关的公式中都出现一个负号，表示电压、电流的参考方向不一致。

以后在分析电路时，电路中的电压、电流方向都是参考方向。

【例 1.1】电路如图 1.15 所示，其中电压、电流参考方向如图中所标注，试确定对于电路中 A、B 两部分的电压、电流的参考方向是否相关联？

图 1.15　例 1.1 电路

解：对于 A 部分，电压的参考方向为上正下负，电流的参考方向为从下向上。电流与电压的参考方向不一致，所以为非关联参考方向。

对于 B 部分，电压的参考方向为上正下负，电流的参考方向为从上向下。电流与电压的参考方向一致，所以为关联参考方向。

由以上分析可知，在一个电路中无论如何选取电压、电流的参考方向，总会有一部分电路的电压、电流为关联参考方向，而另一部分电路的电压、电流为非关联参考方向。在分析电路时，参考方向一经选定，分析的整个过程中便不得随意改变。

4. 电压的测量

在电路调试和维护过程中，主要测量电路中关键点的电压，以确定电路是否正常工作。电压测量使用电压表，或万用表的电压挡，如果测量直流电压，则使用直流电压表，测量交流电压，则使用交流电压表。测量时将电压表并联到被测元件两端，并注意选择合适的量程，在不知被测电压数值范围时，可以先将电压表调到最大量程，然后根据被测电压数值调整到合适量程。如果测量直流电压，还要注意将电压表的正极接到电位高的一端。电压测量如图 1.16 所示。电压的测量也是直接测量。

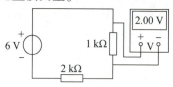

图 1.16　电压的测量

1.2.3　电功率

在电路分析和设计过程中，电功率是很重要的物理量，用于描述电路或元件对能量转化的快慢。

1. 电功率的定义

电功率定义为单位时间内电场力做的功，用符号 P 表示，即

$$P = \frac{\mathrm{d}W}{\mathrm{d}t} \tag{1.3}$$

电功率简称为功率，其单位为瓦特（W），简称瓦。功率的辅助电位有千瓦（kW）、毫瓦（mW），它们之间的换算关系为

$$1\ \mathrm{kW} = 10^3 \mathrm{W},\ 1\ \mathrm{mW} = 10^{-3} \mathrm{W}$$

用功率的定义式计算功率很不方便，利用电压、电流计算功率更为便捷。前面电压、电流的定义式为 $i = \dfrac{\mathrm{d}q}{\mathrm{d}t}$，$u = \dfrac{\mathrm{d}W}{\mathrm{d}q}$。当电压、电流为关联参考方向时，将电压、电流的定义式代

入功率的定义式,得到功率的计算公式为

$$P = \frac{\mathrm{d}W}{\mathrm{d}t} = \frac{\mathrm{d}W}{\mathrm{d}q} \cdot \frac{\mathrm{d}q}{\mathrm{d}t} = u \cdot i \tag{1.4}$$

在直流电路中功率又可以表示为

$$P = UI \tag{1.5}$$

当 u 和 i 为非关联参考方向时,计算功率的公式为

$$P = -ui \text{ 或 } P = -UI \tag{1.6}$$

电压 u、电流 i 的参考方向对功率计算的影响如图 1.17 所示。

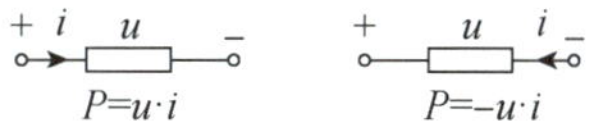

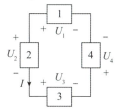

图 1.17 u、i 的参考方向对功率计算的影响

(a)u、i 为关联参考方向;(b)u、i 为非关联参考方向

2. 吸收功率与发出功率

利用式(1.4)、式(1.5)和式(1.6)计算功率时,若 $P>0$,表示元件(或电路)吸收功率,也称为消耗功率,表明元件(或电路)消耗电能;若 $P<0$,表示元件(或电路)发出功率,也称为产生功率、供给功率,表明元件(或电路)供给电能。

在计算功率时,根据所得功率数值的正负,便可确定元件(或电路)是吸收功率还是发出功率。

3. 计算功率的步骤

计算功率的步骤如下:

(1)由元件(或电路)的电压、电流参考方向的关联性,确定计算功率的公式;

(2)将电压、电流值代入功率公式,计算功率值;

(3)由计算的功率值确定是吸收功率还是发出功率。

【例 1.2】电路如图 1.18 所示,已知 $U_1 = 1$ V,$U_2 = -3$ V,$U_3 = 8$ V,$U_4 = -4$ V,$I = 2$ A。试求图中各方框所代表元件的功率,并说明是吸收功率还是发出功率。

图 1.18 例 1.2 电路

解:元件 1 的电压 U_1 和电流 I 的参考方向非关联,计算功率公式为 $P_1 = -U_1 I$,即

$$P_1 = -U_1 I = -1 \text{ V} \times 2 \text{ A} = -2 \text{ W} \qquad \text{为发出功率}$$

用同样的分析步骤,分别计算 P_2、P_3、P_4 为

$$P_2 = U_2 I = (-3 \text{ V}) \times 2 \text{ A} = -6 \text{ W} \qquad \text{为发出功率}$$

$$P_3 = U_3 I = 8 \text{ V} \times 2 \text{ A} = 16 \text{ W} \qquad \text{为吸收功率}$$

$$P_4 = U_4 I = (-4 \text{ V}) \times 2 \text{ A} = -8 \text{ W} \qquad \text{为发出功率}$$

电路中发出总功率为

$$P_{发出} = P_1 + P_2 + P_4 = -16 \text{ W}$$

电路中吸收总功率为

$$P_{吸收} = P_3 = 16 \text{ W}$$

于是得到：一个完整电路发出功率的数值一定等于吸收功率的数值，即

$$|P_{发出}| = |P_{吸收}| \tag{1.7}$$

也就是说，一个完整电路各元件功率之和为零，即

$$\sum P_i = 0 \tag{1.8}$$

式（1.7）和式（1.8）的结论符合能量守恒定律。这样为计算功率又多提供了一种方法。

【例 1.3】在图 1.19 所示电路中，已知 $U_1 = 1$ V，$U_2 = -6$ V，$U_3 = -4$ V，$U_4 = 5$ V，$U_5 = -10$ V，$I_1 = 1$ A，$I_2 = -3$ A，$I_3 = 4$ A，$I_4 = -1$ A，$I_5 = -3$ A。试求：（1）各二端元件的功率；（2）整个电路的功率。

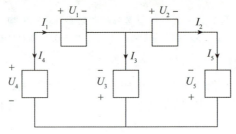

图 1.19　例 1.3 电路

解：各二端元件的功率如下。

元件 1 的功率 $P_1 = U_1 I_1 = (1 \text{ V}) \times (1 \text{ A}) = 1$ W

元件 2 的功率 $P_2 = U_2 I_2 = (-6 \text{ V}) \times (-3 \text{ A}) = 18$ W

元件 3 的功率 $P_3 = -U_3 I_3 = -(-4 \text{ V}) \times (4 \text{ A}) = 16$ W

元件 4 的功率 $P_4 = U_4 I_4 = (5 \text{ V}) \times (-1 \text{ A}) = -5$ W（发出 5 W）

元件 5 的功率 $P_5 = -U_5 I_5 = -(-10 \text{ V}) \times (-3 \text{ A}) = -30$ W（发出 30 W）

整个电路的功率为

$$\sum_{k=1}^{5} P_k = P_1 + P_2 + P_3 + P_4 + P_5 = (1 + 18 + 16 - 5 - 30) \text{ W} = 0 \text{ W}$$

4. 功率的测量

在电路测试时经常需要测量电气设备消耗的功率，没有直接测量功率的仪表，可以采用间接测量的方法测量功率，即利用电压表和电流表测量被测元件或电路的电压和电流，然后利用公式 $P = UI$ 计算功率。测量功率的电路如图 1.20 所示。

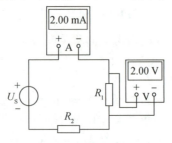

图 1.20　测量功率的电路

由图 1.20 测量得到 $U = 2.00$ V，$I = 2.00$ mA，电阻 R_1 的功率为

$$P = UI = 2.00 \text{ V} \times 2.00 \text{ mA} = 4.00 \text{ mW}$$

1.3　电路元件

电路的基本单元是元件，电路元件是实际器件的理想化物理模型。研究电路元件的特性就是研究元件电压与电流之间的关系。

电路元件可分为有源元件和无源元件。有源元件如电压源、电流源等，无源元件如电阻、电容、电感等。电路元件按与外电路连接端子数目分为二端元件、三端元件、四端元件等。

1.3.1　电阻元件

电阻元件是一种对电流呈现阻碍性质的元件，即消耗电能的元件。电阻元件可以定义为：一个二端元件如果在任意时刻 t，其两端电压 u 与流过元件的电流 i 之间的关系为 u–i 平面上通过原点的曲线，称其为二端电阻元件，简称电阻元件。实际电阻的类型如图 1.21 所示。

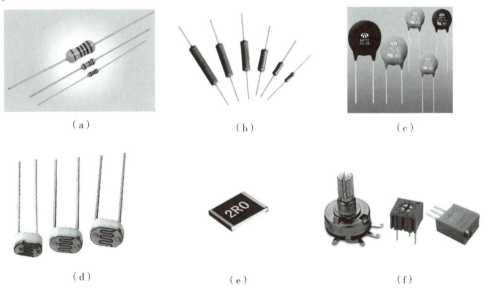

（a）　　　　　　　　　（b）　　　　　　　　　（c）

（d）　　　　　　　　　（e）　　　　　　　　　（f）

图 1.21　实际电阻的类型
（a）碳膜电阻；（b）线绕电阻；（c）热敏电阻；（d）光敏电阻；（e）贴片电阻；（f）电位器

电阻元件的电压与电流关系称为电阻元件的伏安特性，对应的曲线称为伏安特性曲线。电阻元件分为线性电阻元件和非线性电阻元件。

（1）线性电阻元件为电压与电流成正比的电阻元件，线性电阻的符号如图 1.22（a）所示。线性电阻元件的伏安特性曲线为过原点的一条直线，该直线的斜率即为线性电阻的电阻值，如图 1.22（b）所示。

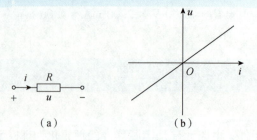

图 1.22 线性电阻

(a)符号；(b)伏安特性曲线

（2）非线性电阻元件为电压与电流不成正比的电阻元件，非线性电阻的符号如图 1.23(a)所示。非线性电阻元件的伏安特性曲线为过原点的一条曲线，如图 1.23(b)所示。

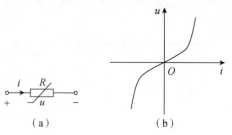

图 1.23 非线性电阻

(a)符号；(b)伏安特性曲线

下面讨论线性电阻元件的特性。

1. 电阻元件的图形、文字符号

电阻器是具有一定电阻值的器件，在电路中用于控制电流、电压和放大了的信号等。电阻器通常简称为电阻，在电路图中用字母"R"或"r"表示，电路图中常用电阻的符号如图 1.24 所示。

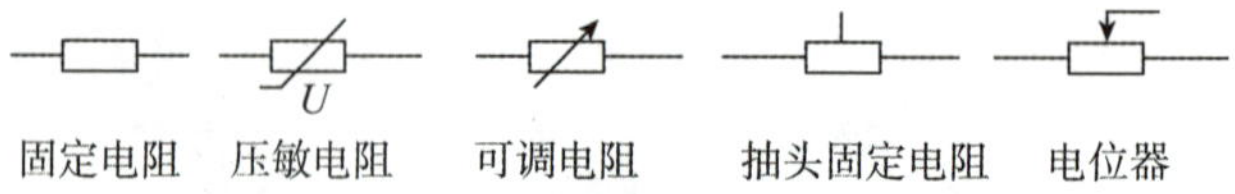

| 固定电阻 | 压敏电阻 | 可调电阻 | 抽头固定电阻 | 电位器 |

图 1.24 常用电阻的符号

2. 线性电阻元件的电压、电流关系

线性电阻元件的电压、电流关系遵从欧姆定律，如果电压与电流为关联参考方向，则

$$u = R \cdot i \qquad\qquad (1.9)$$

如果电压与电流为非关联参考方向，则

$$u = -R \cdot i \qquad\qquad (1.10)$$

欧姆定律表达了电路中电压、电流和电阻值(通常也简称为电阻，所以"电阻"这个名词，既表示电路元件，又表示元件的参数)的关系，它说明以下结论。

（1）如果电阻保持不变，当电压增加时，电流与电压成正比例地增加；当电压减小时，电流与电压成正比例地减小。

（2）如果电压保持不变，当电阻增加时，电流与电阻成反比例地减小；当电阻减小时，电流与电阻成反比例地增加。

【例 1.4】 两个标明 220 V，60 W 的白炽灯，若分别接在 380 V 和 110 V 电源上，消耗的功率各是多少？（假定白炽灯电阻是线性的。）

解： 根据题意可解得两白炽灯的电阻 $R = \dfrac{U^2}{P} = 806.6667\ \Omega$。

当接在 380 V 的电源上时，消耗的功率 $P = \dfrac{(380\ \mathrm{V})^2}{R} = 179\ \mathrm{W}$；

当接在 110 V 的电源上时，消耗的功率 $P = \dfrac{(110\ \mathrm{V})^2}{R} = 15\ \mathrm{W}$。

3. 电阻与电导

线性电阻元件的电气参数有两个，即电阻 R 和电导 G。

1）电阻 R

由欧姆定律得到 $R = u/i$，当电压单位为伏特，电流单位为安培时，电阻 R 的单位为欧姆（Ω）。电阻常用的辅助单位有兆欧（$\mathrm{M\Omega}$）、千欧（$\mathrm{k\Omega}$），它们之间的换算关系为

$$1\ \mathrm{M\Omega} = 10^3\ \mathrm{k\Omega} = 10^6\ \Omega$$

线性电阻元件的电阻 R 可以是常数，也可以是时间的函数。本书主要研究线性时不变电阻元件，电阻 R 是固定不变的常数，这是电阻元件非常重要的特性。

2）电导 G

电导是电阻元件的另一个电气参数，同样是描述电阻元件对电流的阻碍特性的参数，与电阻 R 互为倒数，有

$$G = \frac{1}{R} \tag{1.11}$$

电导的单位为西门子（S），简称西。电导的辅助单位有毫西（mS）、微西（μS），它们之间的换算关系为

$$1\ \mathrm{mS} = 10^{-3}\ \mathrm{S},\ 1\ \mathrm{\mu S} = 10^{-6}\ \mathrm{S}$$

欧姆定律也可以用电导表示，有

$$u = \frac{i}{G}\ \text{或}\ i = G \cdot u \tag{1.12}$$

4. 功率

电阻元件在任意时刻的功率为

$$p = ui = Ri^2 = \frac{u^2}{R} = Gu^2 = \frac{i^2}{G} \tag{1.13}$$

根据欧姆定律所表示的电压、电流与电阻三者之间的相互关系，可以从两个已知的数量中求解出另一个未知量。因此，欧姆定律可以有 3 种不同的表示形式。

（1）已知电压、电阻，求电流：

$$I = \pm\frac{U}{R} \tag{1.14}$$

（2）已知电流、电阻，求电压：

$$U = \pm RI \tag{1.15}$$

（3）已知电压、电流，求电阻：

$$R = \pm\frac{U}{I} \tag{1.16}$$

无论电压、电流为关联参考方向还是非关联参考方向，电阻元件的功率均为

$$P = I_R^2 R = \frac{U_R^2}{R} \tag{1.17}$$

上式表明，电阻元件吸收的功率恒为正值，而与电压、电流的参考方向无关。因此，电阻元件又称为耗能元件。

5. 电阻元件的开路与短路

电阻元件除了接通电源处于正常的导通工作状态外，还有两种特殊的工作状态——开路与短路。

1）开路工作状态

当电阻元件断开时，其电阻为无穷大，电阻元件的端电压无论为何值，流过它的电流恒等于零，该工作状态称为开路。开路的伏安特性如图1.25（a）所示，伏安特性曲线为过原点与电压轴重合的直线。开路时的特性为 $i=0$，$u \neq 0$，$R=\infty$，$G=0$。

2）短路工作状态

当电阻元件短接时，其电阻为零，流过电阻元件的电流无论为何值，电压恒等于零，该工作状态称为短路。短路的伏安特性如图1.25（b）所示，伏安特性曲线为与电流轴重合的直线。短路时的特性为 $u=0$，$i \neq 0$，$R=0$，$G=\infty$。

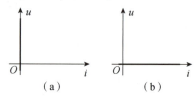

图 1.25　开路和短路时的伏安特性

（a）开路；（b）短路

6. 电阻的测量

在工程中经常通过测量得到电阻元件的电阻。电阻测量的方法有两种——直接测量与间接测量。

直接测量是用万用表的欧姆挡直接测量得到电阻，如图1.26（a）所示。

间接测量是用电压表和电流表测量电阻元件的电压和电流，然后再利用欧姆定律 $R = u/i$，计算得到电阻，如图1.26（b）所示。

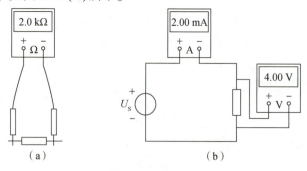

图 1.26　电阻的测量

（a）直接测量；（b）间接测量

二维码 1-2　电阻元件的识别

1.3.2　电压源

在电路中，能够向外供给电能的装置称为独立电源，独立电源是实际电源的理想化模型。独立电源有电压源和电流源两种，图 1.27 所示为各种实际电源。

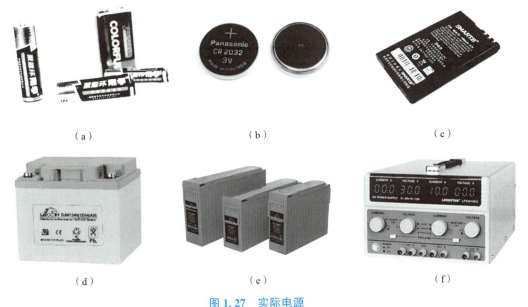

图 1.27　实际电源

(a)干电池；(b)纽扣电池；(c)锂电池；(d)蓄电池；(e)燃料电池；(f)稳压电源

1. 电压源定义

一个二端元件，如果其端口电压总能保持为给定的电压 $u_S(t)$，而与通过它的电流无关，则称其为电压源。$u_S(t)$ 可以是时间的函数，也可以是恒定值 U_S，当为恒定值 U_S 时，称为直流电压源，又称为恒压源。电压源的符号如图 1.28(a)所示。

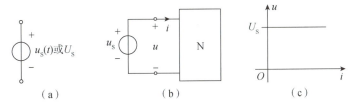

图 1.28　电压源

(a)符号；(b)连接负载；(c)伏安特性

2. 电压源的特性

将电压源与外部电路 N 连接，其端口电压为 u，电流为 i，如图 1.28(b) 所示。电压源具有如下特性。

(1)无论通过电流为何值，电压源的端口电压 u 总保持 $u(t) = u_S(t)$。如果是直流电压源 U_S，则电压源的伏安特性曲线为一条 $u = U_S$，且平行于电流轴的直线，如图 1.28(c) 所示。

(2)电压源的电流由电压源和与它连接的外电路共同决定。电压源端口电压与电流可以表示为

$$\begin{cases} u(t) = u_S(t) \\ i(t) = 任意值 \end{cases} \tag{1.18}$$

直流电压源的特性可以总结为"电压恒定，电流任意"。

在使用电压源时，实际电压源不允许短路，否则会因短路电流过大而烧毁。

3. 电压源的功率

(1)当电压源的电压与电流为关联参考方向时，如图 1.29(a) 所示，电压源的功率为

$$P(t) = u_S(t) \cdot i(t)$$

(2)当电压源的电压与电流为非关联参考方向时，如图 1.29(b) 所示，电压源的功率为

$$P(t) = -u_S(t) \cdot i(t)$$

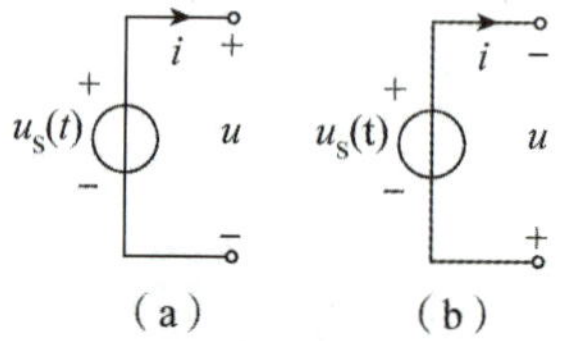

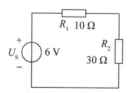

图 1.29 电压源功率

(a)关联参考方向；(b)非关联参考方向

由上述分析可知，当 $P<0$ 时，电压源发出功率，为激励源；当 $P>0$ 时，电压源吸收功率，为负载，即处于充电状态；当 $P=0$ 时，电压源处于既不发出功率也不吸收功率的状态。

【例 1.5】电路如图 1.30 所示，已知 $U_S = 6\ \text{V}$，$R_1 = 10\ \Omega$，$R_2 = 30\ \Omega$，试求各电阻的功率和电压源的功率。

图 1.30 例 1.5 电路

解：由已知条件可知，求电阻和电压源的功率必须先求出电流。由欧姆定律得到电流 I 为

$$I = \frac{U_S}{R_1 + R_2} = \frac{6}{10 + 30}\ \text{A} = 0.15\ \text{A}$$

电阻 R_1、R_2 的功率分别为

$$P_{R_1} = I^2 R_1 = 0.15^2 \times 10\ \text{W} = 0.225\ \text{W}$$

$$P_{R_2} = I^2 R_2 = 0.15^2 \times 30\ \text{W} = 0.675\ \text{W}$$

电压源的电压与电流为非关联参考方向，功率为

$$P_{U_S} = -U_S I = -6 \times 0.15 \text{ W} = -0.9 \text{ W}$$

【例 1.6】电路如图 1.31 所示，已知 $I_S = 2$ A，$R_1 = 4$ Ω，$R_2 = 630$ Ω，求各电阻的功率和电流源的功率。

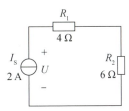

图 1.31　例 1.6 电路

解：各电阻和电流源的功率分别为

$$P_{R_1} = I_S^2 R_1 = 2^2 \times 4 \text{ W} = 16 \text{ W}$$

$$P_{R_2} = I_S^2 R_2 = 2^2 \times 6 \text{ W} = 24 \text{ W}$$

$$U = I_S(R_1 + R_2) = 2 \times 10 \text{ V} = 20 \text{ V}$$

$$P_{I_S} = -UI_S = -20 \times 2 \text{ W} = -40 \text{ W}$$

电路的总功率为：

$$\sum P_k = P_{R_1} + P_{R_2} + P_{I_S} = [16 + 24 + (-40)] \text{ W} = 0 \text{ W}$$

1.3.3　电流源

电流源是另外一种理想的独立电源。

1. 电流源定义

一个二端元件，如果其端口电流总能保持为给定的电流 $i_S(t)$，而与其端口电压无关，则称其为电流源。$i_S(t)$ 可以是时间的函数，也可以是恒定值 I_S，如为恒定值 I_S，则称为直流电流源，又称为恒流源。电流源的符号如图 1.32(a) 所示。

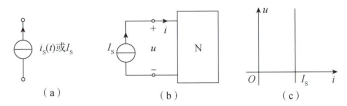

图 1.32　电流源
(a)符号；(b)连接负载；(c)伏安特性

2. 电流源的特性

将电流源与外部电路 N 连接，其端口电压为 u，电流为 i，如图 1.32(b) 所示。电流源具有如下特性。

(1)无论其端口电压为何值，电流源的端口电流 i 总保持 $i(t) = i_S(t)$。如果是直流电流源 I_S，则电流源的伏安特性曲线为一条 $i = I_S$，且平行于电压轴的直线，如图 1.32(c) 所示。

(2)电流源的端口电压由电流源和与它连接的外电路共同决定。电流源端口电压与电流

可以表示为

$$\begin{cases} u(t) = 任意值 \\ i(t) = i_{\mathrm{s}}(t) \end{cases} \tag{1.19}$$

直流电流源的特性可以总结为"电压任意，电流恒定"。

在使用电流源时，实际电流源不允许开路，否则会因端口开路电压过大而击穿。

3. 电流源的功率

(1)当电流源的电压与电流为关联参考方向时，如图 1.33(a)所示，电流源的功率为

$$P(t) = u(t) \cdot i_{\mathrm{s}}(t)$$

(2)当电流源的电压与电流为非关联参考方向时，如图 1.33(b)所示，电流源的功率为

$$P(t) = -u(t) \cdot i_{\mathrm{s}}(t)$$

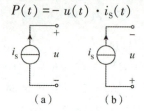

图 1.33　电流源功率
(a)关联参考方向；(b)非关联参考方向

与电压源一样，电流源在电路中，既可以发出功率，为激励源；也可以吸收功率，为负载；还可以处于既不发出功率也不吸收功率的状态。

【例 1.7】电路如图 1.34 所示，试求电阻 R_{L} 分别为 2 Ω、5 Ω、10 Ω 时，电压源、电流源和电阻的功率。

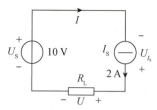

图 1.34　例 1.7 电路

解：(1)$R_{\mathrm{L}} = 2$ Ω 时，首先求出流过电压源的电流 I 和电流源电压 $U_{I_{\mathrm{S}}}$，分别为

$$I = I_{\mathrm{S}} = 2 \text{ A}$$

$$U_{I_{\mathrm{S}}} = I \cdot R_{\mathrm{L}} - U_{\mathrm{S}} = (2 \times 2 - 10) \text{ V} = -6 \text{ V}$$

电阻 R_{L}、电压源、电流源的功率分别为

$$P_{R_{\mathrm{L}}} = I^2 R_{\mathrm{L}} = 2^2 \times 2 \text{ W} = 8 \text{ W}$$

$$P_{U_{\mathrm{S}}} = -U_{\mathrm{S}} \cdot I = -10 \times 2 \text{ W} = -20 \text{ W}$$

$$P_{I_{\mathrm{S}}} = -U_{I_{\mathrm{S}}} I_{\mathrm{S}} = -(-6) \times 2 \text{ W} = 12 \text{ W}$$

此时，电压源发出功率，电流源吸收功率。

(2)$R_{\mathrm{L}} = 5$ Ω 时，有

$$I = I_{\mathrm{S}} = 2 \text{ A}$$

$$U_{I_{\mathrm{S}}} = I \cdot R_{\mathrm{L}} - U_{\mathrm{S}} = (2 \times 5 - 10) \text{ V} = 0 \text{ V}$$

电阻 R_{L}、电压源、电流源的功率分别为

$$P_{R_L} = I^2 R_L = 2^2 \times 5 \text{ W} = 20 \text{ W}$$

$$P_{U_S} = -U_S \cdot I = -10 \times 2 \text{ W} = -20 \text{ W}$$

$$P_{I_S} = -U_{I_S} \cdot I_S = -0 \times 2 \text{ W} = 0 \text{ W}$$

此时，电压源发出功率，电流源既不吸收功率也不发出功率。

（3）$R_L = 10 \text{ }\Omega$ 时，有

$$I = I_S = 2 \text{ A}$$

$$U_{I_S} = I \cdot R_L - U_S = (2 \times 10 - 10) \text{ V} = 10 \text{ V}$$

电阻 R_L、电压源、电流源的功率分别为

$$P_{R_L} = I^2 R_L = 2^2 \times 10 \text{ W} = 40 \text{ W}$$

$$P_{U_S} = -U_S \cdot I = -10 \times 2 \text{ W} = -20 \text{ W}$$

$$P_{I_S} = -U_{I_S} I_S = -10 \times 2 \text{ W} = -20 \text{ W}$$

此时，电压源发出功率，电流源也发出功率。

由此例题可见，独立电源在电路中既可以发出功率，起电源作用；也可以吸收功率，作为负载；还可以既不是电源，也不是负载，在电路中不起任何作用。

1.3.4　受控源

为了描述某些电子元件的特性，在电路模型中将其抽象为一种理想元件——受控源。受控源又称为非独立电源，即电压或电流的大小和方向受电路中其他支路的电压或电流控制的电源。可以等效为受控源的电子元件如图 1.35 所示。

（a）　　　　　　　　　（b）　　　　　　　　　（c）

图 1.35　可以等效为受控源的电子元件

（a）运放；（b）三极管；（c）电感

1. 受控源的符号

受控源分为受控电压源和受控电流源，它们的符号如图 1.36 所示。

（a）　　　　　　　　　（b）

图 1.36　受控源符号

（a）受控电压源；（b）受控电流源

2. 受控源的分类

受控源含有两条支路，一条是控制支路，一条是被控支路，且控制支路和被控支路既可

以是电压，也可以是电流，因此受控源有 4 种类型：电压控制电压源（VCVS）、电压控制电流源（VCCS）、电流控制电压源（CCVS）、电流控制电流源（CCCS）。

1）电压控制电压源

电压控制电压源模型如图 1.37（a）所示。控制量是电压 u_1，被控制量是电压源 u_2，关系为

$$\begin{cases} i_1 = 0 \\ u_2 = \mu u_1 \end{cases} \tag{1.20}$$

式中，μ 为电压控制系数。

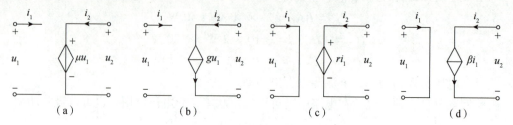

图 1.37　受控源类型

（a）VCVS；（b）VCCS；（c）CCVS；（d）CCCS

2）电压控制电流源

电压控制电流源模型如图 1.37（b）所示。控制量是电压 u_1，被控制量是电流源 i_2，关系为

$$\begin{cases} i_1 = 0 \\ i_2 = g u_1 \end{cases} \tag{1.21}$$

式中，g 为电流控制系数。

3）电流控制电压源

电流控制电压源模型如图 1.37（c）所示。控制量是电流 i_1，被控制量是电压源 u_2，关系为

$$\begin{cases} u_1 = 0 \\ u_2 = r i_1 \end{cases} \tag{1.22}$$

式中，r 为电压控制系数。

4）电流控制电流源

电流控制电流源模型如图 1.37（d）所示。控制量是电流 i_1，被控制量是电流源 i_2，关系为

$$\begin{cases} u_1 = 0 \\ i_2 = \beta i_1 \end{cases} \tag{1.23}$$

式中，β 为电流控制系数。

3. 受控源与独立源的比较

（1）受控源不是独立的。独立源的电压（或电流）由电源自身决定，与电路中其他电压、电流无关；而受控源的电压（或电流）不是独立的，由电路中某支路的电压（或电流）决定。

（2）受控源不是激励源。独立源在电路中起激励源作用，在电路中产生电压、电流；而受控源在电路中不能作为激励源。

(3) 受控源的作用只是描述电子元件中某处电压、电流控制另一处电压、电流的现象，或反映电路中某种耦合关系。

【例 1.8】电路如图 1.38 所示，试求电阻 R_L 两端的电压 u_L。

i_S
2 A
R_1
5 Ω
u_1
0.5u_1
R_L
2 Ω
u_L

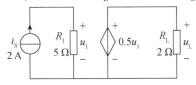

图 1.38　例 1.8 电路

解：控制量 u_1 为

$$u_1 = i_S R_1 = 10\ \text{V}$$

电阻 R_L 两端的电压 u_L 为受控电压源的电压，为

$$u_L = 0.5u_1 = 5\ \text{V}$$

如果改变电阻为 $R_1 = 10\ \Omega$，则

$$u_1 = i_S R_1 = 20\ \text{V},\ u_L = 0.5u_1 = 10\ \text{V}$$

由例 1.8 可见，受控源是非独立源，受控制量的控制，控制量发生变化，受控源也随之改变。

1.3.5　电容元件

1. 电容元件的图形、文字符号

实际电容器是由两片金属极板中间充满电介质(如空气、云母、绝缘纸、塑料薄膜、陶瓷等)构成的，在电路中多用来滤波、隔直、交流耦合、交流旁路及与电感元件组成振荡回路等。电容器又名储电器，在电路图中用字母“C”表示。电路图中常用电容器的图形符号如图 1.39 所示。

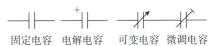

固定电容
电解电容
可变电容
微调电容

图 1.39　电容器的图形符号

电容器的单位是法拉，简称法，通常用符号“F”表示。常用的单位还有“μF”“pF”，它们的换算关系如下：

$$1\ \text{F} = 10^6\ \mu\text{F} = 10^{12}\ \text{pF}$$

电容元件是从实际电容器抽象出来的理想化模型，是代表电路中储存电能这一物理现象的理想二端元件。当忽略实际电容器的漏电电阻和引线电感时，可将它们抽象为仅具有储存电场能量功能的电容元件。

2. 电容元件的特性

在电路分析中，电容元件的电压、电流关系是十分重要的。当电容元件两端的电压发生变化时，极板上聚集的电荷也相应地发生变化，这时电容元件所在的电路中就存在电荷的定向移动，形成了电流。当电容元件两端的电压不变时，极板上的电荷也不变化，电路中便没有电流。

当电压、电流为关联参考方向时，线性电容元件的特性方程为

$$i = C \frac{\mathrm{d}u}{\mathrm{d}t} \qquad (1.24)$$

它表明电容元件中的电流与其端子间电压对时间的变化率成正比。比例常数 C 称为电容值，也简称电容，是表征电容元件特性的参数。当 u 的单位为伏特（V），i 的单位为安培（A）时，C 的单位为法拉（F）。习惯上把电容元件简称为电容，所以"电容"这个名词，同样既表示电路元件，又表示元件的参数。

本书只讨论线性电容元件。线性电容元件在电路图中用图 1.40 所示的符号表示。

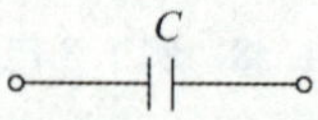

$$C$$

图 1.40　线性电容元件的图形符号

若电压、电流为非关联参考方向，则电容元件的特性方程为

$$i = - C \frac{\mathrm{d}u}{\mathrm{d}t} \qquad (1.25)$$

由式（1.24）、式（1.25）可以很清楚地看到，只有当电容元件两端的电压发生变化时，才有电流通过。电压变化越快，电流越大。当电压不变（直流电压）时，电流为零。所以，电容元件有隔直通交的作用。

由式（1.24）、式（1.25）还可以看到，电容元件两端的电压不能跃变，这是电容元件的一个重要性质。如果电压跃变，则要产生无穷大的电流，对实际电容器来说，这当然是不可能的。

在 u、i 为关联参考方向的情况下，线性电容元件吸收的功率为

$$P = ui = Cu \frac{\mathrm{d}u}{\mathrm{d}t} \qquad (1.26)$$

在 t 时刻，电容元件储存的电场能量为

$$W_C(t) = \frac{1}{2} Cu^2(t) \qquad (1.27)$$

该式表明，电容元件在某时刻储存的电场能量只与该时刻电容元件的端电压有关。当电压增加时，电容元件从电源吸收能量，储存在电场中的能量增加，这个过程称为电容的充电过程。当电压减小时，电容元件向外释放电场能量，这个过程称为电容的放电过程。电容在充放电过程中并不消耗能量。因此，电容元件是一种储能元件。

1.3.6　电感元件

1. 电感元件的图形、文字符号

实际电感线圈就是用漆包线或纱包线或裸导线一圈靠一圈地绕在绝缘管或铁芯上而又彼此绝缘的一种元件，在电路中多用来对交流信号进行隔离、滤波或组成谐振电路等。电感线圈简称线圈，在电路图中用字母"L"表示。电路图中常用电感线圈的图形符号如图 1.41 所示。

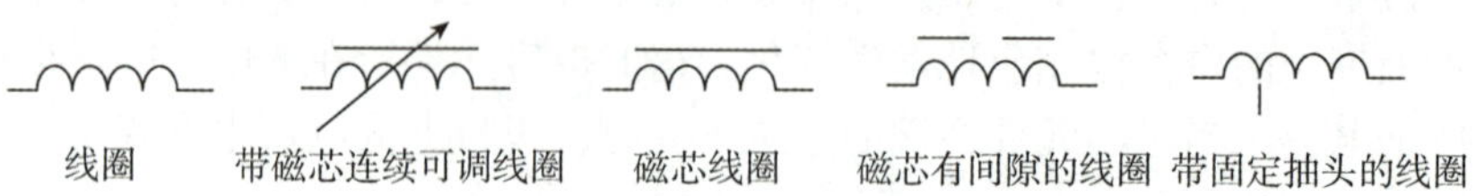

线圈　　带磁芯连续可调线圈　磁芯线圈　磁芯有间隙的线圈　带固定抽头的线圈

图 1.41　电感线圈的图形符号

电感线圈是利用电磁感应作用的器件。在一个线圈中，通过一定数量的变化电流，线圈产生感应电动势大小的能力就称为线圈的电感量，简称电感。电感常用字母"L"表示。

电感的单位是亨利，简称亨，通常用符号"H"表示。常用单位还有"μH""mH"，它们的换算关系如下：

$$1\ \text{H} = 10^3\ \text{mH} = 10^6\ \mu\text{H}$$

电感元件是从实际线圈抽象出来的理想化模型，是代表电路中储存磁场能量这一物理现象的理想二端元件。当忽略实际线圈的导线电阻和线圈匝与匝之间的分布电容时，可将其抽象为仅具有储存磁场能量功能的电感元件。

2. 电感元件的特性

任何导体当有电流通过时，在导体周围就会产生磁场，如果电流发生变化，磁场也随着变化，而磁场的变化又引起感应电动势的产生。这种感应电动势是由导体本身的电流变化引起的，称为自感。

自感电动势的方向，可由楞次定律确定。即当线圈中的电流增大时，自感电动势的方向和线圈中的电流方向相反，以阻止电流的增大；当线圈中的电流减小时，自感电动势的方向和线圈中的电流方向相同，以阻止电流的减小。总之，当线圈中的电流发生变化时，自感电动势总是阻止电流的变化。

自感电动势的大小，一方面取决于导体中电流变化的快慢，另一方面还与线圈的形状、尺寸、匝数及线圈中的介质情况有关。

当电压、电流为关联参考方向时，线性电感元件的特性方程为

$$u = L\frac{\mathrm{d}i}{\mathrm{d}t} \tag{1.28}$$

它表明电感元件端子间的电压与它的电流对时间的变化率成正比。比例常数 L 称为电感，是表征电感元件特性的参数。当 u 的单位为伏特(V)，i 的单位为安培(A)时，L 的单位为亨利(H)。习惯上把电感元件简称为电感，所以"电感"这个名词，同样既表示电路元件，又表示元件的参数。

本书只讨论线性电感元件。线性电感元件在电路图中用图 1.42 所示的符号表示。

图 1.42　线性电感元件的图形符号

若电压、电流为非关联参考方向，则电感元件的特性方程为

$$u = -L\frac{\mathrm{d}i}{\mathrm{d}t} \tag{1.29}$$

由式(1.28)、式(1.29)可以很清楚地看到，只有当电感元件中的电流发生变化时，元件两端才有电压。电流变化越快，电压越高。当电流不变(直流电流)时，电压为零，这时电感元件相当于短路。

由式(1.28)、式(1.29)还可以看到，电感元件中的电流不能跃变，这是电感元件的一个重要性质。如果电流跃变，则要产生无穷大的电压，对实际电感线圈来说，这当然是不可能的。

在 u、i 为关联参考方向的情况下，线性电感元件吸收的功率为

$$P = ui = Li\frac{\mathrm{d}i}{\mathrm{d}t} \tag{1.30}$$

在 t 时刻，电感元件储存的磁场能量为

$$W_L(t) = \frac{1}{2}Li^2(t) \tag{1.31}$$

该式表明，电感元件在某时刻储存的磁场能量只与该时刻电感元件的电流有关。当电流增加时，电感元件从电源吸收能量，储存在磁场中的能量增加；当电流减小时，电感元件向外释放磁场能量。电感元件并不消耗能量，因此，电感元件也是一种储能元件。

在选用电感线圈时，除了选择合适的电感量外，还需注意实际的工作电流不能超过其额定电流。否则，由于电流过大，线圈将发热而被烧毁。

1.4　基尔霍夫定律

在集总参数电路中，元件与元件连接电压和电流满足的约束关系，称为拓扑约束，即电路结构的关系。所谓约束，就是网络及其元件必须遵循的客观规律。电路拓扑约束的数学形式就是基尔霍夫定律。其中，基尔霍夫电流定律描述电路中各电流的约束关系，基尔霍夫电压定律描述电路中各电压的约束关系。基尔霍夫定律对线性电路和非线性电路都适用。

我们首先来了解描述电路拓扑结构的常用名词。

(1)支路：一段无分支的电路，称为支路。一条支路可以由一个元件组成，也可以由多个元件串联组成。支路的端电压称为支路电压，流过支路的电流称为支路电流。

如图 1.43 所示电路中，共有 3 条支路，元件 1、2、3 组成一条支路；元件 4 组成一条支路；元件 5、6 组成一条支路。只要是同一电流流经的电路就是一条支路。

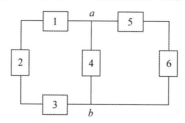

图 1.43　电路结构

(2)结点：3 条或 3 条以上支路的连接点，称为结点。

图 1.43 所示电路中有两个结点，结点 a 和 b。

结点的概念可以扩展，把一部分电路的集合看成一个结点，称为广义结点。比如，在图 1.43 所示电路中把元件 1、2、3、4 视为一个广义结点。

(3)回路：由若干条支路连接成的闭合路径，称为回路。

图 1.43 所示电路中有 3 个回路，即元件 1、2、3、4 组成一个回路；元件 4、5、6 组成一个回路；元件 1、2、3、6、5 组成一个回路。

(4)网孔：其内部不含任何支路的回路称为网孔。网孔是特殊的回路，内部不含有组成回路以外的任何支路。图 1.43 电路中有 2 个网孔，元件 1、2、3、4 组成的网孔和元件 4、5、6 组成的网孔。

正确分析电路的结构是电路分析的基础。

1.4.1 基尔霍夫电流定律(KCL)

1. 基尔霍夫电流定律的数学形式

基尔霍夫电流定律可表述为：在集总参数电路中，任何时刻，对于任意结点，流入与流出结点的电流的代数和等于零。基尔霍夫电流定律简称为 KCL，其数学形式为

$$\sum_{k=1}^{N} i_k = 0 \tag{1.32}$$

式中，N 为与某结点相连的支路数；i_k 为流入、流出该结点的支路电流。

可以规定流入结点的电流为正，也可以规定流出结点的电流为正。本书在以后的应用中，选取流入结点的电流为正，流出结点的电流为负。

KCL 的物理意义十分明显，正是电荷守恒的体现。结点不能存储电荷，流入结点多少电荷，也就流出多少电荷，必然得到流入与流出结点的电流的代数和等于零的结论。

【例 1.9】电路如图 1.44 所示，写出各结点的电流方程。

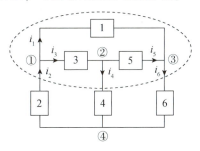

图 1.44　例 1.9 电路

解：结点①的电流方程为

$$- i_1 + i_2 - i_3 = 0$$

结点②的电流方程为

$$i_3 - i_4 - i_5 = 0$$

结点③的电流方程为

$$i_1 + i_5 - i_6 = 0$$

结点④的电流方程为

$$- i_2 + i_4 + i_6 = 0$$

把元件 1、3、5 视为广义结点的电流方程为

$$i_2 - i_4 - i_6 = 0$$

【例 1.10】已知 $I_1 = 5$ A、$I_6 = 6$ A、$I_7 = -9$ A、$I_5 = 4$ A，试计算图 1.45 所示电路中的电流 I_8。

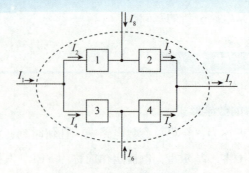

图 1.45　例 1.10 电路图

解：在电路中选取一个封闭面，如图中虚线所示，根据 KCL 可知：

$$I_1 + I_6 - I_7 + I_8 = 0$$

则

$$I_8 = -I_1 - I_6 + I_7 = (-5 - 6 - 9)\text{A} = -20\ \text{A}$$

2. 使用 KCL 需注意的几个问题

(1) KCL 是对结点连接各支路电流的约束，与支路上接的是什么元件无关，与电路是线性还是非线性无关，只与电路结构有关。

(2) KCL 电流方程是按电流参考方向列写的，与电流实际方向无关。

(3) KCL 不仅适用于电路中的结点，而且也适用于电路中的广义结点。

(4) KCL 是电路分析过程中求解支路电流的重要工具，可以由已知电流求出未知电流。

1.4.2　基尔霍夫电压定律(KVL)

1. 基尔霍夫电压定律的数学形式

基尔霍夫电压定律可表述为：在集总参数电路中，任何时刻，对于任意回路，所有支路电压的代数和等于零。基尔霍夫电压定律简称为 KVL，其数学形式为

$$\sum_{k=1}^{M} u_k = 0 \qquad (1.33)$$

式中，M 是回路中支路电压的个数；u_k 是回路中的支路电压。

在回路中选取一个绕行方向(绕行方向可以任意选取，可选顺时针方向，也可选逆时针方向)，沿绕行方向若支路电压为"电压降"，支路电压取正号；若支路电压为"电压升"，支路电压取负号。

KVL 的物理意义十分明显，正是能量守恒的体现。电荷在电路中移动，能量发生变化，正电荷移动时，电压降低，则能量减少；电压升高，则能量增加。沿回路绕行一周返回到出发点处，电荷的能量恢复为原值，在整个移动过程中能量的增加等于能量的减少，能量守恒，自然得到回路中电压的代数和为零的结论。

【例 1.11】电路如图 1.46 所示，试列写回路Ⅰ和回路Ⅱ的电压方程。

解：选取回路Ⅰ，沿顺时针方向绕行，回路电压方程为

$$-u_2 + u_3 - u_4 = 0$$

选取回路Ⅱ，沿顺时针方向绕行，回路电压方程为

$$u_4 - u_5 + u_6 = 0$$

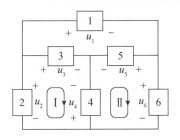

图 1.46　例 1.11 电路

【例 1.12】电路如图 1.47 所示，3 个网孔的绕行方向和各支路电流的参考方向已经给出，试列出 3 个结点 A、B、C 的电流方程和 3 个网孔的回路电压方程。

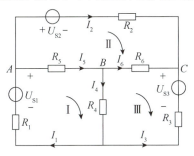

图 1.47　例 1.12 电路图

解：

对 3 个结点分别应用 KCL 可得

$$I_1 - I_2 - I_5 = 0(\text{结点 } A)$$
$$I_5 - I_4 - I_6 = 0(\text{结点 } B)$$
$$I_2 + I_3 + I_6 = 0(\text{结点 } C)$$

对 3 个网孔分别应用 KVL 得

$$I_1 R_1 - U_{S1} + I_5 R_5 + I_4 R_4 = 0(\text{网孔 Ⅰ})$$
$$U_{S2} + I_2 R_2 - I_6 R_6 - I_5 R_5 = 0(\text{网孔 Ⅱ})$$
$$I_6 R_6 + U_{S3} - I_3 R_3 - I_4 R_4 = 0(\text{网孔 Ⅲ})$$

2. 使用 KVL 需注意的几个问题

(1)KVL 是对回路连接各支路电压的约束，与支路上接的是什么元件无关，与电路是线性还是非线性无关，只与电路结构有关。

(2)KVL 电压方程是按电压参考方向列写的，与电压实际方向无关。

(3)KVL 是电路分析过程中求解支路电压的重要工具，在一个回路中可以由已知电压求出未知电压。

(4)列写回路电压方程时，最重要的是确定支路电压的正、负，有下列几种方法。

方法一：对于电压源和已知电压值的元件，按照绕行方向与支路电压参考方向相同，即"电压降"取"+"；绕行方向与支路电压参考方向相反，即"电压升"取"−"。

如图 1.48(a)所示，沿绕行方向，经过电压源为电压降，电压源电压为+10 V；经过元件 1，为电压升，元件 1 电压为−6 V。

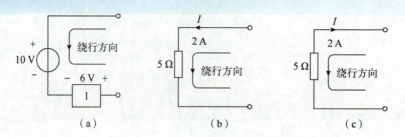

图 1.48　确定支路电压的符号

（a）由电压升与降确定符号；（b）由电流确定符号；（c）由电流确定符号

方法二：利用流过电阻的电流确定电阻元件两端电压的符号。

如果绕行方向与电流参考方向相同，电阻电压为"+"，大小为 RI，如图 1.48（b）所示，电阻电压为 $RI = 5×2$ V $= 10$ V。

如果绕行方向与电流参考方向相反，电阻电压为"−"，大小为 $−RI$，如图 1.48（c）所示，电阻电压为 $−RI = −5×2$ V $= −10$ V。

3. 应用 KVL 求电路中两点间电压

在电路分析过程中，经常遇到求电路中两点间电压的问题，基尔霍夫电压定律提供了可以便捷求电路中两点间电压的方法。

图 1.49（a）所示为一部分电路 ab，求 ab 两端的电压 u_{ab}。

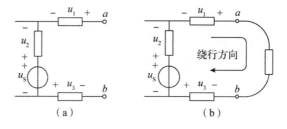

图 1.49　求电路中两点间电压

（a）电路 ab；（b）应用 KVL

【分析】应用 KVL 的必须是回路，可以在 ab 端连接一条假想支路，形成回路，如图 1.49（b）所示。设定顺时针绕行方向，在假想回路中列出回路电压方程为

$$u_{ab} - u_3 - u_S + u_2 - u_1 = 0$$

得到

$$u_{ab} = u_1 - u_2 + u_S + u_3$$

由计算得到的结果得出，ab 两点间电压等于由 a 到 b 各支路电压降的代数和。

求电路中两点间电压的方法：从起点沿一路径绕行到终点，各段支路电压降的代数和，即为电路中两点间的电压。

【例 1.13】电路如图 1.50 所示，求电压 U。

解：用 KVL 求两点间电压的关键是选择由起点到终点的路径。由于要通过选择的路径求各段支路电压的代数和，因此选择路径的各段电压必须已知。

以电压 U 的正极为起点，负极为终点，路径为经过元件 5、1、2，即图 1.50 中虚线表示的路径。

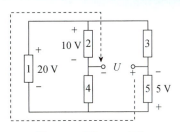

图 1.50　例 1.13 电路

电压 U 为

$$U = -5 - 20 + 10 = -15(\mathrm{V})$$

【例 1.14】电路如图 1.51 所示，求 ab 两端的电压 u_{ab}。

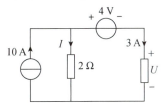

图 1.51　例 1.14 电路

解：应用 KVL，a 为起点，b 为终点，电压 u_{ab} 为

$$u_{ab} = 3i - 4 = 3 \times 3 - 4 = 5(\mathrm{V})$$

【例 1.15】电路如图 1.52 所示，求电压 U。

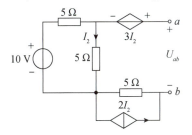

图 1.52　例 1.15 电路

解：选择路径为电压 U 的正极为起点，经过 4 V 电压源和 2 Ω 电阻到达终点负极。必须先求出流过电阻的电流 I。由 KCL 得到

$$I = 10 - 3 = 7(\mathrm{A})$$

由 KVL 求得电压 U 为

$$U = -4 + 2I = -4 + 14 = 10(\mathrm{V})$$

【例 1.16】电路如图 1.53 所示，求 ab 两端的电压 U_{ab}。

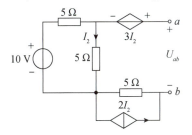

图 1.53　例 1.16 电路

解：选择路径为以 a 为起点，经过受控电压源、中间的 5 Ω 电阻和下面的 5 Ω 电阻，到达终点 b。关键是求出电流 I_2，就可求出受控电压源的电压和两个 5 Ω 电阻上的电压。

在 10 V 电压源的回路中求电流 I_2，由欧姆定律得到

$$I_2 = \frac{10}{5+5} = 1(\text{A})$$

由 KVL 求得电压 U_{ab} 为

$$U_{ab} = 3I_2 + 5I_2 - 5 \times 2I_2 = -2I_2 = -2 \times 1 = -2(\text{V})$$

1.5　电路中电位的计算

在电路分析过程中，为了分析的方便，常常用电位的概念进行电路的计算。

1. 电位

在电路中任选一点为参考点，参考点的电位认定为零，称为零电位点，在电路图中常用接地符号 "⊥" 表示，因为大地的电位为零。把电路中任意一点到参考点的电压称为该点的电位，用字母 v 或 V 表示，如图 1.54 所示。

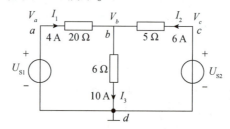

图 1.54　电位表示

在电路中选择 d 点为参考点，a、b、c 三点的电位为 V_a、V_b、V_c，有

$$V_a = U_{ad}, \quad V_b = U_{bd}, \quad V_c = U_{cd}$$

某点电位为正，说明该点电位高于参考点电位；电位为负，说明该点电位低于参考点电位。

电路中两点电位 V_a、V_b 与两点间电压 U_{ab} 的关系为

$$U_{ab} = V_a - V_b \tag{1.34}$$

【例 1.17】电路如图 1.55 所示，分别以 d 点和 b 点为参考点，求其他各点的电位，以及 a、c 两点间电压 U_{ac}。

解：（1）以 d 点为参考点，按电位的定义求各点电位为

$$V_d = 0(\text{V})$$

$$V_a = U_{ad} = 20I_1 + 6I_3 = 20 \times 4 + 6 \times 10 = 140(\text{V})$$

$$V_b = U_{bd} = 6I_3 = 6 \times 10 = 60(\text{V})$$

$$V_c = U_{cd} = 5I_2 + 6I_3 = 5 \times 6 + 6 \times 10 = 90(\text{V})$$

a、c 两点间电压 U_{ac} 为

$$U_{ac} = V_a - V_c = 140 - 90 = 50(\text{V})$$

（2）以 b 点为参考点，各点电位为

$$V_b = 0(\text{V})$$

$$V_a = U_{ab} = 20I_1 = 20 \times 4 = 80(\text{V})$$

$$V_c = U_{cb} = 5I_2 = 5 \times 6 = 30(\text{V})$$

$$V_d = U_{db} = -6I_3 = -6 \times 10 = -60(\text{V})$$

$$U_{ac} = V_a - V_c = 80 - 30 = 50(\text{V})$$

通过该例题说明：

（1）电位的参考点可以任选，同一电路中只允许选一个点为参考点，不允许同时选多个点为参考点；

（2）在电路中，当选取不同点为参考点时，电路中各点的电位也将随之改变，说明电位是相对量；

（3）电路中两点间的电压值是绝对量，与参考点的选择无关。

2. 电路的电位表示法

引入电位的概念，电路中的电压源可以不用画出，只用电位表示即可，大大简化了电路的画法，使电路更加简捷。电路的电位表示法如图 1.56 所示。

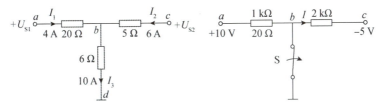

图 1.55　例 1.17 电路　　　　图 1.56　电路的电位表示法

在图 1.55 中，a 点连接了一个电压源 U_{S1}，电压源正极接 a 点，负极接接地端；c 点和接地端连接了电压源 U_{S2}，c 点接电压源的正极。

在分析电路时，有时利用电位进行计算更加方便、简捷。

【例 1.18】电路如图 1.56 所示，试求开关 S 断开后 b 点的电位。

解：当开关 S 断开后，电路中的两个电阻为串联，流过的电流相等，有

$$\frac{V_a - V_b}{1} = \frac{V_b - V_c}{2}$$

$$\frac{10 - V_b}{1} = \frac{V_b + 5}{2}$$

解得

$$V_b = 5(\text{V})$$

二维码 1-3　电路的应用

(1)实际电路是由电气设备和电气元件组成的,电路模型由理想化的电路元件组成。电路理论研究的对象是电路模型,简称电路。电路由电源、负载和中间环节三部分组成。

(2)描述电路特性的物理量主要有电流、电压和功率。电流是对电荷流动速率的度量,电压是对电荷移动所需能量的度量,功率是对电路中提供或吸收能量速率的度量。

(3)为了研究电路的方便,设定电压与电流的参考方向,电压与电流的参考方向是任意的,而实际方向是唯一的。电压与电流的参考方向分为关联参考方向与非关联参考方向,当电压与电流为非关联参考方向时,与电压、电流相关的公式中都出现一个负号。

(4)当电压与电流为关联参考方向时,功率公式为 $P=ui$;当电压与电流为非关联参考方向时,功率公式为 $P=-ui$。功率为正值表示为吸收功率,功率为负值表示为发出功率。电路中能量分配达到平衡时,电路的总功率为零,即发出功率与吸收功率数值相等。

(5)电路元件分为无源元件和有源元件。电阻元件是无源元件,线性电阻元件遵循欧姆定律 $u=Ri$。有源元件有电压源、电流源和受控源。电压源和电流源为独立电源,受控源为非独立电源。电压源的特性是"电压恒定,电流任意";电流源的特性是"电流恒定,电压任意"。

(6)电路中的电压、电流之间具有两种约束,一种是由电路元件决定的元件约束,其数学形式为欧姆定律;另一种是元件间连接而引入的拓扑约束,其数学形式为基尔霍夫定律。基尔霍夫定律是集总参数电路的基本定律,其中基尔霍夫电流定律描述了结点连接各支路电流遵从的规律,即 $\sum i = 0$;基尔霍夫电压定律描述了回路连接各支路电压遵从的规律,即 $\sum u = 0$。

欧姆定律和基尔霍夫定律是分析与解决电路问题的基础。

(7)电路中的电位是特殊的电压,即某点与参考点之间的电压。电路中各点的电位是相对量,参考点选择不同,各点的电位值随之改变。但电路中两点间的电压值是绝对量,不会因参考点的不同而变化,即与参考点的选取无关。

1.1 填空题。

(1)电流源 I_S 的端口被短路时,端电压为_____ V,端电流为_____ A。

(2)理想电压源可以给电路提供恒定不变的电压,电压的大小与回路电流无关,回路电流的大小由_____和_____共同决定。

(3)功率 $P=-ui$ 中的负号说明_____。

（4）电压源和电流源在电路中可以是激励源，向外提供能量，也可以起_____的作用。

（5）电路如图 P1.1 所示，流过电阻 R 的电流 I 为_____A。

（6）电路如图 P1.2 所示，电流源的功率为_____W。

（7）电路如图 P1.3 所示，电流 $I_3 = 1$ A，电压源 U_s 为_____V。

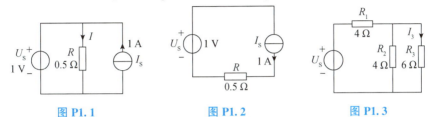

图 P1.1　　　　　图 P1.2　　　　　图 P1.3

1.2　选择题。

（1）如图 P1.4 所示，u、i 参考方向的关系为（　　）。

A.（a）关联，（b）关联
B.（a）关联，（b）非关联

C.（a）非关联，（b）关联
D.（a）非关联，（b）非关联

（2）电路如图 P1.5 所示，电流源的功率和电压源的功率为（　　）。

A. 20 W，20 W
B. −20 W，−20 W

C. 20 W，−20 W
D. −20 W，20 W

（3）电路如图 P1.6 所示，电路中的未知电阻 R 是（　　）。

A. 1 kΩ
B. 1.5 kΩ

C. 2.5 kΩ
D. 3 kΩ

图 P1.4　　　　　图 P1.5　　　　　图 P1.6

（4）当电压的参考方向与实际方向一致时，结果（　　）。

A. 大于零
B. 小于零

C. 等于零
D. 不清楚

（5）电流的参考方向表示方法有（　　）种。

A. 1　　　　　B. 2　　　　　C. 3　　　　　D. 4

（6）电路如图 P1.7 所示，ui 的乘积对网络 N_a 的功率是（　　）。

A. 发出功率
B. 吸收功率

C. 功率平衡
D. 功率为零

（7）电路如图 P1.8 所示，图中描述的是（　　）。

A. 电压控制电流源

B. 电流控制电流源

C. 电压控制电压源

D. 电流控制电压源

(8)电路如图 P1.9 所示，若电流源的电流 $I_s>1$ A，则电路的功率情况为(　　)。

A. 电阻吸收功率，电流源与电压源发出功率

B. 电阻与电流源吸收功率，电压源发出功率

C. 电阻与电压源吸收功率，电流源发出功率

D. 电阻无作用，电流源吸收功率，电压源发出功率

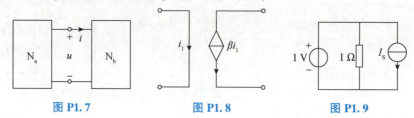

图 P1.7　　　　　　　图 P1.8　　　　　　　图 P1.9

1.3　判断题(正确打√号，错误打×号)。

(1)电压源或电流源在电路中都被称为激励源。　　　　　　　　　　　　　　(　　)

(2)用双下标表示电压时，一定是前面的电位高于后面的电位。　　　　　　(　　)

(3)当某元件电流和电压的参考方向一致时，该元件一定是吸收功率。　　(　　)

(4)线性电阻是耗能元件，其实际电流和电压永远为关联方向。　　　　　　(　　)

(5)理想电压源的电压和电流的大小均与外电路无关。　　　　　　　　　　(　　)

(6)KCL 方程中，电流的正负号由流入或流出结点来确定。　　　　　　　(　　)

1.4　电阻是耗能元件，总是在吸收功率，由公式 $P=i^2R$ 可知 R 越大则 P 越大；而由公式 $P=u^2/R$ 又得到 R 越大则 P 越小，如何解释这一矛盾？

1.5　电路如图 P1.10 所示，求电压源的功率。

1.6　电路如图 P1.11 所示，求电流源的功率，并确定是吸收功率还是发出功率。

1.7　电路如图 P1.12 所示，已知 $R_1=R_2=1$ Ω　求电流 I。

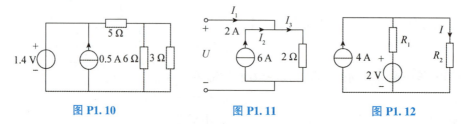

图 P1.10　　　　　　　图 P1.11　　　　　　　图 P1.12

1.8　电路如图 P1.13 所示，求电压 U_{AB}。

1.9　电路如图 P1.14 所示，求电压 U。

1.10　电路如图 P1.15 所示，已知电流 $I=1$ A，求电压 U_{ab}。

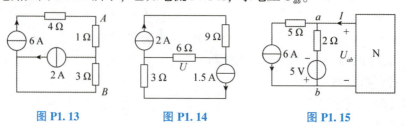

图 P1.13　　　　　　　图 P1.14　　　　　　　图 P1.15

1.11　电路如图 P1.16 所示，已知电压 $U=4$ V，求电流 I。

1.12　电路如图 P1.17 所示，利用 KCL 和 KVL 求电流 I。

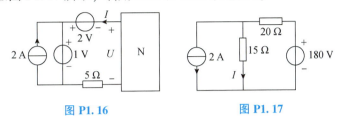

图 P1.16　　　　　　　　图 P1.17

第 2 章　电阻电路的等效变换

内容提要

等效与等效变换是电路分析中非常重要的概念和经常使用的分析方法。若只需要求解电路中某一支路或某一部分电路的响应，则可以利用等效变换的方法把电路其余部分等效变换为只有少数元件甚至只有一个元件的电路，将复杂电路变换为简单电路，使得电路分析过程得以简化。本章主要介绍等效变换的概念，电阻的等效变换，理想电源的等效变换，实际电源的等效变换，以及输入电阻。

知识目标

◆ 理解等效与等效变换的概念；
◆ 熟练掌握电阻的等效变换；
◆ 理解电压源与电流源的等效变换；
◆ 熟练掌握实际电源的两种模型的等效变换及应用；
◆ 了解无源二端网络输入电阻的求法。

二维码 2-1　知识导图

2.1　等效变换概念

当电路比较简单时，不必通过 KCL、KVL 方程组对电路进行求解，而直接根据电路的不同连接方式将电路进行等效变换，化简电路得到其解答。对简单电阻电路常采用等效变换的方法，也称化简的方法。对复杂网络进行分析时，特别是只求其中某一支路的电压、电流或功率的问题，可能联立方程太多。解决这一问题的方法就是把大的网络分成小网络，对电路的某一部分化简。即用一个较为简单的电路替代原电路，使分析和计算简化。等效变换就是求局部响应的有效方法。

1. 二端网络

由两个端子向外引出的电路称为二端网络，从一个端子流入的电流等于从另一个端子流出的电流，如图 2.1 所示。网络内部没有独立源的二端网络，称为无源二端网络；反之，称为有源二端网络。

图 2.1　二端网络

2. 二端网络的等效变换

"等效"是电路分析中极为重要的概念之一，电路的等效变换是分析电路问题的一种常用方法。其实质是在效果相同的情况下，将较为复杂的实际问题变换为简单的问题，使分析得到简化，从而便于求解。

若二端网络 A 与二端网络 B 对于同一外电路 C 的伏安特性相同，即电流相同、电压相等，则 A 与 B 对外电路 C 而言可以相互等效，如图 2.2 所示。

图 2.2　A、B 二端网络等效

需要说明：

（1）等效是指对外电路而言，即两个等效的二端网络对同一外电路效果相同，也就是说具有相同的端电压和端电流，并不是说这两个二端网络之间是等效的，两个二端网络结构不同、参数不同，它们之间不可能等效；

（2）等效是指对任意外电路都是等效的，不是指仅对某一特定外电路等效；

（3）等效变换的条件是相互替换的两个二端网络具有完全相同的伏安特性；

（4）等效变换的目的是简化电路的分析和计算，可以利用等效变换，把一个结构复杂的二端网络用一个简单的二端网络替换，大大简化电路，使电路的分析变得简单。

2.2　电阻的串联与并联

电阻的连接有串联、并联，还有 Y 形连接和△形连接。对电阻电路进行等效变换，可以用一个最简单的等效电阻来表示。

2.2.1　电阻的串联及电阻串联电路的应用

在电路中，几个电阻首尾依次相接，各电阻中流过同一电流的连接方式，称为电阻的串联，如图 2.3（a）所示。

$$I = I_1 = I_2 = I_3 = \cdots = I_{n-1} = I_n \tag{2.1}$$

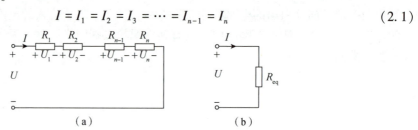

图 2.3　电阻串联
（a）电阻串联电路；（b）电阻串联电路的等效电阻

1. 电阻串联的电流关系

在图 2.3（a）所示电路中，由 KCL 可知，电阻串联流过各电阻的电流相等，即总电流就是流过各电阻的电流，有

2. 电阻串联电路的等效电阻

设各电压和电流的参考方向如图 2.3（a）所示。根据 KVL 可得

$$U = U_1 + U_2 + U_3 + \cdots + U_n \tag{2.2}$$

代入电阻的欧姆定律，得

$$U = IR_1 + IR_2 + IR_3 + \cdots + IR_n = I(R_1 + R_2 + R_3 + \cdots + R_n)$$

用一个电阻 R_{eq} 代替电阻串联电路，同样设电压与电流为关联参考方向，如图 2.3（b）所示，则

$$U = IR_{eq} \tag{2.3}$$

因两者等效，则有 $R_{eq} = R_1 + R_2 + R_3 + \cdots + R_n$。

通过以上分析，可得出结论：电阻串联电路的等效电阻等于各串联电阻之和。

3. 电阻串联电路中各电阻的电压关系

因为 $U_1 : U_2 : U_3 : \cdots : U_n : U = IR_1 : IR_2 : IR_3 : \cdots : IR_n : IR_{eq} = R_1 : R_2 : R_3 : \cdots : R_n : R_{eq}$，所以可以得出结论：在电阻串联电路中，当外加电压一定时，各电阻上的电压与其电阻值成正比。

因为 $\dfrac{U_1}{U} = \dfrac{R_1}{R_{eq}}$，所以

$$U_1 = \frac{U}{R_{eq}}R_1 = \frac{U}{R_1 + R_2 + R_3 + \cdots + R_n}R_1 \tag{2.4}$$

同理，有

$$U_2 = \frac{U}{R_{eq}}R_2, \quad U_3 = \frac{U}{R_{eq}}R_3 \tag{2.5}$$

上述式子称为分压公式。

4. 电阻串联电路中各电阻的功率关系

由 $P : P_1 : P_2 : P_3 : \cdots : P_n : P = I^2 R_1 : I^2 R_2 : I^2 R_3 : \cdots : I^2 R_n : I^2 R_{eq} = R_1 : R_2 : R_3 : \cdots : R_n : R_{eq}$，可得出结论：在电阻串联电路中，各电阻所消耗的功率同样与其电阻值成正比。

5. 电阻串联电路的应用

(1) 简化。分析电路时，几个电阻串联的电路可以用一个等效电阻代替。

(2) 增大电阻。若一个电阻的电阻值太小(或流过电阻的电流太大)，可串联一个适当的电阻，增大电阻值(或减小电流)。

(3) 限流。若一个支路电阻是可变的，为防止电阻变化时引起短路，则可串联一个适当的电阻起限流作用，如图 2.4(a) 所示，R_p 为可变电阻，R 为限流电阻。

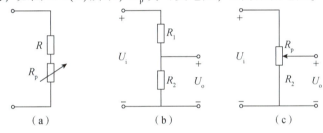

图 2.4　电阻串联的应用

(a) 串联电阻限流；(b) 串联电阻电压取样；(c) 串联电阻可变电压取样

(4) 取样。要取出某个电阻上的一部分电压，可把电阻分成适当比例的两个电阻，取出所需电压，如图 2.4(b) 所示。若要求取出的电压可变，则用可变电阻 R_p 代替，如图 2.4(c) 所示。

(5) 电压表量程的扩展。可以通过将电压表与电阻串联的方式来实现电压表量程的扩展。

【**例 2.1**】电路如图 2.5 所示，试求电阻 R_2 分得的电压 U_2。

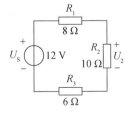

图 2.5　例 2.1 电路

解：利用分压公式求电阻 R_2 分得的电压 U_2，即

$$U_2 = \frac{R_2}{R_1 + R_2 + R_3}U_S = \frac{10}{8 + 10 + 6} \times 12 = 5(\text{V})$$

2.2.2 电阻的并联及电阻并联电路的应用

在电路中，若干个电阻的首尾端分别相连，各电阻处于同一电压下的连接方式，称为电阻的并联，如图2.6(a)所示。

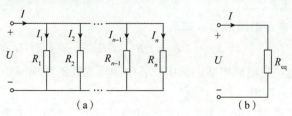

图2.6 电阻并联

(a)电阻并联电路；(b)电阻并联的等效电阻

1. 电阻并联电路的电压关系

在图2.6(a)所示电路中，由KVL可知，电阻并联各电阻的电压相等，都为加在电阻并联电路的电压 U，有

$$U = U_1 = U_2 = U_3 = \cdots = U_{n-1} = U_n \tag{2.6}$$

2. 电阻并联电路的等效电阻

设电压和各电流的参考方向如图2.6(a)(取关联参考方向)所示，根据KCL，得

$$I = I_1 + I_2 + I_3 + \cdots + I_{n-1} + I_n = \sum_{k=1}^{n} I_k$$

代入电阻的欧姆定律，得

$$I = \frac{U}{R_1} + \frac{U}{R_2} + \cdots + \frac{U}{R_n} = U\left(\frac{1}{R_1} + \frac{1}{R_2} + \cdots + \frac{1}{R_n}\right)$$

用一个电阻 R_{eq} 代替电阻并联电路，同样设电压、电流为关联参考方向，如图2.6(b)所示，则

$$I = \frac{U}{R_{eq}}$$

因为两个电路的电压、电流关系均一致，所以两个电路等效，则有

$$\frac{1}{R_{eq}} = \frac{1}{R_1} + \frac{1}{R_2} + \cdots + \frac{1}{R_n} \text{ 或 } G_{eq} = G_1 + G_2 + \cdots + G_n \tag{2.7}$$

由以上分析可得出结论：电阻并联电路的等效电阻的倒数等于各电阻倒数之和(或电阻并联电路的等效电导等于各电导之和)。由式(2.7)很容易得出：电阻并联电路的等效电阻比任何一个分电阻都小。

两个电阻并联，得

$$R_{eq} = \frac{R_1 R_2}{R_1 + R_2}$$

在电阻并联电路中有几种特殊的情况：

（1）若 $R_1 = 0$（短路），则等效电阻 $R_{eq} = 0$（短路）；

（2）若 $R_1 = \infty$（开路），则等效电阻 $R_{eq} = R_2$；

（3）若 $R_1 = R_2$，则等效电阻 $R_{eq} = \dfrac{R_1}{2} = \dfrac{R_2}{2}$。

3. 电阻并联电路中各电阻的电流关系

因为 $I_1 : I_2 : \cdots : I_n : I = \dfrac{U}{R_1} : \dfrac{U}{R_2} : \cdots : \dfrac{U}{R_n} : \dfrac{U}{R_{eq}} = \dfrac{1}{R_1} : \dfrac{1}{R_2} : \cdots : \dfrac{1}{R_n} : \dfrac{1}{R_{eq}} = G_1 : G_2 : \cdots :$

$G_n : G_{eq}$，所以可得出结论：各电阻的电流与其电阻值的倒数成正比（或者说与电导成正比）。在并联电路只有两个电阻的情况下，也可说成是两电阻的电流与电阻值成反比。

因为

$$\frac{I_1}{I} = \frac{R}{R_1}$$

所以有

$$I_1 = \frac{IR}{R_1} = \frac{I}{R_1 + R_2} R_2$$

同理，有

$$I_2 = \frac{IR}{R_2} = \frac{I}{R_1 + R_2} R_1$$

通常把上述两式称为电阻并联电路的分流公式。分流公式表明，在电阻并联电路中，电阻值越大的电阻分配到的电流越小，电阻值越小的电阻分配到的电流越大，这就是电阻并联电路的分流原理。分流公式是最常用又容易弄错的公式之一，希望能够分清并记住。

4. 电阻并联电路中各电阻的功率关系

因为 $P_1 : P_2 : \cdots : P_n : P = \dfrac{U^2}{R_1} : \dfrac{U^2}{R_2} : \cdots : \dfrac{U^2}{R_n} : \dfrac{U^2}{R_{eq}} = \dfrac{1}{R_1} : \dfrac{1}{R_2} : \cdots : \dfrac{1}{R_n} : \dfrac{1}{R_{eq}} = G_1 : G_2 : \cdots : G_n :$

G_{eq}，所以可得出结论：各电阻所消耗的功率同样与其电阻值的倒数成正比（或者说与电导成正比）。如果只有两个电阻，也可说成是功率与电阻值成反比，即

$$\frac{P_1}{P_2} = \frac{R_2}{R_1}$$

5. 电阻并联电路的应用

（1）简化。分析电路时，几个电阻并联的电路可以用一个等效电阻代替。

（2）减小电阻。电阻并联电路的等效电阻小于分电阻。在需要减小原电阻为某一数值时，可以不拆下和更换原电阻，只要在其两端并联一适当的电阻即可，如图 2.7（a）中虚线所示。

（3）分流。利用并联电阻可分得原电路电流的一部分，如图 2.7（b）中，R_2 上的电流 I_2 是 I 的一部分。

（4）电流表量程的扩展。可以通过将电流表与电阻并联的方式来实现电流表量程的扩展。

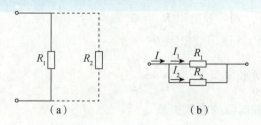

图 2.7　电阻并联的应用

(a)并联电阻减小电阻；(b)并联电阻分流

【例 2.2】电路如图 2.8 所示，欲将内阻为 2 kΩ、满偏电流为 50 μA 的表头，改装成量程为 10 mA 的直流电流表，应并联多大的分流电阻。

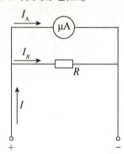

图 2.8　例 2.2 电路

解：由题意可知

$$I_A = 50\ \mu A,\ R_A = 2\ k\Omega,\ I = 10\ mA$$

则通过分流电阻 R 的电流为

$$I_R = I - I_A = (10 \times 10^{-3} - 50 \times 10^{-6})\ A = 9.95 \times 10^{-3}\ A$$

由分流公式可得

$$\frac{I_A}{I_R} = \frac{R}{R_A}$$

所以 $R = \dfrac{I_A}{I_R} R_A = \dfrac{50 \times 10^{-6}}{9.95 \times 10^{-3}} \times 2\ 000\ \Omega = 10.05\ \Omega$。

(5)并联供电。工业用电和家庭用电的用电器是按供电电压设计的，同时使用多个用电器时，要做到每个用电器的电压一样，只能采用并联供电的方式。并联供电的另一个优点是，各用电器可单独控制，互不影响。

同是电阻负载的用电器并联工作时，功率大的为重负载，其电阻值小，而功率小的为轻负载，其电阻值大。

2.2.3　电阻的混联

电路中既有电阻的串联又有电阻的并联，那么这种电路的连接关系称为混联。混联构成的无源二端电阻网络可以等效为一个电阻 R_{eq}。求电阻混联网络的等效电阻的关键是判别电阻之间的连接关系。判别电阻的串、并联关系用以下方法。

(1)看电路的结构特点。若两电阻是首尾依次相连且中间又无分岔，就是串联；若两电阻是首尾分别相连，就是并联。

（2）看电压、电流关系。若流经两电阻的电流是同一个电流，那就是串联；若两电阻上承受的是同一个电压，那就是并联。

（3）对电路作变形等效。例如，左边的支路可以拉到右边，上面的支路可以翻到下面，弯曲的支路可以拉直等；对电路中的短路线可以任意缩短与伸长；对于多点接地点可以用短路线相连。

（4）找出等电位点。对于具有对称特点的电路，若能确定某两点是等电位点，可以连接两等电位点，或断开电流为零的支路。

一般来说，如果真正是电阻串、并联电路，都可以应用上述的方法判断电阻之间的串、并联关系。

【例 2.3】电路如图 2.9 所示，试求电路 ab 端的等效电阻 R_{eq}。

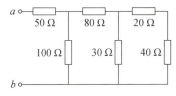

图 2.9　例 2.3 电路

解：分析电阻的连接结构，可以从电路的整体入手，确定电路的整体连接结构，然后分析电路的局部结构，这样逐次分析清楚电路的连接结构。这种从电路整体入手分析电路结构的方法，称为整体结构分析法。

图 2.9 所示电路从整体结构分析是串联结构，为 50 Ω 电阻和电阻 R_{X1} 的串联，如图 2.10(a)所示；局部电阻 R_{X1} 是并联结构，为 100 Ω 电阻和电阻 R_{X2} 的并联，如图 2.10(b)所示；局部电阻 R_{X2} 是串联结构，为 80 Ω 电阻和电阻 R_{X3} 的串联，如图 2.10(c)所示；局部电阻 R_{X3} 是并联结构，为 30 Ω 电阻和(20+40)Ω 电阻的并联。这样，从整体到局部分析清楚了电路的连接结构。

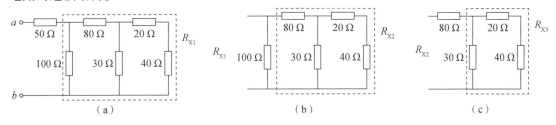

图 2.10　电路整体结构分析法
(a)电路整体串联结构；(b)R_{X1} 并联结构；(c)R_{X2} 串联结构

电路 ab 端的等效电阻 R_{eq} 为

$$R_{eq} = 50 + \frac{100 \times \left[80 + \dfrac{30 \times (20 + 40)}{30 + 20 + 40}\right]}{100 + 80 + \dfrac{30 \times (20 + 40)}{30 + 20 + 40}} = 50 + \frac{100 \times 100}{200} = 100(\Omega)$$

【例 2.4】电路如图 2.11 所示，试求电路 ab 端的等效电阻 R_{eq}。

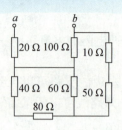

图 2.11　例 2.4 电路

解： 在分析电路结构时，如果看不清楚电路的整体结构，可以从局部入手，对结构清楚的局部电路进行等效变换，逐步化简电路，最后求出电路的等效电阻。这种从局部入手的方法称为逐步化简法。

对于图 2.11 所示电路，看不清楚整体结构，可以用逐步化简法。电路的局部有 40 Ω 电阻和 80 Ω 电阻串联，10 Ω 电阻和 50 Ω 电阻串联，如图 2.12（a）所示；分别把它们合并为 120 Ω 电阻和 60 Ω 电阻，如图 2.12（b）所示。在图 2.12（b）中看到 120 Ω 电阻和 60 Ω 电阻并联，合并为一个 40 Ω 电阻，如图 2.12（c）所示。在图 2.12（c）中 40 Ω 电阻和 60 Ω 电阻串联，合并为一个 100 Ω 电阻，如图 2.12（d）所示。于是，由图 2.12（d）得到电路 ab 端的等效电阻 R_{eq} 为

$$R_{eq} = 20 + \frac{100 \times 100}{100 + 100} = 70(\Omega)$$

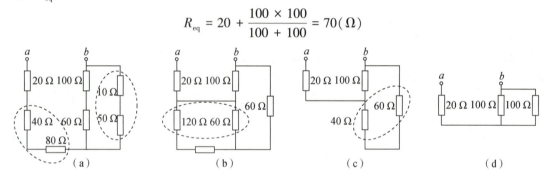

图 2.12　逐步化简法

（a）逐步化简 1；（b）逐步化简 2；（c）逐步化简 3；（d）逐步化简 4

【例 2.5】 电路如图 2.13（a）所示，试求电路中流过电阻 R_4 的电流 I_3。

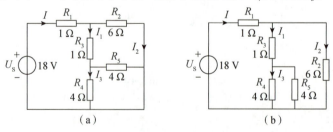

图 2.13　例 2.5 电路

（a）电路；（b）整理电路

解： 图 2.13（a）所示电路的画法不完全规范，初学者不容易分清电路的结构。可以对电路进行整理，改画成规范形式，如图 2.13（b）所示，电路结构就一清二楚了，为 R_4 与 R_5 并联，与 R_3 串联，再与 R_2 并联，最后与 R_1 串联。

该题的解法是，首先求电路的总电阻，利用欧姆定律求总电流 I，然后利用分流公式求

电流 I_1、I_3。总电阻为

$$R_{eq} = R_1 + \frac{R_2\left(R_3 + \dfrac{R_4 R_5}{R_4 + R_5}\right)}{R_2 + R_3 + \dfrac{R_4 R_5}{R_4 + R_5}} = 1 + \frac{6 \times \left(1 + \dfrac{4 \times 4}{4 + 4}\right)}{6 + 1 + \dfrac{4 \times 4}{4 + 4}} = 3(\Omega)$$

总电流 I 为

$$I = \frac{U_S}{R_{eq}} = \frac{18}{3} = 6(A)$$

由分流公式得到

$$I_1 = \frac{R_2}{R_2 + R_3 + \dfrac{R_4 R_5}{R_4 + R_5}} \cdot I = \frac{6 \times 6}{6 + 1 + \dfrac{4 \times 4}{4 + 4}} = 4(A)$$

$$I_3 = \frac{R_5}{R_4 + R_5} \cdot I_1 = \frac{4 \times 4}{4 + 4} = 2(A)$$

【例 2.6】电路如图 2.14(a)所示，已知 $R_1 = 3\ \Omega$，$R_2 = 6\ \Omega$，$R_3 = 12\ \Omega$，$R_4 = 24\ \Omega$，$R_5 = 20\ \Omega$，试计算电路 ab 端的等效电阻 R_{eq}。

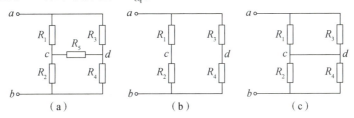

图 2.14　例 2.6 电路

(a)电路；(b)等效电路 1；(C)等效电路 2

解： 图 2.14(a)中的 5 个电阻，任意两个之间的连接关系既不是串联也不是并联。这 5 个电阻构成了桥式结构的电路。其中，R_1、R_2、R_3 和 R_4 称为桥臂，搭在桥臂之间的 R_5 称为"桥"。桥式二端网络一般不能用串、并联方法计算等效电阻。如果桥式电路处于平衡状态，问题就简单得多了。所谓桥式电路处于平衡状态是指，当桥臂电阻满足

$$\frac{R_1}{R_2} = \frac{R_3}{R_4} \quad 或\ R_1 \cdot R_4 = R_2 \cdot R_3$$

时，不论输入电压 U 多大，电桥两端 c、d 始终为等电位，即 $U_{cd} = 0$。在分析平衡桥式二端网络等效电阻的时候，由于电阻 R_5 上的电流始终为 0，因此可以将 R_5 断开。又由于 c、d 为等电位，也可以将 R_5 两端短路。桥式电路自然变换为串、并联电路了。

由已知条件有 $R_1 \cdot R_4 = 3 \times 24 = 72(\Omega)$，$R_2 \cdot R_3 = 6 \times 12 = 72(\Omega)$，满足 $R_1 \cdot R_4 = R_2 \cdot R_3$，电桥处于平衡状态，$c$、$d$ 两端为等电位，可以将 R_5 断开，如图 2.14(b)所示，或将 R_5 短路，如图 2.14(c)所示。

在图 2.14(b)所示平衡电桥的等效电路中，ab 端的等效电阻为

$$R_{eq} = (R_1 + R_2)//(R_3 + R_4) = \frac{(3 + 6) \times (12 + 24)}{(3 + 6) + (12 + 24)} = 7.2(\Omega)$$

同样，在图 2.14(c)所示平衡电桥的等效电路中，ab 端的等效电阻为

$$R_{eq} = R_1 /\!/ R_3 + R_2 /\!/ R_4 = \frac{3 \times 12}{3 + 12} + \frac{6 \times 24}{6 + 24} = 7.2(\Omega)$$

需要说明的是，当电桥不满足平衡条件时，就不能采用上述方法来计算等效电阻，而要采用后面介绍的"电阻的 Y 形连接的和△形连接的等效变换"的方法去分析。

2.3　电阻的 Y 形连接和△形连接

2.3.1　电阻的 Y 形连接与△形连接的概念

在实际电路中电阻的连接形式既不是串联也不是并联，如在通信电路中，采用的是能消除干扰信号的 π 型滤波电路，而在供电电路中则广泛采用 Y 形和△形连接等。3 个电阻的一端共同连接于一个结点上，而它们的另一端分别连接到 3 个不同的端子上，这就构成了如图 2.15(a)所示的 Y 形连接的电路，也称为电阻的星形连接。3 个电阻分别接在两个端子之间，就构成了如图 2.15(b)所示的△形连接的电路，也称为电阻的三角形连接。

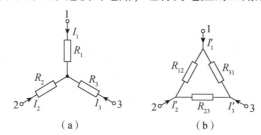

(a)　　　　　　　　(b)

图 2.15　电阻的 Y 形连接和△形连接
(a)Y 形连接；(b)△形连接

2.3.2　电阻的 Y 形连接与△形连接的等效变换

在电路分析中，有时为了简化分析，需要将电阻的 Y 形和△形网络进行等效变换，将电路结构化简成电阻的串、并联连接形式。根据等效变换的条件(端口的伏安特性相同)，可以得到等效变换的公式。

将电阻的 Y 形网络等效变换为△形网络的公式为

$$R_1 = \frac{R_{31}R_{12}}{R_{12} + R_{23} + R_{31}}$$

$$R_2 = \frac{R_{12}R_{23}}{R_{12} + R_{23} + R_{31}}$$

$$R_3 = \frac{R_{23}R_{31}}{R_{12} + R_{23} + R_{31}}$$

反之，将电阻的△形网络等效变换为 Y 形网络的公式为

$$R_{12} = \frac{R_1 R_2 + R_2 R_3 + R_3 R_1}{R_3}$$

$$R_{23} = \frac{R_1 R_2 + R_2 R_3 + R_3 R_1}{R_1}$$

$$R_{31} = \frac{R_1 R_2 + R_2 R_3 + R_3 R_1}{R_2}$$

值得注意的是，在进行 Y 形、△形等效变换时，与外界相连的 3 个端子之间的对应位置不能改变，否则，变换是不等效的。接在复杂网络中的 Y 形或△形网络部分，可以运用上式进行等效变换，变换后的结果不影响网络其余未经变换部分的电压、电流和功率。

为了便于记忆，以上变换公式可归纳为

$$Y \text{ 形电阻} = \frac{\triangle \text{ 形相邻电阻的乘积}}{\triangle \text{ 形电阻之和}}$$

$$\triangle \text{ 形电阻} = \frac{Y \text{ 形电阻两两乘积之和}}{Y \text{ 形不相邻电阻}}$$

在特殊情况下，若 Y 形电路中 3 个电阻的电阻值相等，则等效变换的△形电路中 3 个电阻的电阻值也相等，由上式不难得到

$$R_{12} = R_{23} = R_{31} = R_\triangle = 3R_Y$$

【例 2.7】计算图 2.16(a)中电压源提供的电流 I。

解：电源端右侧的二端无源电阻网络显然是一个不平衡电桥。分析时，采用 Y 形网络与△形网络等效变换将其转换成串、并联电路去分析。

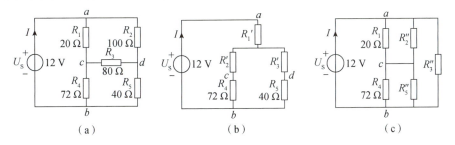

图 2.16　例 2.7 电路
(a)电桥电路；(b)变换后的等效电路 1；(c)变换后的等效电路 2

将图 2.16(a)中以 a、c、d 三点为端点，由电阻 R_1、R_2、R_3 组成的△形网络等效变换成 Y 形网络，如图 2.16(b)所示。Y 形网络各电阻为

$$R'_1 = \frac{R_1 \cdot R_2}{R_1 + R_2 + R_3} = \frac{100 \times 20}{100 + 80 + 20} = 10(\Omega)$$

$$R'_2 = \frac{R_1 \cdot R_3}{R_1 + R_2 + R_3} = \frac{20 \times 80}{100 + 80 + 20} = 8(\Omega)$$

$$R'_3 = \frac{R_2 \cdot R_3}{R_1 + R_2 + R_3} = \frac{100 \times 80}{100 + 80 + 20} = 40(\Omega)$$

从电压源端看进去的等效电阻为

$$R_{eq} = R'_1 + (R'_2 + R_4)//(R'_3 + R_5) = 10 + (8 + 72)//(40 + 40) = 50(\Omega)$$

故由欧姆定律得到

$$I = \frac{U_S}{R_{eq}} = \frac{12}{50} = 0.24(A)$$

上述是将电路中的一个△形网络等效变换为 Y 形网络进行分析，同样也可以将电路中的一个 Y 形网络等效变换为△形网络进行分析。

将以 a、b、c 为端点，由电阻 R_2、R_3、R_5 组成的 Y 形网络等效变换为△形网络，如图 2.16(c)所示。△形网络各电阻为

$$R''_2 = \frac{R_2R_3 + R_3R_5 + R_2R_5}{R_5} = \frac{100 \times 80 + 80 \times 40 + 100 \times 40}{40} = 380(\Omega)$$

$$R''_3 = \frac{R_2R_3 + R_3R_5 + R_2R_5}{R_3} = \frac{100 \times 80 + 80 \times 40 + 100 \times 40}{80} = 190(\Omega)$$

$$R''_5 = \frac{R_2R_3 + R_3R_5 + R_2R_5}{R_2} = \frac{100 \times 80 + 80 \times 40 + 100 \times 40}{100} = 152(\Omega)$$

从电压源端看进去的等效电阻为

$$R_{eq} = (R_1 // R''_2 + R_4 // R''_5) // R''_3 = (20//380 + 72//152)//190 = 50(\Omega)$$

故由欧姆定律得到

$$I = \frac{U_S}{R_{eq}} = \frac{12}{50} = 0.24(A)$$

由此可见，无论是将以 a、c、d 为端点的△形网络等效变换为 Y 形网络，还是将以 a、b、c 为端点的 Y 形网络等效变换为△形网络，所得结果是相同的。

2.4 理想电源的等效变换

电源是一种将其他形式的能量转换成电能的装置。任何一个实际电路在工作时都必须有提供能量的电源，电源的种类繁多，如干电池、蓄电池、交直流发电机、电子线路中的信号源等。理想电压源和理想电流源是在一定条件下由实际电源抽象出来的理想电路元件模型。

2.4.1 理想电压源的等效变换

1. 理想电压源的串联

将 n 个电压源串联起来构成一个二端电源网络，如图 2.17(a)所示。根据 KVL 有

$$u_S = u_{S1} + u_{S2} + \cdots + u_{Sn} = \sum_{k=1}^{n} u_{Sk} \tag{2.8}$$

式中，u_{Sk} 的方向与 u_S 的方向一致时取正号，相反时取负号。

根据等效变换的概念，可以用单个理想电压源 u_S 等效替代 n 个串联的理想电压源，如图 2.17(b)所示。

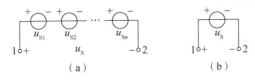

图 2.17　电压源串联的等效变换

（a）n 个电压源串联；（b）等效电压源

因此，多个理想电压源的串联可以等效为一个理想电压源，其电压为所串联电压源电压的代数和。

2. 理想电压源的并联

图 2.18 为两个理想电压源并联的电路，根据 KVL 有

$$u_S = u_{S1} = u_{S2}$$

这说明只有电压相等并且极性一致的电压源才能并联。因此，不同电压值或不同极性的电压源是不允许并联的。

3. 理想电压源与其他元件并联

理想电压源与其他元件并联，可以等效为该理想电压源，如图 2.19 所示。即并联的其他元件是无效的，可以去掉。并联的其他元件是任意的，可以是电阻这样的无源元件，也可以是电流源，还可以是一段支路。

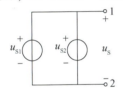

图 2.18　电压源并联

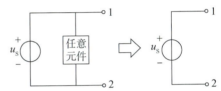

图 2.19　电压源与其他元件并联的等效变换

2.4.2　理想电流源的等效变换

1. 理想电流源的并联

将 n 个电流源并联起来构成一个二端电源网络，如图 2.20（a）所示。根据 KCL 有

$$i_S = i_{S1} + i_{S2} + \cdots + i_{Sn} = \sum_{k=1}^{n} i_{Sk} \tag{2.9}$$

式中，i_{Sk} 的方向与 i_S 的方向一致时取正号，相反时取负号。

根据等效变换的概念，可以用单个理想电流源 i_S 等效替代 n 个并联的理想电流源，如图 2.20（b）所示。

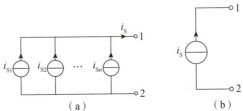

图 2.20　电流源并联的等效变换

（a）n 个电流源并联；（b）等效电流源

因此，多个理想电流源的并联可以等效为一个理想电流源，其电流为所并联电流源电流的代数和。

2. 理想电流源的串联

图2.21为两个理想电流源串联的电路，根据KCL有

$$i_{S} = i_{S1} = i_{S2}$$

这说明只有电流相等并且方向一致的电流源才能串联。因此，不同电流值或方向不同的电流源是不允许串联的。

3. 理想电流源与其他元件串联

理想电流源与其他元件串联，可以等效为该理想电流源，如图2.22所示。即串联的其他元件是无效的，可以去掉。串联的其他元件是任意的，可以是电阻这样的无源元件，也可以是电压源，还可以是一段支路。

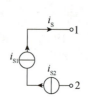

图2.21 电流源串联

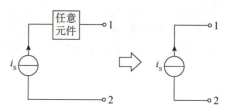

图2.22 电流源与其他元件串联的等效变换

2.4.3 理想电压源与理想电流源连接的等效变换

1. 理想电压源与理想电流源串联

图2.23（a）所示为一个电压源u_{S}与电流源i_{S}串联，显然该电路的伏安特性为

$$i = i_{S}$$

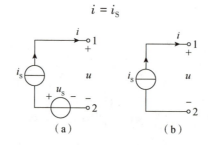

（a）   （b）

图2.23 电压源与电流源的串联

（a）电压源与电流源的串联；（b）等效电流源

因此，其等效电路是电流源i_{IT}，如图2.23（b）所示。

2. 理想电压源与理想电流源并联

图2.24（a）为一个电压源u_{S}与电流源i_{S}并联，显然该电路的伏安特性为

$$u = u_{S}$$

因此，其等效电路是电压源u_{S}，如图2.24（b）所示。

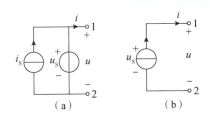

图 2.24　电压源与电流源的并联

（a）电压源与电流源的并联；（b）等效电压源

【例 2.8】电路如图 2.25（a）所示，将电路化简为一个电压源或一个电流源。

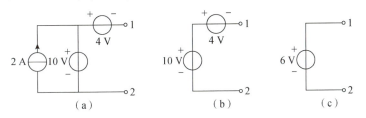

图 2.25　例 2.8 电路

（a）电路；（b）等效变换 1；（c）等效变换 2

解： 图 2.25（a）左侧是一个 2 A 电流源与 10 V 电压源并联的电路，可以用 10 V 电压源等效，如图 2.25（b）所示。

图 2.25（b）为 10 V 电压源与 4 V 电压源串联，可等效为一个电压源，电压源的大小为

$$u_S = 10 - 4 = 6(V)$$

因此，电路化简为一个 6 V 的电压源，如图 2.25（c）所示。

2.5　实际电源的等效变换

2.5.1　实际电源的两种模型

理想直流电压源的两端电压恒定，理想直流电流源流过的电流恒定。但实际的电源既不是理想电压源，也不是理想电流源，实际电源的端电压与电流的关系大多数情况下可用图 2.26 表示。

实际电压源如干电池、发电机等都有一定的内阻。当接上负载时，电源的内阻上电压不再为零，于是实际电压源输出到负载端的电压就会下降。电压输出电流越大，电压内阻压降越大，输出到负载端的电压下降量就越大。所以，实际电源的伏安特性既不同于理想电压源，也不同于理想电流源。实际电源的伏安特性曲线如图 2.26（b）所示。

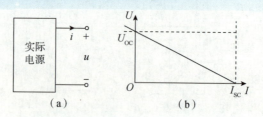

图 2.26　实际电源及其伏安特性曲线

(a)实际电源；(b)实际电源的伏安特性曲线

图 2.26 中，$I = 0$(空载)时的端电压为 U_{oc}，I_{sc} 表示短路时可能出现的最大电流。根据数学知识，可以推得电压 U 的直线方程为

$$U = U_{\text{oc}} - \frac{U_{\text{oc}}}{I_{\text{sc}}}I$$

令

$$U_{\text{oc}} = U_{\text{s}}, \quad \frac{U_{\text{oc}}}{I_{\text{sc}}} = R_{\text{i}}$$

则

$$U = U_{\text{s}} - R_{\text{i}}I$$

图 2.27(a)是实际电源的模型，它由一个理想电压源与一个理想电阻串联而成。U_{s} 表示电源电压，电阻 R_{i} 称为电源内阻。很明显，理想电压源就是内阻等于零时的实际电源的理想模型。

把上述 U 随 I 变化的关系式变换成 I 随 U 变化的关系式：

$$I = \frac{U_{\text{s}} - U}{R_{\text{i}}} = \frac{U_{\text{s}}}{R_{\text{i}}} - \frac{U}{R_{\text{i}}}$$

因为 $R_{\text{i}} = \dfrac{U_{\text{oc}}}{I_{\text{sc}}} = \dfrac{U_{\text{s}}}{I_{\text{sc}}}$，再令 $I_{\text{sc}} = I_{\text{s}}$，可得

$$I = I_{\text{s}} - \frac{U}{R_{\text{i}}}$$

根据上式，实际电源可用图 2.27(b)所示的模型等效表示。这个模型由一个理想电流源与一个电阻并联而成。I_{s} 表示电流源电流，电阻同样是 R_{i}，也称为电源内阻。很明显，理想电流源是内阻等于无穷大时的实际电源的理想模型。

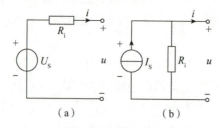

图 2.27　实际电源的两种模型

(a)电压源模型；(b)电流源模型

2.5.2　两种实际电源模型之间的等效变换

同一实际电源可用两种模型表示，两种模型对外等效，两种模型之间的变换是等效变换，根据上述分析，变换时遵循以下原则。

（1）电压源和电流源的等效变换是对外电路等效，是指对外电路的端电压和输出电流等效，对电源内部并不等效。

（2）等效变换时，外电路的电压和电流的大小和方向都不变。因此，电流源的电流流出端应与电压源的正极端相一致。

（3）理想电压源和理想电流源之间没有等效的条件，不能进行等效变换。因为理想电压源的内阻为零，而理想电流源的内阻为无穷大。理想电压源的端电压是恒定的，输出电流随外电路的变化而变化；理想电流源的输出电流是恒定的，而端电压随外电路的变化而变化。

（4）等效变换时，不一定仅限于电源的内阻。只要是与电压源串联的电阻或与电流源两端并联的电阻，就可进行等效变换。

2.5.3　应用电源模型的等效变换求解电路

求解含有多个电源的电路问题时，可以利用电源模型的等效变换，合并电路中的电源，将电路变换为只含有单一电源的简单电路，使得电路分析变得简单便捷。电源模型等效变换是分析电阻电路的一种重要的方法。

利用电源模型的等效变换求解电路，常采用等效变换过程电路图分析法，即把等效变换化简电路的过程用变换过程电路图表示出来，电路变换为单一电源电路后，用欧姆定律即可求得结果。

【例 2.9】应用电源模型等效变换，将图 2.28 所示电路变换为最简等效电路。

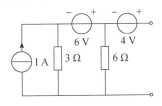

图 2.28　例 2.9 电路

解： 先分析电路中各电源的连接关系，然后确定电源模型等效变换的方法和顺序，最后逐步合并。等效变换过程如图 2.29 所示。

电源模型等效变换过程说明如下。

（1）电路中 1 A 电流源与 6 V 电压源为串联关系，变换为电压源合并。将 3 Ω 电阻与 1 A 电流源构成的电流源模型等效变换为电压源模型，如图 2.29（a）所示。电压源模型中电压源的电压为 3 Ω×1 A＝3 V，模型中的电阻为 3 Ω。

（2）将图 2.29（a）中串联的 6 V 和 3 V 电压源等效变换为一个 9 V 电压源，如图 2.29（b）所示。

（3）在图 2.29（b）中合并 3 Ω 和 6 Ω 电阻，将它们变为并联。把 9 V 电压源与 3 Ω 电阻构成的电压源模型等效变换成电流源模型，如图 2.29（c）所示，电流源模型中的电流为 9 V/

$3\ \Omega = 3$ A，模型中的电阻为 $3\ \Omega$。

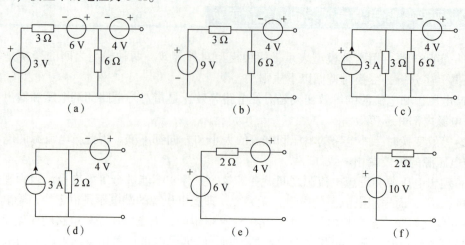

图 2.29　应用电源模型等效变换化简有源二端网络的过程

（4）将图 2.29(c)中并联的 $6\ \Omega$ 与 $3\ \Omega$ 电阻等效变换为一个 $2\ \Omega$ 的电阻，如图 2.29(d)所示。

（5）在图 2.29(d)中，3 A 电流源与 4 V 电压源为串联关系，变换为电压源合并。将 $2\ \Omega$ 电阻并联 3 A 电流源构成的电流源模型等效变换为电压源模型，如图 2.29(e)所示。其中电压源的电压为 $2\ \Omega \times 3$ A=6 V，电阻为 $2\ \Omega$。

（6）将图 2.29(e)中两个串联的电压源等效变换为一个 10 V 的电压源，如图 2.29(f)所示。

图 2.28 所示电路的最简等效电路如图 2.29(f)所示，为由 10 V 电压源和 $2\ \Omega$ 电阻构成的电压源模型。

说明：在应用电源模型等效变换求解电路时，只需画出如图 2.29 所示的等效变换过程图，在过程图中标明每步变换的结果即可，不必写出电源模型等效变换过程说明。

2.6　输入电阻

对于一个不含独立源的二端网络 N，不论内部如何复杂，对外都可以等效为一个电阻。其端口电压和端口电流成正比，定义这个比值为二端网络的输入电阻，如图 2.30 所示，其值为

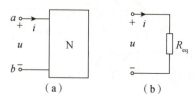

图 2.30　二端网络的输入电阻和等效电阻

(a)无源二端网络；(b)等效电阻

$$R_i = \frac{u}{i} \tag{2.26}$$

式中，u 和 i 是二端网络的端口电压和电流，两者为关联参考方向。

通常，输入电阻的计算采用外加电源的方法。在如图 2.30 所示的二端网络的 ab 处，施加一电压为 u 的电压源（或电流为 i 的电流源），求出端口的电流 i，然后计算 u 和 i 的比值，即可得输入电阻。此种求输入电阻的方法也称为电压、电流法，是测量无源二端网络输入电阻的常用方法。

根据输入电阻的定义，可得如下计算方法。

（1）如果二端网络内部仅含电阻，则应用电阻的串、并联和 Y-△ 变换等方法求它的等效电阻，输入电阻等于等效电阻。

（2）对含有受控源和电阻的二端网络，用在端口加电源的方法求输入电阻：加电压源 u，产生电流 i；或加电流源 i，产生电压 u，然后计算电压和电流的比值得输入电阻。

需要指出的是：

（1）对含有独立电源的二端网络，求输入电阻时，要先把独立电源置零，即电压源短路，电流源开路；

（2）应用电压、电流法时，端口电压、电流的参考方向对二端网络来说是关联的。

【例 2.10】求图 2.31 所示电路 ab 端的输入电阻。

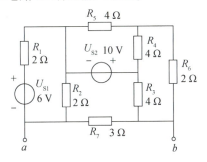

图 2.31   例 2.10 电路

解：首先将电路中的独立源置零，把电路变换为无源二端网络，如图 2.32（a）所示。为了便于分析电阻的连接关系，对无源二端网络进行整理，如图 2.32（b）所示。

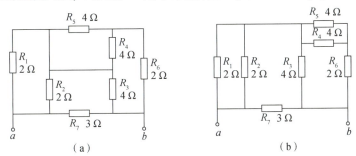

（a）   （b）

图 2.32   例 2.10 电路的无源二端网络

(a) 无源二端网络；(b) 整理后的无源二端网络

由图 2.32（b）可知，电路为并联结构，一条支路为 R_7，另一条支路是 R_4、R_5 并联与 R_6 串联，再与 R_3 并联，最后与 R_1、R_2 并联电阻相串联。二端网络的输入电阻为

$$R_i = R_7 // [R_1 // R_2 + R_3 // (R_4 // R_5 + R_6)]$$
$$= 3 // [2 // 2 + 4 // (4 // 4 + 2)] = 1.5(\Omega)$$

【例2.11】 二端网络如图2.33(a)所示，求其输入电阻。

解： 由于二端网络含有受控源，采用电压、电流法求输入电阻。在二端网络端口外加电压u，端口电流为i，如图2.33(b)所示。根据KCL，有

$$i_2 = i - \alpha i_1$$

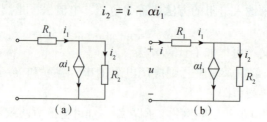

图2.33 例2.11电路

(a)含受控源的二端网络；(b)电压、电流法

由于$i = i_1$，故

$$i_2 = (1 - \alpha)i$$

对于u、R_1、R_2的回路，由KVL，有

$$u = R_1 i_1 + R_2 i_2 = R_1 i_1 + R_2(1 - \alpha)i = [R_1 + R_2(1 - \alpha)]i$$

得出电路的输入电阻为

$$R_i = \frac{u}{i} = R_1 + (1 - \alpha)R_2$$

由上式可见，若$R_1 > 0$，$R_2 > 0$，则当$\alpha < \dfrac{R_1 + R_2}{R_2}$时，$R_i$为正电阻；当$\alpha > \dfrac{R_1 + R_2}{R_2}$时，$R_i$为负电阻。

本章小结

(1)等效变换是分析与求解电路时广泛使用的方法，利用等效的概念把多个电阻等效变换为一个电阻，多个电源等效变换为一个电源，把复杂电路等效变换为简单电路。利用等效变换使电路的求解变得简单。

(2)等效是指两个结构不同的部分电路与任意外电路连接，在外电路中有相同的电压、电流、功率，则称这两个电路互为等效。等效是对外电路而言，产生相同的效果。

电路等效的条件：互为等效的两个电路具有相同的伏安特性。

电路等效的对象：任意外电路。

电路等效的目的：简化电路，方便分析求解。

(3)电阻的串联、并联与混联是电路的主要连接方式，一个无源二端网络可以用一个电阻等效替换，称为等效电阻或输入电阻。串联电阻的等效电阻为各串联电阻之和；并联电阻的等效电阻的倒数为各并联电阻倒数之和。

串联分压公式和并联分流公式是重要的公式，在求解电路元件的电压和电流时经常使用。

（4）电阻的 Y 形网络和△形网络的等效变换是化简非串、并联电路的重要方法，可以把非串、并联电路等效变换为串、并联电路。电阻的 Y 形网络和△形网络的变换公式为

$$R_Y = \frac{\triangle \text{形相邻电阻的乘积}}{\triangle \text{形电阻之和}}$$

$$R_\triangle = \frac{Y \text{形电阻两两相乘之和}}{Y \text{形不相邻电阻}}$$

若用相等的电阻组成 Y 形网络或△形网络，则等效的△形网络或 Y 形网络的 3 个电阻也相等，有

$$R_\triangle = 3R_Y \text{ 或 } R_Y = \frac{1}{3}R_\triangle$$

（5）多个电压源串联可以等效为一个电压源；多个电流源并联可以等效为一个电流源。

（6）实际电源有两种模型，一是由电阻与电压源串联构成的电压源模型；二是由电阻与电流源并联构成的电流源模型。电压源模型与电流源模型等效变换的公式为

$$I_S = \frac{U_S}{R_S}, \quad U_S = I_S \cdot R_S (\text{电阻 } R_S \text{ 不变})$$

利用电源模型的等效变换求解电路是分析电路问题的重要方法。

（7）无源二端网络的输入电阻为二端网络端电压与端电流的比值，也就是无源二端网络的等效电阻。如果无源二端网络中含有受控源，可以用"加压求流法"或"加流求压法"求输入电阻。

二维码 2-2　电阻电路的应用

综合练习

2.1　填空题。

（1）电路如图 P2.1 所示，电压 U_4 为 _____ V。

（2）电路如图 P2.2 所示，电流 i 为 _____ A。

（3）电路如图 P2.3 所示，ab 端的等效电阻为 _____ Ω。

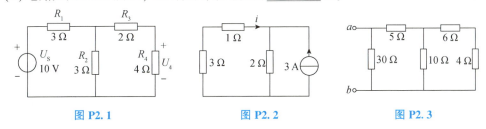

图 P2.1　　　　　　　　图 P2.2　　　　　　　　图 P2.3

(4)电路如图 P2.4 所示，在开关断开时，ab 端的等效电阻 R_{eq} 为_____Ω；开关闭合时，ab 端的等效电阻 R_{eq} 为_____Ω。

(5)电路如图 P2.5 所示，该电路 ab 端的等效电阻 R_{eq} 为_____kΩ。

(6)电路如图 P2.6 所示，电路 ab 端的等效电阻 R_{eq} 为_____Ω。

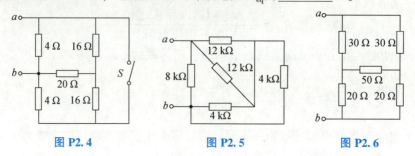

图 P2.4　　　　　　　图 P2.5　　　　　　　图 P2.6

(7)电阻串联电路中，电阻值较大的电阻上分压较大，功率较_____。

(8)三个电阻值为 3 Ω 的电阻连接为 Y 形电路，将其等效变换成△形电路时，每个等效电阻的电阻值为_____Ω。

(9)理想电流源和理想电压源串联，对外等效电路为_____。

(10)电路如图 P2.7 所示，电压 U 为_____V。

(11)图 P2.8 所示电路可以化简为一个_____源。

(12)图 P2.9 所示电路可以化简为一个理想_____源。

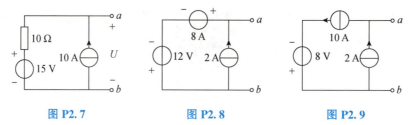

图 P2.7　　　　　　　图 P2.8　　　　　　　图 P2.9

2.2　选择题。

(1)电阻的 Y 形连接如图 P2.10 所示，将其变换为△形连接的电阻为(　　)。

A. $R_{12}=R_{13}=R_{23}=100$ Ω　　　　　　B. $R_{12}=R_{13}=R_{23}=300$ Ω

C. $R_{12}=R_{13}=R_{23}=33$ Ω　　　　　　D. $R_{12}=R_{13}=R_{23}=200$ Ω

(2)电路如图 P2.11 所示，将两个电源合并为一个电流源，该电流源的电流为(　　)。

A. 8 A　　　　　　B. 1.5 A　　　　　　C. 3.5 A　　　　　　D. 12 A

(3)电路如图 P2.12 所示，电压 u 为(　　)。

A. 2 V　　　　　　B. −2 V　　　　　　C. 4 V　　　　　　D. −4 V

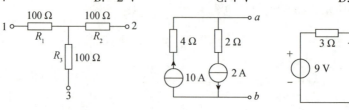

图 P2.10　　　　　　　图 P2.11　　　　　　　图 P2.12

(4)电阻 R_1、R_2、R_3 串联在电路中。已知 $R_1=10$ Ω、$R_3=5$ Ω，R_1 两端的电压为 6 V，

R_2 两端的电压为 12 V，则（　　　）。

   A. 电路中的电流为 1 A

   B. 电阻 R_2 的电阻值为 20 Ω

   C. 三只电阻两端的总电压为 20 V

   D. 电阻 R_3 消耗的功率为 3.6 W

（5）电路如图 P2.13 所示，其化简电路为一个理想的（　　　）。

   A. 2 A 电流源   B. 10 V 电压源

   C. 4 V 电压源   D. 6 V 电压源

（6）电路如图 P2.14 所示，应用电源模型的等效变换，电路中电压 U_{ab} 为（　　　）。

   A. 330 V   B. 55 V

   C. 40 V   D. 30 V

（7）电路如图 P2.15 所示，利用电源模型等效变换，电路中电流 I 等于（　　　）。

   A. 2 A   B. 4 A

   C. 8 A   D. 无法确定

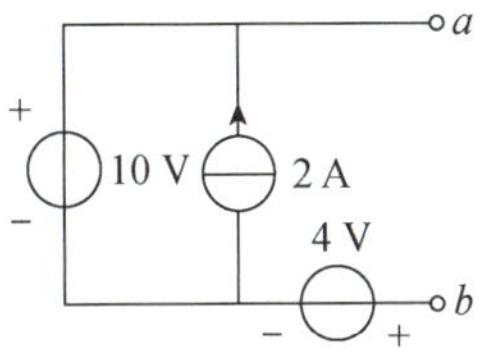

图 P2.13 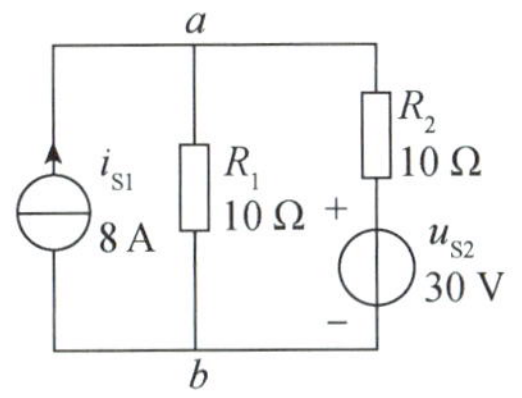   图 P2.14 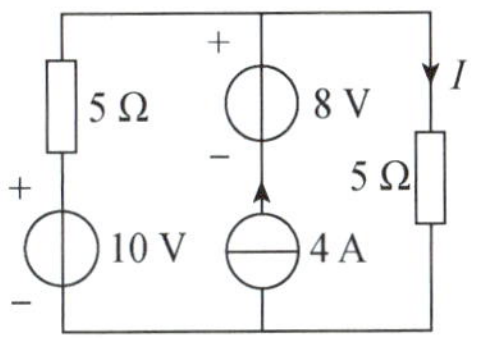   图 P2.15

2.3 　判断题（正确打√号，错误打×号）

（1）两个电路等效，即它们无论内部还是外部都相同。（　　　）

（2）电路等效变换时，如果一条支路的电流为零，则可按开路处理。（　　　）

（3）两个电阻相等的电阻并联，其等效电阻比其中任何一个电阻的电阻值都大。（　　　）

（4）在电阻分流电路中，电阻值越大，流过它的电流也就越大。（　　　）

（5）电流表应与待测电路并联，内阻应尽可能地大。（　　　）

（6）理想电压源和理想电流源可以等效互换。（　　　）

（7）电路如图 P2.16 所示，电源和电压表都是好的，当滑片由 a 滑到 b 的过程中，电压表的示数都为 6 V，则表示电路出现 b 点断开的故障。（　　　）

（8）分压电路如图 P2.17 所示，如果将输入电压接在了 C、B 端，电路能起到分压作用。（　　　）

（9）电路如图 P2.18 所示，当滑动变阻器 R_3 的滑片向 b 端移动时电路中电流表的读数增大。（　　　）

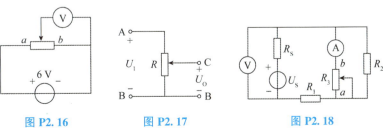

图 P2.16   图 P2.17   图 P2.18

(10)在图 P2.19 所示电路中，电源电压不变。闭合开关 K，电路正常工作。一段时间后，发现其中一个电压表 V$_2$示数为零，这说明小灯泡出现断路或者电阻 R 出现了短路。

（　　　）

2.4　电路如图 P2.20 所示，试求电路 ab 端的等效电阻。

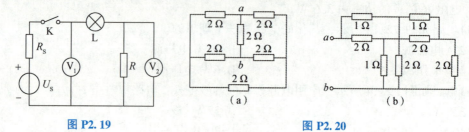

图 P2.19　　　　　　　　　　　图 P2.20

2.5　电路如图 P2.21 所示，已知电路中电流 i 为 1 A，试求电阻 R 的值。

2.6　电路如图 P2.22 所示，试求电路中的电流 I。

2.7　电路如图 P2.23 所示，电阻 R 的滑片在中间位置，试求电压表读数。

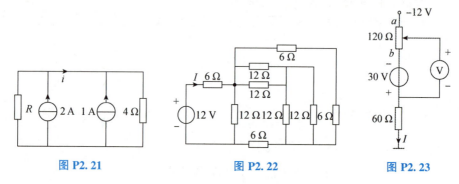

图 P2.21　　　　　　图 P2.22　　　　　　图 P2.23

2.8　电路如图 P2.24 所示，应用电源模型等效变换，试求电流 I。

2.9　电路如图 P2.25 所示，应用电源模型等效变换，试求流过 7 Ω 电阻的电流 I。

2.10　电路如图 P2.26 所示，应用电源模型等效变换，试求电路中的电压 U。

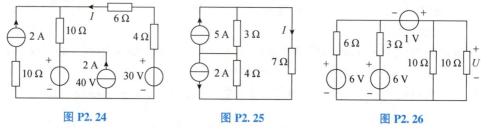

图 P2.24　　　　　　图 P2.25　　　　　　图 P2.26

2.11　电路如图 P2.27 所示，应用电源模型等效变换，试求电路中的电流 i。

2.12　电路如图 P2.28 所示，应用电源模型等效变换，试求电路中的电压 u。

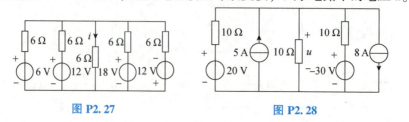

图 P2.27　　　　　　图 P2.28

2.13　电路如图 P2.29 所示，应用电源模型等效变换，试求电路中负载 R_L 上的电压 U。

2.14　电路如图 P2.30 所示，应用电源模型等效变换，试求电路中的电流 i。

2.15　电路如图 P2.31 所示，试求电路的输入电阻 R_i。

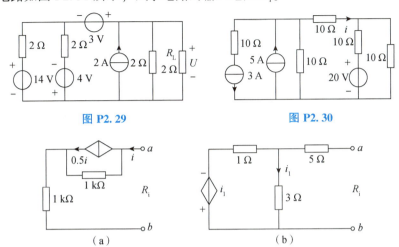

图 P2.29　　　　　　　　　图 P2.30

图 P2.31

第3章　电路分析的一般方法

内容提要

　　本章以线性电阻电路为分析对象，介绍电路的一般分析方法：支路电流法、网孔电流法、回路电流法、结点电压法。这些一般分析方法都是首先选择一组合适的电路变量，即依据 KCL、KVL 和元件的伏安特性建立关于该组变量的独立方程组，最后求解电路响应的方法。本章首先介绍独立方程数的概念；然后介绍支路电流法、网孔电流法、回路电流法和结点电压法，其中以网孔电流法和结点电压法为重点；最后介绍如何选择最佳解题方法。

知识目标

◆了解电路的结构，独立方程的概念，以及独立方程数的确定；

◆理解支路电流法；

◆理解网孔电流、回路电流和结点电压的概念，熟练掌握网孔电流法、回路电流法和结点电压法的运用；

◆熟悉从支路电流法、网孔电流法、回路电流法和结点电压法中选择最佳解题方法。

二维码 3-1　知识导图

3.1　KCL 和 KVL 独立方程数

所谓电路的一般分析方法应具有普遍适用性，即可以求解任何线性电路；同时还应具有规范性，即有完整、规范的解题步骤。电路的一般分析方法的基础就是 KCL、KVL 及元件的伏安特性，其分析方法就是依据 KCL、KVL、伏安特性关系列结点电流方程和回路电压方程，解方程求电路的响应。

1. 电路结构与电路变量

电路是由支路和结点构成的，若干支路又构成回路和网孔。确定电路的变量必须分析清楚电路的结构，如确定支路电流变量，就要分析清楚电路由多少条支路组成；确定结点电压变量，就要明确电路有几个结点；确定网孔电流变量，就要清楚电路有几个网孔。

分析电路结构是电路一般分析方法的基础，其主要是确定电路的支路数、结点数、网孔数。

2. KCL 独立方程数

电路中每一个结点都可以依据 KCL 列出该结点连接的各支路电流的方程。如果电路有 n 个结点，可以列出 n 个结点电流方程，n 个方程是否都是有效的，即可以求出唯一解的方程，是否存在不能求出唯一解的"同解方程"。下面以图 3.1 所示电路为例进行说明。

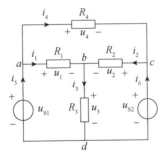

图 3.1　独立方程数电路

图 3.1 所示电路有 4 个结点，6 条支路，6 个支路电流变量。根据 KCL，对 4 个结点 a、b、c、d 列结点电流方程，有

$$\begin{cases} i_5 - i_1 - i_4 = 0 \\ i_1 + i_2 - i_3 = 0 \\ i_4 - i_2 + i_6 = 0 \\ i_3 - i_5 - i_6 = 0 \end{cases} \quad (3.1)$$

显然，将式(3.1)中任意 3 个方程相加，可以得到剩余的第 4 个方程，说明这 4 个方程中只有 3 个是有效的，称为独立方程。能够列写独立方程的结点称为独立结点。因此，对于有 n 个结点的电路，有 $(n-1)$ 个独立结点，任意选择 $(n-1)$ 个结点，可以列出 $(n-1)$ 个独立方程。KCL 独立方程数等于独立结点数，为 $(n-1)$ 个。

3. KVL 独立方程数

图 3.1 所示电路有 7 个回路，3 个网孔，6 个支路电压变量。根据 KVL，对 7 个回路列

回路电压方程，有

$$
\begin{cases}
u_1 + u_3 - u_{S1} = 0 \\
u_{S2} - u_3 - u_2 = 0 \\
u_4 + u_2 - u_1 = 0 \\
u_4 + u_{S2} - u_{S1} = 0 \\
u_1 - u_2 + u_{S2} - u_{S1} = 0 \\
u_4 + u_{S2} - u_3 - u_1 = 0 \\
u_4 + u_2 + u_3 - u_{S1} = 0
\end{cases}
\tag{3.2}
$$

将式(3.2)中第1、2个方程相加，可得到第5个方程；第1、3个方程相加，可得到第7个方程；第2、3个方程相加，可得到第6个方程；第1、2、3个方程相加，可得到第4个方程。说明式(3.2)中7个方程不都是独立的，只有3个是独立的。能够列写独立方程的回路称为独立回路。

对于有 b 条支路、n 个结点的电路，独立回路数为 $[b-(n-1)]$ 个，也等于电路中的网孔数。因此，KVL独立方程数等于独立回路数，为电路的网孔数。

总之，具有 b 条支路、n 个结点的电路，可以列出 $(n-1)$ 个KCL独立方程和 $[b-(n-1)]$ 个KVL独立方程。

3.2　支路电流法

确定电路中的各支路电流和支路电压是电路分析的典型问题。如果所分析的电路有 b 条支路和 n 个结点，则共有 $2b$ 个要求解的支路电流和支路电压变量。支路电流法在一些简单电路中尚有应用，支路电压法现已很少应用。

以支路电流为变量，列方程组求解电路的方法，称为支路电流法。在支路电流法中，支路电流变量数等于支路数。

1. 支路电流法的分析步骤

(1)设定各支路电流变量 i_k，并选定参考方向；

(2)使用KCL，列出 $(n-1)$ 个独立结点电流方程；

(3)使用KVL，选定 $(b-n+1)$ 个独立回路，列出回路电压方程；

(4)解 b 元一次方程组，求出各支路电流；

(5)依据各支路电流，求出所求响应。

【例3.1】电路如图3.2(a)所示，用支路电流法求电路中各支路电流。

解：(1)电路有3条支路，设定各支路电流变量为 i_1、i_2、i_3，如图3.2(b)所示。

(2)电路有2个结点，有1个独立结点，选择结点 a 列KCL电流方程，有

$$i_1 + i_2 - i_3 = 0$$

(3)电路有2个网孔，有2个独立回路，选择网孔为独立回路，列出KVL回路电压方程，有

$$i_1 R_1 + i_3 R_3 - u_{S1} = 0$$

$$i_2 R_2 + i_3 R_3 - u_{S2} = 0$$

注意，列回路电压方程时，可以任意选择绕行方向。列上述回路电压方程，第 1 个方程选择绕行方向为顺时针方向，第 2 个方程选择绕行方向为逆时针方向。绕行方向以列方程方便为准则。

将上述 3 个方程代入数据并整理，得到

$$\begin{cases} i_1 + i_2 - i_3 = 0 \\ 300i_1 + 510i_3 = 10 \\ 510i_2 + 510i_3 = 6 \end{cases}$$

解三元一次方程组，得到支路电流 i_1、i_2、i_3 为

$$i_1 \approx 0.0126\ \mathrm{A} = 12.6\ \mathrm{mA},\quad i_2 \approx -0.0004\ \mathrm{A} = -0.4\ \mathrm{mA},\quad i_3 \approx 0.0122\ \mathrm{A} = 12.2\ \mathrm{mA}$$

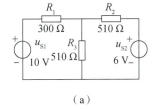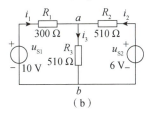

（a）　　　　　　　　　　　（b）

图 3.2　例 3.1 电路

（a）电路；（b）设定支路电流变量

【例 3.2】电路如图 3.3 所示，用支路电流法求电路中各支路电流。

解：（1）图 3.3 所示电路有 6 条支路，设定各支路电流变量为 $i_1 \sim i_6$。

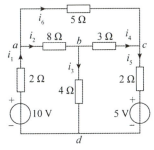

图 3.3　例 3.2 电路

（2）电路有 4 个结点，有 3 个独立结点，选择结点 a、b、c 列 KCL 电流方程，有

$$\begin{cases} i_1 - i_2 - i_6 = 0 \\ i_2 - i_3 - i_4 = 0 \\ i_4 - i_5 + i_6 = 0 \end{cases}$$

（3）电路有 3 个网孔，有 3 个独立回路，选择网孔为独立回路，列出 KVL 回路电压方程，有

$$\begin{cases} 2i_1 + 8i_2 + 4i_3 = 10 \\ -4i_3 + 3i_4 + 2i_5 = -5 \\ 8i_2 + 3i_4 - 5i_6 = 0 \end{cases}$$

解六元一次方程组，得到支路电流为

$$i_1 = 1.05(\mathrm{A}),\quad i_2 = 0.51(\mathrm{A}),\quad i_3 = 0.96(\mathrm{A})$$

$$i_4 = -0.45(\text{A}),\ i_5 = 0.09(\text{A}),\ i_6 = 0.54(\text{A})$$

2. 电路中含有受控源的处理方法

当电路中含有受控源时，要注意以下两点：

(1)列方程时，把受控源视为独立源处理；

(2)如果受控源的控制量不是支路电流变量，把受控源的控制量用支路电流变量表示，增加一个用支路电流变量表示受控源的控制量的辅助方程。

【例3.3】电路如图 3.4 所示，试用支路电流法求电路中各支路电流和受控源的端电压 U。

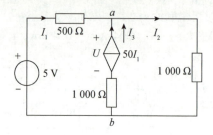

图 3.4 例 3.3 电路

解：(1)设各支路电流方向和受控源电压方向如图 3.4 所示。

(2)电路有 1 个独立结点。选择结点 a 列 KCL 电流方程，有

$$I_1 - I_2 + I_3 = 0$$

(3)电路有 2 个独立回路，选择网孔为独立回路，取顺时针方向为绕行方向，列 KVL 回路电压方程为

$$500I_1 + U - 1\,000I_3 - 5 = 0$$

$$1\,000I_3 - U + 1\,000I_2 = 0$$

(4)由于受控源电压 U 是未知量，需要增加一个辅助方程，受控电流源的大小等于 I_3，有

$$I_3 = 50I_1$$

(5)联立求解上面 4 个方程，解得支路电流为

$$I_1 = 0.097(\text{mA}),\ I_2 = 4.95(\text{mA}),\ I_3 = 4.85(\text{mA})$$

受控源两端电压 U 为

$$U = -500I_1 + 5 + 1\,000I_3 = -0.5 \times 0.097 + 5 + 1 \times 4.85 = 9.8(\text{V})$$

支路电流法的优点是列方程简单容易，适用于求解多个支路的响应。但是，这种解题方法的缺点也很突出，当电路的支路数较多时，列写的方程个数相应增加，使得解方程的过程烦琐且极易出错。

3.3 网孔电流法

支路电流法是最基本的电路分析方法，它的最大缺点是随着电路越发复杂，支路会逐渐增多，使支路电流变量大大增加，解方程组非常烦琐。要使求解方程组变得简单，就要减少

变量数。网孔电流法是大大减少变量数的有效方法。

网孔电流法是以网孔电流为电路变量列方程解电路的一种分析方法。网孔电流是一种假想的沿网孔边界流动的电流。网孔电流变量数就等于电路的网孔数。

1. 网孔电流法的分析步骤

（1）设定各网孔电流变量 i_{mk}，并选定参考方向；

（2）使用 KVL，列出各网孔回路电压方程，称为网孔电流方程；

（3）解方程组，求出各网孔电流；

（4）依据各网孔电流，求出所求响应。

以图 3.5 所示电路为例，用网孔电流法进行分析。该电路有 2 个网孔，设定 2 个网孔电流为 i_{m1}、i_{m2}，选择网孔电流方向为绕行方向，分别列出 2 个网孔的 KVL 方程，为

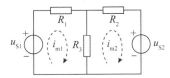

图 3.5   电路

$$\begin{cases} R_1 i_{m1} + R_3(i_{m1} - i_{m2}) - u_{S1} = 0 \\ R_3(i_{m2} - i_{m1}) + R_2 i_{m2} + u_{S2} = 0 \end{cases} \tag{3.3}$$

整理式（3.3），得到

$$\begin{cases} (R_1 + R_3) i_{m1} - R_3 i_{m2} = u_{S1} \\ -R_3 i_{m1} + (R_2 + R_3) i_{m2} = -u_{S2} \end{cases} \tag{3.4}$$

观察式（3.4）中的两个方程，会发现两个方程具有完全相同的结构。

（1）第 1 个方程中，(R_1+R_3) 为第 1 个网孔的总电阻；第 2 个方程中，(R_2+R_3) 为第 2 个网孔的总电阻。把网孔的总电阻称为网孔的自电阻，简称网孔的自阻。网孔的自阻永远为正值。

网孔 1 的自阻为 (R_1+R_3)，用 R_{11} 表示；网孔 2 的自阻为 (R_2+R_3)，用 R_{22} 表示。

因此，方程的第一个组成部分为网孔的自阻与该网孔电流的乘积，即第 1 个方程中的 $(R_1+R_3)i_{m1}$ 和第 2 个方程中的 $(R_2+R_3)i_{m2}$。

（2）两个方程中的 $-R_3$ 为两个网孔共有的电阻，称为相邻网孔的互电阻，简称互阻。互阻可为正值，也可为负值。当两个相邻网孔的电流流过互阻的方向相同时，互阻取正；方向相反时，互阻取负。如果网孔电流都选择相同的方向，则相邻网孔的互阻一定都为负值。

网孔 1 与网孔 2 的互阻为 $-R_3$，用 R_{12} 表示；网孔 2 与网孔 1 的互阻为 $-R_3$，用 R_{21} 表示，$R_{12}=R_{21}$。

因此，方程的第二个组成部分为网孔的互阻与相邻网孔电流的乘积，即第 1 个方程中的 $-R_3 i_{m2}$ 和第 2 个方程中的 $-R_3 i_{m1}$。

（3）方程中等号右端项为网孔中电压源电压升的代数和，即沿绕行方向（网孔电流方向）电压源电压升高取正值，电压源电压降低取负值。

在网孔 1 中电压源电压升的代数和为 u_{S1}，用 u_{S11} 表示；在网孔 2 中电压源电压升的代数和为 $-u_{S2}$，用 u_{S22} 表示。

于是将式（3.4）的方程组写成一般形式为

$$\begin{cases} R_{11}i_{m1} + R_{12}i_{m2} = u_{S11} \\ R_{21}i_{m1} + R_{22}i_{m2} = u_{S22} \end{cases} \tag{3.5}$$

由上述分析得到网孔电流方程的结构由三部分组成：第一部分为网孔自阻与该网孔电流的乘积；第二部分为网孔互阻与相邻网孔电流的乘积，第二部分可以有多项，该网孔有几个相邻网孔，就有几个乘积项；第三部分为网孔中电压源电压升的代数和，该部分在方程式等号的右端。把网孔电流方程的结构用一个等式表示为

自阻×该网孔电流 + $\sum$（互阻×相邻网孔电流）= 网孔中电压源电压升的代数和 (3.6)

我们总结出网孔电流方程的结构组成，以后用网孔电流法分析电路时，列网孔电流方程不用再用 KVL，只要依据网孔电流方程的结构即可，这样使得用网孔电流法列方程变得非常简单。

【例 3.4】电路如图 3.6(a)所示，用网孔电流法求电路中的各支路电流 i_1、i_2 和 i_3。

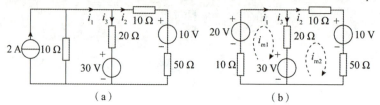

图 3.6　例 3.4 电路
(a)电路；(b)设定网孔电流

解：首先将 2 A 电流源与 10 Ω 电阻并联的支路等效变换为电压源与电阻串联的支路，并设定两个网孔电流为 i_{m1}、i_{m2}，如图 3.6(b)所示。由网孔电流方程的结构组成，列写网孔电流方程为

$$\begin{cases} (10 + 20)i_{m1} - 20i_{m2} = 20 - 30 \\ -20i_{m1} + (20 + 10 + 50)i_{m2} = 30 - 10 \end{cases}$$

整理得到

$$\begin{cases} 3i_{m1} - 2i_{m2} = -1 \\ -2i_{m1} + 8i_{m2} = 2 \end{cases}$$

解得网孔电流为

$$i_{m1} = -0.2(A)，\quad i_{m2} = 0.2(A)$$

支路电流为

$$i_1 = i_{m1} = -0.2(A)；$$
$$i_2 = i_{m2} = 0.2(A)；$$
$$i_3 = i_{m1} - i_{m2} = -0.2 - 0.2 = -0.4(A)$$

注意，在用网孔电流法解电路时，网孔电流的方向可以任意选择，选择的网孔电流方向不同，列出的网孔电流方程也不同，但不会影响网孔电流，以及支路电流或电压的结果。

【例 3.5】电路如图 3.7(a)所示，用网孔电流法求电路中的电压 u。

解：设定电路中 3 个网孔电流分别为 i_{m1}、i_{m2} 和 i_{m3}，如图 3.7(b)所示。由网孔电流方程的结构组成，列写网孔电流方程为

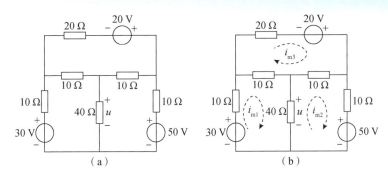

图 3.7　例 3.5 电路

(a)电路；(b)设定网孔电流

$$\begin{cases}(10 + 10 + 40)i_{m1} - 40i_{m2} - 10i_{m3} = 30 \\ - 40i_{m1} + (40 + 10 + 10)i_{m2} - 10i_{m3} = - 50 \\ - 10i_{m1} - 10i_{m2} + (10 + 10 + 20)i_{m3} = 20\end{cases}$$

整理得到

$$\begin{cases}6i_{m1} - 4i_{m2} - i_{m3} = 3 \\ - 4i_{m1} + 6i_{m2} - i_{m3} = - 5 \\ - i_{m1} - i_{m2} + 4i_{m3} = 2\end{cases}$$

解得网孔电流为

$$i_{m1} = 0.4(A)，i_{m2} = - 0.4(A)，i_{m3} = 0.5(A)$$

40 Ω 电阻上的电压为

$$u = 40(i_{m1} - i_{m2}) = 40(0.4 + 0.4) = 32(V)$$

2. 含有无伴电流源电路的处理方法

所谓无伴电流源，是指在一个支路中只含有电流源，没有与其相伴的并联电阻，如图 3.8(a)中的电流源 i_S。

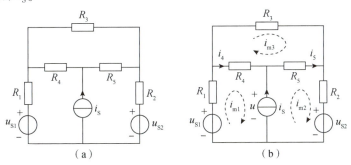

图 3.8　例 3.6 电路

(a)电路；(b)设定网孔电流

电路中含有无伴电流源又分为两种情况，一种是无伴电流源支路是两个网孔的公共支路，另一种是无伴电流源单独在一个网孔中。

1)无伴电流源是两个网孔的公共支路的处理

当无伴电流源是两个网孔的公共支路时，如图 3.8(a)所示，此种情况把无伴电流源视为电压源对待，其电压为未知量 u。由于增加了一个未知电压量，因此要增加一个辅助方程，该辅助方程可以为无伴电流源和网孔电流的关系方程。

【例3.6】电路如图3.8(a)所示，已知 $R_1 = 5\ \Omega$，$R_2 = 10\ \Omega$，$R_3 = 20\ \Omega$，$R_4 = 10\ \Omega$，$R_5 = 10\ \Omega$，$u_{S1} = 15\ V$，$u_{S2} = 20\ V$，$i_S = 1\ A$。用网孔电流法求流过电阻 R_4、R_5 的电流 i_4、i_5。

解： 设电流源 i_S 两端电压为 u，3 个网孔电流为 i_{m1}、i_{m2} 和 i_{m3}，如图3.8(b)所示。由网孔电流方程的结构组成，列写网孔电流方程为

$$\begin{cases} (R_1 + R_4)i_{m1} - R_4 i_{m3} = u_{S1} - u \\ (R_2 + R_5)i_{m2} - R_5 i_{m3} = u - u_{S2} \\ -R_4 i_{m1} - R_5 i_{m2} + (R_3 + R_4 + R_5)i_{m3} = 0 \end{cases}$$

辅助方程为

$$i_{m2} - i_{m1} = 1$$

代入数据并整理，得到

$$\begin{cases} 15 i_{m1} - 10 i_{m3} = 15 - u \\ 20 i_{m2} - 10 i_{m3} = u - 20 \\ -10 i_{m1} - 10 i_{m2} + 40 i_{m3} = 0 \\ i_{m2} - i_{m1} = 1 \end{cases}$$

解得网孔电流为

$$i_{m1} = -0.8(A),\quad i_{m2} = 0.2(A),\quad i_{m3} = -0.15(A)$$

电流 i_4、i_5 为

$$i_4 = i_{m1} - i_{m3} = -0.8 - (-0.15) = -0.65(A)$$
$$i_4 = i_{m2} - i_{m3} = 0.2 - (-0.15) = 0.35(A)$$

由上述分析可知，当网孔的共同支路中出现无伴电流源，用网孔电流法分析电路时会增加变量，对电路的分析增加了复杂性，求解方程组更加烦琐。

2）无伴电流源单独在一个网孔中的处理

电路中出现无伴电流源时，使用网孔电流法并不总是会使分析电路增加变量，难度提高。如果无伴电流源单独出现在一个网孔中，如图3.9(a)所示，由于无伴电流源的出现，使该网孔电流就等于无伴电流源，该网孔电流由未知变为已知，不但不会增加变量，反而减少了网孔电流变量，使用网孔电流法解电路变得更简单了。

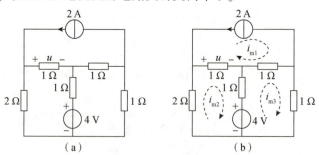

图3.9 例3.7电路
(a)电路；(b)设定网孔电流

【例3.7】电路如图3.9(a)所示，用网孔电流法求电路中电压 u。

解： 设定 3 个网孔电流为 i_{m1}、i_{m2} 和 i_{m3}，如图3.9(b)所示。

由于无伴电流源单独在第一个网孔中，网孔电流 i_{m1} 等于无伴电流源，有

$$i_{m1} = 2 \text{ A}$$

这样 3 个网孔电流变量减少了 1 个，只有 i_{m2} 和 i_{m3} 未知。由网孔电流方程的结构组成，列写网孔电流方程为

$$\begin{cases} i_{m1} + 4i_{m2} - i_{m3} = -4 \\ i_{m1} - i_{m2} + 3i_{m3} = 4 \end{cases}$$

将 $i_{m1} = 2\text{A}$ 代入网孔电流方程组，整理得到

$$\begin{cases} 4i_{m2} - i_{m3} = -6 \\ -i_{m2} + 3i_{m3} = 2 \end{cases}$$

解得网孔电流 i_{m2} 和 i_{m3} 为

$$i_{m2} = -1.45(\text{A}), \quad i_{m3} = 0.2(\text{A})$$

电压 u 为

$$u = 1 \times (i_{m1} + i_{m2}) = 1 \times (2 - 1.45) = 0.55(\text{V})$$

【例 3.8】电路如图 3.10 所示，你能只列一个方程求出电流源两端电压吗？

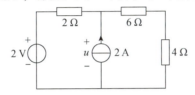

图 3.10　例 3.8 电路

【分析】图 3.10 中的电路有 2 个网孔，用网孔电流法有 2 个网孔电流变量，同时无伴电流源在两网孔的公共支路上，还有一个电流源未知电压变量，共 3 个变量，需要列 3 个方程才能求解。

如果无伴电流源单独在一个网孔中，该网孔电流为已知，只剩下一个网孔电流变量，则只列一个方程即可求解了。为了使无伴电流源单独在一个网孔中，可将电路中无伴电流源支路与 6 Ω 和 4 Ω 电阻串联支路调换位置，如图 3.11 所示。

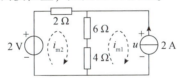

图 3.11　调整后的电路

解：设定网孔电流为 i_{m1}、i_{m2}，如图 3.11 所示。列写网孔电流方程为

$$\begin{cases} i_{m1} = 2 \\ 10i_{m1} + 12i_{m2} = 2 \end{cases}$$

解得网孔电流为

$$i_{m2} = -1.5(\text{A})$$

无伴电流源两端电压 u 为

$$u = -2 \times i_{m2} + 2 = -2 \times (-1.5) + 2 = 5(\text{V})$$

实现了只列一个方程求解电路的目标。

3. 含有受控源电路的处理方法

当电路中含有受控源时，把受控源当作独立源处理，同时把受控源的控制量用网孔电流

表示，即增加一个控制量与网孔电流的关系方程。电路中有几个受控源，就要增加几个辅助方程。

【例3.9】电路如图3.12(a)所示，利用网孔电流法求电路中各电源(包括受控源)的功率。

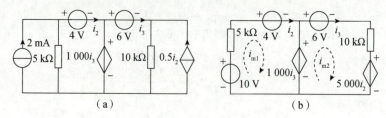

（a）　　　　　　　　　　（b）

图3.12　例3.9电路
(a)电路；(b)设定网孔电流变量

解：首先将电流源与电阻并联的支路等效变换为电压源与电阻的串联支路，以及受控电流源和电阻并联的支路等效变换为受控电压源和电阻的串联支路，设定网孔电流如图3.12(b)所示。

列写网孔电流方程为

$$\begin{cases} 5\,000i_{m1} = 10 - 4 - 1\,000i_3 \\ 10\,000i_{m2} = 1\,000i_3 - 6 - 5\,000i_2 \end{cases}$$

列写辅助方程，将受控源的控制量用相应的网孔电流表示，为

$$i_2 = i_{m1}$$
$$i_3 = i_{m2}$$

将以上两式代入网孔电流方程中并进行整理，得

$$5\,000i_{m1} + 1\,000i_{m2} = 6$$
$$5\,000i_{m1} + 9\,000i_{m2} = -6$$

解得

$$i_{m1} = 1.5(\text{mA})，i_{m2} = -1.5(\text{mA})$$

4 V 电压源的功率为

$$P_{4V} = 4i_2 = 4i_{m1} = 4 \times 1.5 = 6(\text{mW})（为吸收功率）$$

6 V 电压源的功率为

$$P_{6V} = 4i_3 = 4i_{m2} = 6 \times (-1.5) = -9(\text{mW})（为发出功率）$$

2 mA 电流源两端的电压(电流流出端为电压的正极性端)为

$$u_{2mA} = 4 + 1\,000i_3 = 4 + 1\,000i_{m2} = 4 + 1\,000 \times (-1.5) \times 10^{-3} = 2.5(\text{V})$$

2 mA 电流源的功率为

$$P_{2mA} = -2 \times 2.5 = -5(\text{mW})（为发出功率）$$

通过受控电压源的电流(方向由电压的正极性端到负极性端)为

$$i_4 = i_{m1} - i_{m2} = 1.5 - (-1.5) = 3(\text{mA})$$

受控电压源的功率为

$$P_{受控电压源} = 1\,000i_3 \times 3 = 1\,000i_{m2} \times 3 = 1\,000 \times (-1.5) \times 10^{-3} \times 3 = -4.5(\text{mW})（为发出功率）$$

受控电流源两端的电压(电流流出端为电压的正极性端)为

$$u_{受控电流源} = 1\,000i_3 - 6 = 1\,000i_{m2} - 6 = 1\,000 \times (-1.5) \times 10^{-3} - 6 = -7.5(\text{V})$$

受控电流源的功率为

$$P_{受控电流源} = -(-7.5) \times 0.5i_2 = 7.5 \times 0.5i_{m1} = 7.5 \times 0.5 \times 1.5 = 5.625(\text{mW}) \text{（为吸收功率）}$$

3.4　回路电流法

电路中的 b 个支路电流受 KCL 约束，因而由个数少于 b 的某一组独立、完备的电流而不是全部支路电流作为第一步求解的电流变量，然后根据求得的这一组电流变量再确定每一个支路电流。"独立"是指这组电流变量线性无关，"完备"是指每一个支路电流都可由这组电流变量线性表示出。在一个电路中，有许多组独立、完备的电流变量，但每组所含的电流变量数是相同的，且为 $b-(n-1)$ 个，即等于独立回路数。

回路电流法是以独立回路电流为电路变量列写方程进行求解的一种分析方法。独立回路电流和网孔电流一样，也是一种假想的沿着独立回路边界流动的电流。回路电流变量数就等于电路的网孔数。

1. 回路电流方程的结构

回路电流法与网孔电流法的相同之处为：都是以回路电流为电路变量，都是用 KVL 列回路电压方程，独立方程数都等于电路的网孔数。因此，回路电流方程的结构一定与网孔电流方程的结构相同，回路电流方程的结构表达式为

自阻×该回路电流 + $\sum$（互阻×相邻回路电流）= 回路中电压源电压升的代数和　（3.7）

即回路电流方程由三部分组成，第一部分为回路的自阻与该回路电流的乘积；第二部分为互阻与相邻回路电流的乘积，该回路有几个相邻回路，第二部分的乘积项就有几项；第三部分为回路中电压源电压升的代数和。

同样，回路的自阻永远为正值，互阻可正可负。流过互阻的两相邻回路电流相同，互阻取正值；流过互阻的两相邻回路电流相反，互阻取负值。

应用回路电流法求解电路时，直接用回路电流方程的结构组成列写回路电流方程。

2. 回路电流法的特点

回路电流法与网孔电流法相比，具有许多优于网孔电流法的特点。

（1）适用范围广泛。网孔电流法只适用于平面电路，回路电流法不仅适用于平面电路，而且也适用于立体电路。

（2）独立回路的选择灵活。网孔电流法的独立回路就是网孔的回路，没有选择的余地；回路电流法的独立回路是任意的，可以有多种不同的选择，因此可以灵活多变。如图 3.13 所示电路有 2 个网孔，可以选择 2 个独立回路列回路电流方程，有 3 种方案。

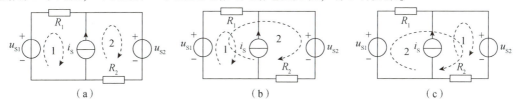

图 3.13　独立回路的选择
（a）选择方案一；（b）选择方案二；（c）选择方案三

（3）只要电路中含有无伴电流源，无论无伴电流源在何种位置，都可以减少回路电流变量。只要选择独立回路时，无伴电流源只在一个回路中，该回路电流就等于无伴电流源的电流。如图 3.13（b）所示，无伴电流源 i_S 单独在回路 1 中，回路 1 的回路电流就等于无伴电流源的电流，该回路电流由未知变为已知，减少了一个电路变量。

可以说网孔电流法是回路电流法的一种特例，回路电流法比网孔电流法应用更广泛。

【例 3.10】 电路如图 3.14（a）所示，试用回路电流法求电流 i。

解：电路有 3 个网孔，有 3 个回路电流变量 i_{l1}、i_{l2}、i_{l3}，选择 3 个独立回路，使 3 A 的无伴电流源只在独立回路 1 中，如图 3.14（b）所示。依据回路电流方程的结构组成，列写回路电流方程为

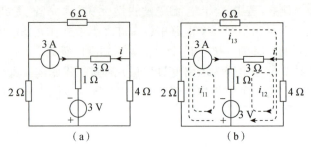

图 3.14　例 3.10 电路

（a）电路；（b）选择独立回路

$$\begin{cases} i_{l1} = 3 \\ -i_{l1} + 8i_{l2} + 4i_{l3} = -3 \\ 2i_{l1} + 4i_{l2} + 12i_{l3} = 0 \end{cases}$$

将回路电流方程组整理得到

$$\begin{cases} 2i_{l2} + i_{l3} = 0 \\ 2i_{l2} + 6i_{l3} = -3 \end{cases}$$

解得回路电流为

$$i_{l1} = 3(\mathrm{A})，i_{l2} = 0.3(\mathrm{A})，i_{l3} = -0.6(\mathrm{A})$$

电流 i 为

$$i = -i_{l2} = -0.3(\mathrm{A})$$

【例 3.11】 电路如图 3.15（a）所示，试用回路电流法求 1 A 电流源的功率。

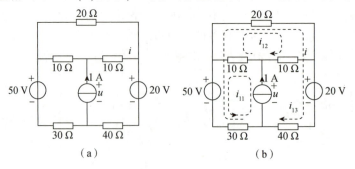

图 3.15　例 3.11 电路

（a）电路；（b）选择独立回路

解： 电路有 3 个网孔，有 3 个回路电流变量 i_{l1}、i_{l2}、i_{l3}，选择 3 个独立回路，使 1 A 无伴电流源只在独立回路 1 中，如图 3.15(b) 所示。依据回路电流方程的结构组成，列写回路电流方程为

$$\begin{cases} i_{l1} = 1 \\ 10i_{l1} + 40i_{l2} + 20i_{l3} = 0 \\ -30i_{l1} + 20i_{l2} + 90i_{l3} = 30 \end{cases}$$

将回路电流方程组整理得到

$$\begin{cases} 4i_{l2} + 2i_{l3} = -1 \\ 2i_{l2} + 9i_{l3} = 6 \end{cases}$$

解得回路电流为

$$i_{l1} = 1(\text{A}), \quad i_{l2} = -0.66(\text{A}), \quad i_{l3} = 0.81(\text{A})$$

无伴电流源两端的电压 u 为

$$u = -10i_{l2} + 20 + 40i_{l3} = -10 \times (-0.66) + 20 + 40 \times 0.81 = 59(\text{V})$$

无伴电流源的功率为

$$P = -ui = -59 \times 1 = -59(\text{W})$$

3.5　结点电压法

电路中的 b 个支路电压是受 KVL 约束的，因而由个数少于 b 的某一组电压即能确定每一个支路电压。与回路电流法的导出类似，也可先选取一组独立、完备的电压而不是全部支路电压作为第一步求解的电压变量，然后根据求得的这组电压变量再确定每一个支路电压。在一个电路中，有许多组独立、完备的电压变量，但每一组所含的电压变量数是相同的，且为 $(n-1)$，即等于独立结点数。

结点电压法是以结点电压为电路变量列写方程解电路的一种分析方法。如果电路有 n 个结点，则结点电压变量有 $(n-1)$ 个。其基本分析步骤是：先选定一参考结点；再对除参考结点以外的其他结点列 KCL 方程，然后根据各支路的伏安特性，用结点电压表示各支路电流；最后整理即得各结点的以结点电压为变量的方程。

1. 结点电压法的分析步骤

以图 3.16(a) 所示电路为例，用结点电压法进行分析。电路有 3 个结点，选定结点 3 为参考结点，设定结点 1 和 2 的结点电压为 u_{n1}、u_{n2}，如图 3.16(b) 所示。

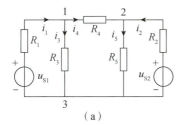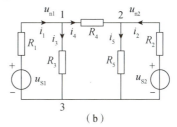

(a)　　　　　　　　　　　　　　(b)

图 3.16　结点电压法分析

(a) 电路；(b) 设定结点电压

首先对结点 1 和 2 列写 KCL 方程,为

$$\begin{cases} i_1 - i_3 - i_4 = 0 \\ i_2 + i_4 - i_5 = 0 \end{cases} \tag{3.8}$$

将支路电流用结点电压表示

$$\begin{cases} i_1 = \dfrac{u_{S1} - u_{n1}}{R_1} \\[2mm] i_2 = \dfrac{u_{S2} - u_{n2}}{R_2} \\[2mm] i_3 = \dfrac{u_{n1}}{R_3} \\[2mm] i_4 = \dfrac{u_{n1} - u_{n2}}{R_4} \\[2mm] i_5 = \dfrac{u_{n2}}{R_5} \end{cases} \tag{3.9}$$

将式(3.9)代入式(3.8),整理得到

$$\begin{cases} \left(\dfrac{1}{R_1} + \dfrac{1}{R_3} + \dfrac{1}{R_4}\right) u_{n1} - \dfrac{1}{R_4} u_{n2} = \dfrac{u_{S1}}{R_1} \\[3mm] - \dfrac{1}{R_4} u_{n1} + \left(\dfrac{1}{R_2} + \dfrac{1}{R_4} + \dfrac{1}{R_5}\right) u_{n2} = \dfrac{u_{S2}}{R_2} \end{cases} \tag{3.10}$$

式(3.10)为以结点电压为电路变量的方程组,称为结点电压方程。式(3.10)还可以写成

$$\begin{cases} (G_1 + G_3 + G_4) u_{n1} - G_4 u_{n2} = i_{S1} \\ - G_4 u_{n1} + (G_2 + G_4 + G_5) u_{n2} = i_{S2} \end{cases} \tag{3.11}$$

式中,G_1、G_2、G_3、G_4、G_5 为各支路的电导。

从以上分析过程可感觉到列写结点电压方程过于烦琐,先要列出 KCL 方程,再找出结点电压与支路电流的关系,将伏安特性关系式代入 KCL 方程中,经过整理才得到结点电压方程。能不能像网孔电流法那样,找到网孔电流方程的结构组成的规律,直接依据方程的结构组成列写方程?这样列写结点电压方程就简单容易得多了。下面我们找一找结点电压方程结构的规律。

观察式(3.11)中的两个结点电压方程,发现它们具有完全相同的结构。

(1)自电导。结点连接各支路电导之和称为该结点的自电导,简称为自导。自导永远为正值。

结点 1 的自导为 $(G_1 + G_3 + G_4)$,用 G_{11} 表示;结点 2 的自导为 $(G_2 + G_4 + G_5)$,用 G_{22} 表示。

(2)互电导。相邻结点间公共支路的电导称为互电导,简称为互导。互导永远为负值。

结点 1 与结点 2 的互导为 $-G_4$,用 G_{12} 表示;结点 2 与结点 1 的互导为 $-G_4$,用 G_{21} 表示。互导 $G_{12} = G_{21}$。

(3)电源电流。结点电压方程中等号的右端各项称为支路的电源电流。如果支路由电压源 u_S 和电阻 R 串联组成,则支路的电源电流为 u_S/R;如果支路由电流源 i_S 组成,则支路的电源电流等于电流源 i_S;如果支路中不含有电源,则支路的电源电流为 0。

结点 1 流入结点电源电流的代数和用 i_{S11} 表示，结点 2 流入结点电源电流的代数和用 i_{S22} 表示。

式(3.11)可以写成

$$\begin{cases} G_{11}u_{n1} + G_{12}u_{n2} = i_{S11} \\ G_{21}u_{n1} + G_{22}u_{n2} = i_{S22} \end{cases} \qquad (3.12)$$

由式(3.12)总结出结点电压方程由三部分组成：第一部分为结点的自导与该结点电压的乘积；第二部分为互导与相邻结点电压的乘积，该部分可以有多项，该结点有几个相邻的结点，就有几个这种乘积项；第三部分在等号的右端，为流入该结点电源电流的代数和，支路电源电流流入该结点取正值，流出该结点取负值。把结点电压方程的结构组成用一个结构表达式表示为

自导×该结点电压+ $\sum$ （互导×相邻结点电压）= 流入该结点电源电流的代数和 （3.13）

【例 3.12】电路如图 3.17 所示，试用结点电压法求电路中的各支路电流。

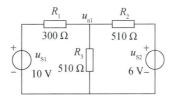

图 3.17 例 3.12 电路

解：图 3.17 所示电路有 2 个结点，选择电路下方的结点为参考点，电路上方结点的结点电压为 u_{n1}。依据结点电压方程的结构组成列写结点电压方程为

$$\left(\frac{1}{R_1} + \frac{1}{R_2} + \frac{1}{R_3}\right)u_{n1} = \frac{u_{S1}}{R_1} + \frac{u_{S2}}{R_2}$$

代入数据整理得到

$$\left(\frac{1}{300} + \frac{1}{510} + \frac{1}{510}\right)u_{n1} = \frac{10}{300} + \frac{6}{510}$$

$$0.726u_{n1} = 4.51$$

解得结点电压为

$$u_{n1} = 6.21(V)$$

各支路电流为

$$i_{R_1} = \frac{u_{S1} - u_{n1}}{R_1} = \frac{10 - 6.21}{0.3} \approx 12.6(mA)$$

$$i_{R_2} = \frac{u_{S2} - u_{n1}}{R_2} = \frac{6 - 6.21}{0.51} \approx -0.4(mA)$$

$$i_{R_3} = \frac{u_{n1}}{R_3} = \frac{6.21}{0.51} \approx 12.2(mA)$$

【例 3.13】电路如图 3.18(a)所示，试用结点电压法求电路中的电压 u。

解：图 3.18(a)所示电路有 4 个结点，选择结点 4 为参考点，其余 3 个结点电压为 u_{n1}、u_{n2}、u_{n3}，如图 3.18(b)所示。依据结点电压方程的结构组成列写结点电压方程为

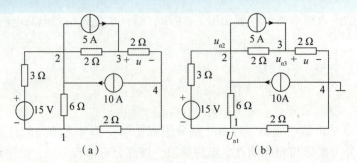

图 3.18 例 3.13 电路

(a)电路；(b)设定结点电压

$$\begin{cases} \left(\dfrac{1}{3}+\dfrac{1}{6}+\dfrac{1}{2}\right)u_{n1} - \left(\dfrac{1}{3}+\dfrac{1}{6}\right)u_{n2} = -\dfrac{15}{3} \\ -\left(\dfrac{1}{3}+\dfrac{1}{6}\right)u_{n1} + \left(\dfrac{1}{3}+\dfrac{1}{6}+\dfrac{1}{2}\right)u_{n2} - \dfrac{1}{2}u_{n3} = \dfrac{15}{3}+10-5 \\ -\dfrac{1}{2}u_{n2} + \left(\dfrac{1}{2}+\dfrac{1}{2}\right)u_{n3} = 5 \end{cases}$$

整理得到

$$\begin{cases} 2u_{n1} - u_{n2} = -10 \\ -u_{n1} + 2u_{n2} - u_{n3} = 20 \\ -u_{n2} + 2u_{n3} = 10 \end{cases}$$

解得结点电压为

$$u_{n1} = 5(V), \quad u_{n2} = 20(V), \quad u_{n3} = 15(V)$$

电路中的电压 u 为

$$u = u_{n3} = 15(V)$$

2. 电路中含有无伴电压源的处理

所谓无伴电压源，是指只有理想电压源，没有与其串联电阻的支路，如图 3.19 中的电压源 u_{S2}。

由于无伴电压源连接在两个结点之间，如果以其中一个结点作为参考点，另一个结点的电压自然就等于无伴电压源的电压，该结点电压变量由未知量变为已知量，可以减少一个结点电压变量，使用结点电压法分析电路更为简单。

因此电路中含有无伴电压源可以减少结点电压变量。电路中含有无伴电压源的处理方法为：选择无伴电压源所连接的两个结点其中的一个为参考点，另一个结点的电压等于无伴电压源的电压。要特别注意，如果不是选择无伴电压源所连接的两个结点其中的一个为参考点，则电路中所有结点电压都是未知量，不会显示出无伴电压源的特殊作用。

【例 3.14】电路如图 3.19(a)所示，已知 $R_1 = 2\ \Omega$，$R_2 = 8\ \Omega$，$R_3 = 10\ \Omega$，$R_4 = 10\ \Omega$，$u_{S1} = 20\ V$，$u_{S2} = 10\ V$，$i_S = 3\ A$。试用结点电压法求电路中的电压 u。

解：由于电压源 u_{S2} 是无伴电压源，连接结点 3 和 4，选择结点 4 为参考点。电路有 4 个结点，设定 3 个结点电压变量为 u_{n1}、u_{n2}、u_{n3}，如图 3.19(b)所示。列写结点电压方程为

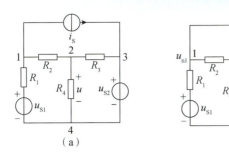

（a）   （b）

图 3.19   含有无伴电压源电路

（a）电路；（b）设定结点电压

$$\begin{cases} u_{n3} = u_{S2} \\ \left(\dfrac{1}{R_1} + \dfrac{1}{R_2}\right)u_{n1} - \dfrac{1}{R_2}u_{n2} = \dfrac{u_{S1}}{R_1} - i_S \\ -\dfrac{1}{R_2}u_{n1} + \left(\dfrac{1}{R_2} + \dfrac{1}{R_3} + \dfrac{1}{R_4}\right)u_{n2} - \dfrac{1}{R_3}u_{n3} = 0 \end{cases}$$

代入数据并整理得到

$$\begin{cases} 5u_{n1} - u_{n2} = 56 \\ -5u_{n1} + 13u_{n2} = 40 \end{cases}$$

解得结点电压为

$$u_{n1} = 12.8(\text{V}), \quad u_{n2} = 8(\text{V}), \quad u_{n3} = 10(\text{V})$$

电路中电压 u 为

$$u = u_{n2} = 8(\text{V})$$

【例 3.15】电路如图 3.20(a) 所示，试用结点电压法求电路中流过 5 V 电压源的电流 i。

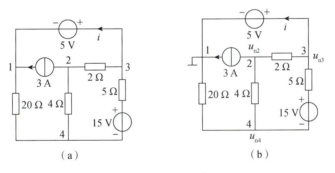

（a）   （b）

图 3.20   例 3.15 电路

（a）电路；（b）设定结点电压

解： 由于有无伴电压源存在，选择结点 1 为参考点。电路有 4 个结点，结点 2、3、4 的结点电压为 u_{n2}、u_{n3}、u_{n4}，如图 3.20(b) 所示。列写结点电压方程为

$$\begin{cases} u_{n3} = 5 \\ \left(\dfrac{1}{4} + \dfrac{1}{2}\right)u_{n2} - \dfrac{1}{2}u_{n3} - \dfrac{1}{4}u_{n4} = -3 \\ -\dfrac{1}{4}u_{n2} - \dfrac{1}{5}u_{n3} + \left(\dfrac{1}{20} + \dfrac{1}{4} + \dfrac{1}{5}\right)u_{n4} = -\dfrac{15}{5} \end{cases}$$

整理得到

$$\begin{cases} 3u_{n2} - u_{n4} = -2 \\ -u_{n2} + 2u_{n4} = -8 \end{cases}$$

解得结点电压为

$$u_{n2} = -2.4(V), \quad u_{n3} = 5(V), \quad u_{n4} = -5.2(V)$$

流过 5 V 电压源的电流 i 为

$$i = -3 - \frac{u_{n4}}{20} = -3 - \frac{-5.2}{20} = -2.74(A)$$

如果电路中含有受控源，只要把受控源视为独立源处理，把增加的受控源的控制量用结点电压变量表示，列出辅助方程，即可满足求解条件。

【例3.16】电路如图 3.21(a) 所示，试用结点电压法求电路中受控源的控制量电流 i_1 和 i_2。

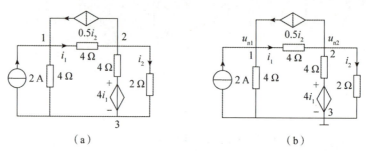

图 3.21　例 3.16 电路
(a)电路；(b)设定结点电压

解：电路有 3 个结点，选择结点 3 为参考点，独立结点电压为 u_{n1} 和 u_{n2}，如图 3.21(b) 所示。

依据结点电压方程的结构组成列写结点电压方程为

$$\begin{cases} \left(\dfrac{1}{4} + \dfrac{1}{4}\right)u_{n1} - \dfrac{1}{4}u_{n2} = 2 + 0.5i_2 \\ -\dfrac{1}{4}u_{n1} + \left(\dfrac{1}{4} + \dfrac{1}{4} + \dfrac{1}{2}\right)u_{n2} = -0.5i_2 + \dfrac{4i_1}{4} \end{cases}$$

受控源的控制量的辅助方程为

$$\begin{cases} i_1 = \dfrac{u_{n1} - u_{n2}}{4} \\ i_2 = \dfrac{u_{n2}}{2} \end{cases}$$

将受控源的控制量的辅助方程代入结点电压方程，得到

$$\begin{cases} \left(\dfrac{1}{4} + \dfrac{1}{4}\right)u_{n1} - \dfrac{1}{4}u_{n2} = 2 + \dfrac{u_{n2}}{4} \\ -\dfrac{1}{4}u_{n1} + \left(\dfrac{1}{4} + \dfrac{1}{4} + \dfrac{1}{2}\right)u_{n2} = -\dfrac{u_{n2}}{4} + \dfrac{u_{n1} - u_{n2}}{4} \end{cases}$$

整理得到

$$u_{n1} - u_{n2} = 4$$
$$- u_{n1} + 3u_{n2} = 0$$

解得结点电压为

$$u_{n1} = 6(\text{V}) , \ u_{n2} = 2(\text{V})$$

受控源的控制量为

$$i_1 = \frac{u_{n1} - u_{n2}}{4} = \frac{6 - 2}{4} = 1(\text{A})$$

$$i_2 = \frac{u_{n2}}{2} = \frac{2}{2} = 1(\text{A})$$

3.6　电路一般分析方法的选择

应用电路一般分析方法求解电路时，可以选择电流为电路变量，也可以选择电压为电路变量；使用支路电流法、网孔电流法、回路电流法和结点电压法中的任何一种方法都可以求解得到结果。但是，如果方法选择得不合适，则求解过程会很烦琐；方法选择得当，则求解过程简捷。下面讨论应用一般分析方法求解电路时，如何从支路电流法、网孔电流法、回路电流法和结点电压法中选择最优方法。

1. 选择最优方法的原则

(1)电路变量数越少越好。电路变量数少，方程数少，求解方程组就简单。

从支路电流法、网孔电流法、回路电流法和结点电压法中选择，实际上主要从网孔电流法、回路电流法和结点电压法中选择，由于支路电流法的变量数远远多于其他 3 种方法，自然被排除在选择之外。决定网孔电流法和回路电流法变量数的是电路的独立结点数，决定结点电压法变量数的是电路的网孔数，通过分析电路的结构，确定结点数和网孔数，即可确定各种方法的变量数。

(2)对所求响应便利。如果两种方法的变量数相同，就需要进一步分析哪种方法对所求响应更简单、方便，就选择哪种方法。一般来说，如果求解电流量，选择网孔电流法或回路电流法比较方便；如果求解电压量，选择结点电压法比较方便。

2. 选择最优方法的步骤

(1)首先分析电路的结点数与网孔数。

(2)确定各种方法的变量。网孔电流法和回路电流法的变量数等于独立结点数，即有 $n-1$ 个变量；结点电压法的变量数等于网孔数。同时要注意，电路是否含有无伴电流源和无伴电压源，无伴电流源的存在可以减少网孔电流变量或回路电流变量；无伴电压源的存在可以减少结点电压变量。最后确定哪种方法变量数最少。

(3)选择最优方法。依据变量数最少，或求解更便利的原则，确定解题的方法，用这样的方法求解电路，一定是最佳解题方法。

【例 3.17】电路如图 3.22(a)所示，试从网孔电流法、回路电流法和结点电压法中选择最简单的方法，求电路中的电流 i。

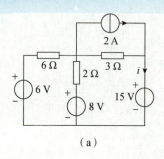

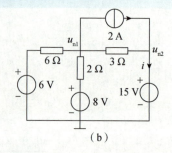

图 3.22 例 3.17 电路

(a)电路；(b)设定结点电压

【分析】图 3.22(a)所示电路有 3 个结点，3 个网孔。网孔电流法和回路电流法的变量数为 3 个；结点电压法的变量数为 2 个。电路中有一个无伴电压源和一个无伴电流源，各减少一个结点电压变量和一个电流变量，网孔电流法和回路电流法的变量数减少为 2 个；结点电压法变量数减少为 1 个。因此，选择结点电压法最简单。

解：选择电路下方结点为参考点，两个独立结点的结点电压为 u_{n1} 和 u_{n2}，如图 3.22(b)所示。依据结点电压方程的结构组成列写结点电压方程为

$$\begin{cases} \left(\dfrac{1}{6} + \dfrac{1}{2} + \dfrac{1}{3}\right) u_{n1} - \dfrac{1}{3} u_{n2} = \dfrac{6}{6} + \dfrac{8}{2} - 2 \\ u_{n2} = 15 \end{cases}$$

整理得到

$$\begin{cases} 3u_{n1} - u_{n2} = 9 \\ u_{n2} = 15 \end{cases}$$

解得结点电压为

$$u_{n1} = 8(\text{V}), \quad u_{n2} = 15(\text{V})$$

电路中的电流 i 为

$$i = 2 + \frac{u_{n1} - u_{n2}}{3} = 2 + \frac{8 - 15}{3} = -0.33(\text{A})$$

【例 3.18】电路如图 3.23(a)所示，试从网孔电流法、回路电流法和结点电压法中选择最简单的方法，求电路中的电流源的功率。

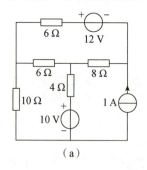

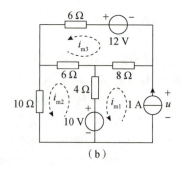

图 3.23 例 3.18 电路

(a)电路；(b)设定网孔电流

【分析】图 3.23(a)所示电路有 4 个结点，3 个网孔。网孔电流法和回路电流法的变量数

为 3 个；结点电压法的变量数为 3 个。电路中有一个无伴电流源，减少一个电流变量，网孔电流法和回路电流法的变量数减少为 2 个；结点电压法的变量数为 3 个。因此，选择网孔电流法最简单。

解： 设定网孔电流变量，3 个网孔电流变量为 i_{m1}、i_{m2}、i_{m3}，如图 3.23(b) 所示。依据网孔电流方程的结构组成列写网孔电流方程为

$$\begin{cases} i_{m1} = 1 \\ -4i_{m1} + (4 + 6 + 10)i_{m2} - 6i_{m3} = 10 \\ -8i_{m1} - 6i_{m2} + (6 + 6 + 8)i_{m3} = 12 \end{cases}$$

整理得到

$$\begin{cases} 10i_{m2} - 3i_{m3} = 7 \\ -3i_{m2} + 10i_{m3} = 10 \end{cases}$$

解得网孔电流为

$$i_{m1} = 1(A), \quad i_{m2} = 1.10(A), \quad i_{m3} = 1.33(A)$$

电流源电压 u 为

$$u = -12 + 6i_{m3} + 10i_{m2} = -12 + 6 \times 1.33 + 10 \times 1.10 = 6.98(V)$$

电流源的功率为

$$P = -u \times 1 = -6.98 \times 1 = -6.98(W)$$

1 A 电流源的发出功率为 6.98 W。

【例 3.19】 电路如图 3.24(a) 所示，从网孔电流法、回路电流法、结点电压法中选择最简单的方法，求电流 i_5，写出分析步骤，列出方程即可。

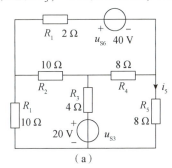 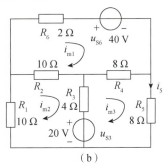

图 3.24   例 3.19 电路

(a) 电路；(b) 设定网孔电流

【分析】 电路结构：支路数 $b = 6$；结点数 $n = 4$；网孔数 $l = b - (n-1) = 3$。

网孔电流法、回路电流法：变量数为 $l = 3$ 个；结点电压法：变量数为 $(n-1) = 3$ 个。

使用网孔电流法、回路电流法、结点电压法的变量数相同，都简单。由于该题求支路电流，因此使用以电流为变量的网孔电流法、回路电流法更方便。

解： 网孔电流方程为

$$(2 + 8 + 10)i_{m1} - 10i_{m2} - 8i_{m3} = -40$$

$$-10i_{m1} + (10 + 4 + 10)i_{m2} - 4i_{m3} = -20$$

$$-8i_{m1} - 4i_{m2} + (8 + 8 + 4)i_{m3} = 20$$

$$i_5 = i_{m3}$$

【例3.20】电路如图3.25(a)所示，从支路电流法、网孔电流法、回路电流法、结点电压法中选择最简单的方法，求电压u，写出分析步骤，列出方程即可。

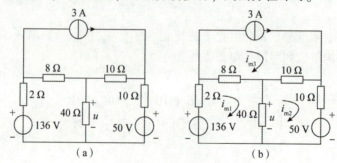

图 3.25 例 3.20 电路
(a)电路；(b)设定网孔电流

【分析】

电路结构：支路数$b=6$；结点数$n=4$；网孔数$l=b-(n-1)=3$。

支路电流法：变量数为$b=6$个；网孔电流法、回路电流法：变量数为$l=3$个；结点电压法：变量数为$(n-1)=3$个。

由于有无伴电流源，其中一个网孔电流变为已知3 A，减少一个变量，使用以电流为变量的网孔电流法、回路电流法最简单。

解： 网孔电流方程为

$$(2+8+40)i_{m1} - 40i_{m2} - 8i_{m3} = 136$$
$$-40i_{m1} + (40+10+10)i_{m2} - 10i_{m3} = -50$$
$$i_{m3} = 3$$

解出i_{m1}、i_{m2}，就可以得到电压u，即

$$u = 40(i_{m1} - i_{m2})$$

【例3.21】电路如图3.26(a)所示，从网孔电流法、回路电流法、结点电压法中选择最简单的方法，求电流i_S和i_0。写出分析步骤，列出方程即可。

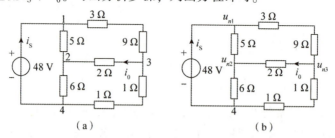

图 3.26 例 3.21 电路
(a)电路结构图；(b)结点电压

【分析】

电路结构：支路数$b=6$；结点数$n=4$；网孔数$l=b-(n-1)=3$。

网孔电流法、回路电流法：变量数为$l=3$个；结点电压法：变量数为$(n-1)=3$个。

由于在1、4结点间有无伴电压源，以结点4为参考点，$u_{n1}=48$ V，变为已知量，减少一个变量。使用结点电压法只有2个变量u_{n2}、u_{n3}，最简单，如图3.26(b)所示。

解：结点电压方程为

$$\begin{cases} u_{n1} = 48 \\ -\dfrac{1}{5}u_{n1} + \left(\dfrac{1}{5} + \dfrac{1}{2} + \dfrac{1}{6}\right)u_{n2} - \dfrac{1}{2}u_{n3} = 0 \\ -\dfrac{1}{12}u_{n1} - \dfrac{1}{2}u_{n2} + \left(\dfrac{1}{12} + \dfrac{1}{2} + \dfrac{1}{2}\right)u_{n3} = 0 \end{cases}$$

解出 u_{n2}、u_{n3}，就可以得到支路电流 i_S、i_0，即

$$i_0 = \frac{u_{n3} - u_{n2}}{2}$$

$$i_S = \frac{u_{n1} - u_{n2}}{5} + \frac{u_{n1} - u_{n3}}{12}$$

【例 3.22】电路如图 3.27(a)所示，试从网孔电流法、回路电流法和结点电压法中选择最简单的方法，求电路中各支路电流。

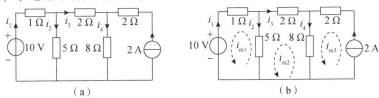

图 3.27　例 3.22 电路

(a)电路；(b)设定网孔电流

【分析】图 3.27(a)所示电路有 3 个结点，3 个网孔。网孔电流法和回路电流法的变量数为 3 个；结点电压法的变量数为 2 个。电路中有一个无伴电流源，减少一个电流变量，网孔电流法和回路电流法的变量数减少为 2 个；结点电压法的变量数为 2 个。用网孔电流法、回路电流法和结点电压法的变量数都一样，由于该题求各支路电流，因此用网孔电流法或回路电流法更为便利，最后选择网孔电流法。

解：设定网孔电流变量，3 个网孔电流变量为 i_{m1}、i_{m2}、i_{m3}，如图 3.27(b)所示。依据网孔电流方程的结构组成列写网孔电流方程为

$$\begin{cases} (1 + 5)i_{m1} - 5i_{m2} = -10 \\ -5i_{m1} + (5 + 2 + 8)i_{m2} - 8i_{m3} = 0 \\ i_{m3} = 2 \end{cases}$$

整理得到

$$\begin{cases} 6i_{m1} - 5i_{m2} = -10 \\ -5i_{m1} + 15i_{m2} = 16 \end{cases}$$

解得网孔电流为

$$i_{m1} = -1.08(\text{A}), \quad i_{m2} = 0.71(\text{A}), \quad i_{m3} = 2(\text{A})$$

各支路电流为

$$i_1 = -i_{m1} = 1.08(\text{A})$$

$$i_2 = i_{m2} - i_{m1} = 0.71 + 1.08 = 1.79(\text{A})$$

$$i_3 = -i_{m2} = -0.71(\text{A})$$

$$i_4 = i_{m3} - i_{m2} = 2 - 0.71 = 1.29(\text{A})$$

【例 3.23】电路如图 3.28 所示，从支路电流法、网孔电流法、回路电流法、结点电压法中选择最简单的方法，求各支路电流。写出分析过程，列出方程即可。

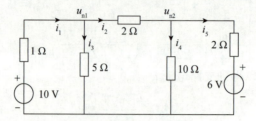

图 3.28　例 3.23 电路

【分析】

电路结构：支路数 $b=5$；结点数 $n=3$；网孔数 $l=3$。

支路电流法：变量数为 $b=5$ 个；网孔电流法、回路电流法：变量数为网孔数 $l=3$ 个；结点电压法：变量数为 $(n-1)=2$ 个。

使用结点电压法最简单。

解：结点电压方程为

$$\begin{cases} \left(\dfrac{1}{1} + \dfrac{1}{5} + \dfrac{1}{2}\right)u_{n1} - \dfrac{1}{2}u_{n2} = \dfrac{10}{1} \\ -\dfrac{1}{2}u_{n1} + \left(\dfrac{1}{2} + \dfrac{1}{10} + \dfrac{1}{2}\right)u_{n2} = \dfrac{6}{2} \end{cases}$$

解出 u_{n1}、u_{n2}，就可以得到各支路电流，即

$$i_1 = \frac{10 - u_{n1}}{1}, \quad i_2 = \frac{u_{n1} - u_{n2}}{2}, \quad i_3 = \frac{u_{n1}}{5}$$

$$i_4 = \frac{u_{n2}}{10}, \quad i_5 = \frac{u_{n2} - 6}{2}$$

【例 3.24】电路如图 3.29 所示，从网孔电流法、回路电流法、结点电压法中选择最简单的方法，求各支路电流。写出分析过程，列出方程即可。

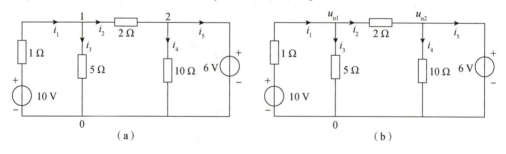

图 3.29　例 3.24 电路

(a)电路；(b)设定结点电压

【分析】

电路结构：支路数 $b=5$；结点数 $n=3$；网孔数 $l=b-(n-1)=3$。

网孔电流法、回路电流法：变量数为 $l=3$ 个；结点电压法：变量数为 $(n-1)=2$ 个。

由于结点电压法的变量为电压量，如果在两个结点之间有无伴电压源存在，两个结点的

电压变量变为 $u_{nm} = u_{nn} + u_S$，可以减少一个变量。

该题选择结点 0 为参考点，$u_{n2} = 6$ V，变为只有一个变量 u_{n1}，所以选择结点电压法最简单。

解：结点电压方程为

$$\left(\frac{1}{1} + \frac{1}{5} + \frac{1}{2} \right) u_{n1} - \frac{1}{2} u_{n2} = \frac{10}{1}$$

$$u_{n2} = 6$$

解出 u_{n1}，就可以得到各支路电流，即

$$i_1 = \frac{10 - u_{n1}}{1}, \quad i_2 = \frac{u_{n1} - u_{n2}}{2}, \quad i_3 = \frac{u_{n1}}{5}$$

$$i_4 = \frac{u_{n2}}{10}, \quad i_5 = i_2 - i_4$$

3.7　电路一般分析方法的应用

3.7.1　铂电阻测温电路的分析

铂电阻测温电路是利用不平衡电桥测量温度的电路，如图 3.30 所示。电路中 R_t 为铂电阻，利用铂电阻的电阻值随温度变化而改变的特性来测温度。铂电阻 R_t 与电阻 R_1、R_2、R_3 组成电桥电路的 4 个桥臂，电桥的桥端接毫伏表，测量电桥不平衡时的输出电压，将输出电压转换为温度值，就达到了温度测量的目的。

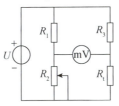

图 3.30　铂电阻测温电路

在铂电阻测温电路中合理设计电阻 R_1、R_2、R_3 的电阻值，就可以使毫伏表的读数与温度 t 之间满足线性关系，如 $U_0 = t/10$（mV）。

二维码 3-2　铂电阻测温电路分析

3.7.2　晶体管直流电路的分析

目前在所有电子设备中大量使用集成电路，构成集成电路的基本元件是晶体管，也称为三极管。晶体管主要有两种类型：双极型晶体管和场效应晶体管。以双极型晶体管为例，它有 3 个电极，称为发射极（e）、基极（b）和集电极（c），如图 3.31（a）所示。

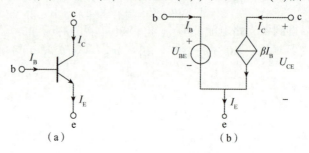

图 3.31　处于放大状态的 NPN 型晶体管等效模型
（a）NPN 型晶体管；（b）晶体管等效电路

双极型晶体管有 3 种工作状态：放大、截止与饱和状态。当双极型晶体管工作在放大状态时，组成各种放大电路，可以实现电压放大，把微弱的电压信号放大；可以实现电流放大，将微弱的电流信号放大；可以实现功率放大，把信号放大到足够大功率。

双极型晶体管是非线性元件，为了便于分析，用一个线性等效模型替换非线性的 NPN 型晶体管，如图 3.31（b）所示。双极型晶体管的放大原理是可以把输入的很小的电流（基极电流 I_B），放大 β 倍从输出端输出（形成集电极电流 I_C），即 $I_C = \beta I_B$。因此，双极型晶体管可以看成一个受控电流源。

二维码 3-3　双极型晶体管放大电路

本章小结

电路的一般分析方法，就是依据 KCL、KVL 列电路方程，求解电路响应的方法，主要有支路电流法、网孔电流法、回路电流法和结点电压法。其中，要重点掌握网孔电流法和结点电压法。

（1）如果电路有 n 个结点，就有 $n-1$ 个独立结点，可以列 $n-1$ 个 KCL 独立结点电流方程；电路有 l 个网孔，就有 l 个独立回路，可以列 l 个独立回路电压方程。

（2）支路电流法是基本的电路分析方法，是以支路电流为电路变量，应用 KCL 和 KVL 列方程求解电路的方法。对于含有 n 个结点、b 条支路的电路，应用支路电流法有 b 个支路电流变量，可以列出 $n-1$ 个独立的 KCL 方程，$b-n+1$ 个独立的 KVL 方程。

（3）网孔电流法是以网孔电流为电路变量，应用 KVL 列网孔方程求解电路的方法。网孔电流变量数等于电路的网孔数。对于多支路、少网孔的电路而言，网孔电流法是一种电路变量少，解题便捷的方法，但网孔电流法只适用于平面电路。应用网孔电流法求解电路时，可以利用网孔电流方程的结构组成规律，直接便利地列写网孔电流方程，网孔电流方程的结构式为

$$自阻 \times 该网孔电流 + \sum (互阻 \times 相邻网孔电流) = 网孔中电压源电压升的代数和$$

（4）回路电流法是以回路电流为电路变量，应用 KVL 列回路方程求解电路的方法。回路电流变量数等于电路的网孔数。回路电流法是网孔电流法的推广，不但适用于平面电路，而且适用于立体电路。由于以独立回路为列方程的对象，回路电流法比网孔电流法更加灵活和应用广泛。应用回路电流法求解电路时，可以利用回路电流方程的结构组成规律，直接便利地列写回路电流方程，回路电流方程的结构式为

$$自阻 \times 该回路电流 + \sum (互阻 \times 相邻回路电流) = 回路中电压源电压升的代数和$$

（5）结点电压法是以结点电压为电路变量，应用 KCL 列方程求解电路的方法。结点电压是指电路中某点到参考点的电位。结点电压变量数等于独立结点数 $n-1$ 个。结点电压法适用于求解结点少，回路多的电路。结点电压法既适用于平面电路，也适用于立体电路。应用结点电压法求解电路时，可以利用结点电压方程的结构组成规律，直接便利地列写结点电压方程，结点电压方程的结构式为

$$自导 \times 该结点电压 + \sum (互导 \times 相邻结点电压) = 流入该结点电源电流的代数和$$

（6）从支路电流法、网孔电流法、回路电流法和结点电压法中选择最优方法，使解电路过程最为简单、便捷。以变量数最少为选择的最主要的原则，如果几种方法的变量数相同，以对求解电路更为便利为选择原则。

综合练习

3.1　填空题。

（1）电路如图 P3.1 所示，电路的支路数为＿＿＿＿个，结点数为＿＿＿＿个，网孔数为＿＿＿＿个，KCL 独立方程数为＿＿＿＿个，KVL 独立方程数为＿＿＿＿个。

（2）应用网孔电流法求得网孔电流后，用 KCL 方程可求出全部支路电流，用＿＿＿＿方程可求出全部支路电压。

（3）电路如图 P3.2 所示，应用网孔电流法，网孔 1 的网孔电流方程为＿＿＿＿。

（4）对于一个具有 n 个结点的电路，使用结点电压法，可列出＿＿＿＿个结点电压方程。

（5）电路如图 P3.3 所示，应用结点电压法，结点 1 的结点电压方程为＿＿＿＿。

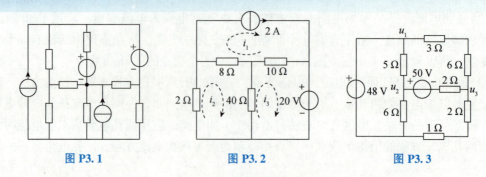

图 P3. 1　　　　　　　图 P3. 2　　　　　　　图 P3. 3

3.2　选择题。

(1)电路如图 P3.4 所示，电路的 KCL 独立方程数为(　　)。

A. 2 个　　　　　　　　　　　　B. 3 个

C. 4 个　　　　　　　　　　　　D. 5 个

(2)电路如图 P3.5 所示，用电路的一般分析方法求解电路，选择(　　)所列的方程数最少。

A. 支路电流法　　B. 网孔电流法　　C. 回路电流法　　D. 结点电压法

(3)电路如图 P3.6 所示，用支路电流法求解所列的方程数为(　　)。

A. 6 个　　　　　　B. 4 个　　　　　　C. 3 个　　　　　　D. 2 个

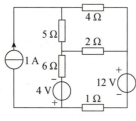　　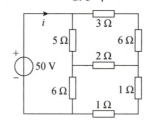　　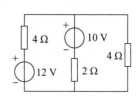

图 P3. 4　　　　　　　图 P3. 5　　　　　　　图 P3. 6

(4)应用网孔电流法求解电路时，网孔电流的参考方向(　　)。

A. 只能设定顺时针方向　　　　　B. 只能设定逆时针方向

C. 必须相同　　　　　　　　　　D. 任意

(5)如果电路中存在受控源，用电路的一般分析方法求解电路时，对受控源的处理方法是(　　)。

A. 如果是受控电压源，将其短路　　　B. 如果是受控电流源，将其开路

C. 将受控源当作独立源处理　　　　　D. 无法确定

(6)电路如图 P3.7 所示，应用回路电流法求解电路，已经选择了两个独立回路 1、2，为使求解最为简单，第 3 个独立回路应选择(　　)。

A. 回路 u_S、R_1、R_4　　　　　　　B. 回路 u_S、R_2、i_S

C. 回路 u_S、R_1、R_3、i_S　　　　　D. 回路 i_S、R_2、R_1、R_4

(7)电路如图 P3.8 所示，用电路的一般分析方法求解电路，所列的方程数正确的是(　　)。

A. 支路电流法 3 个　　　　　　　B. 网孔电流法 2 个

C. 回路电流法 2 个　　　　　　　D. 结点电压法 3 个

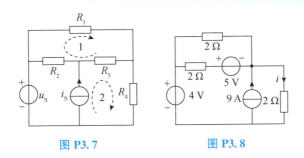

图 P3.7　　　　　图 P3.8

3.3　判断题(正确打√号，错误打×号)。

(1)在支路电流法中，支路电流的参考方向不同，求得各支路实际电流的数值也不同。
　　　　　　　　　　　　　　　　　　　　　　　　　　　　　　　　　　　　(　　)

(2)在网孔电流法中，网孔电流就是网孔回路中实际流动的电流。　　　　　　(　　)

(3)网孔电流法只适用于平面电路，而回路电流法对任意电路都适用。　　　　(　　)

(4)如果电路中存在无伴电流源，应用网孔电流法与回路电流法都可以减少变量数。
　　　　　　　　　　　　　　　　　　　　　　　　　　　　　　　　　　　　(　　)

(5)如果电路中存在无伴电压源，应用结点电压法，必须选择无伴电压源连接的一个结点为参考点，才可以减少变量数。　　　　　　　　　　　　　　　　　　　　　(　　)

(6)无论是支路电流法、网孔电流法、回路电流法，还是结点电压法，都是依据 KCL、KVL 列出的方程。　　　　　　　　　　　　　　　　　　　　　　　　　　　(　　)

(7)在回路电流法中，若全部回路电流均选为顺时针(或逆时针)方向，则回路的全部互阻均取负号。　　　　　　　　　　　　　　　　　　　　　　　　　　　　　(　　)

(8)应用网孔电流法时，无论网孔电流的参考方向如何选择，网孔的自阻永远为正值，互阻永远为负值。　　　　　　　　　　　　　　　　　　　　　　　　　　　(　　)

(9)应用支路电流法求解电路，列出的 KCL 方程组与 KVL 方程组是唯一的。　(　　)

3.4　电路如图 P3.9 所示，试用支路电流法求各支路电流。

3.5　电路如图 P3.10 所示，试用网孔电流法求 3 Ω 电阻的功率。

3.6　电路如图 P3.11 所示，试用网孔电流法求流过 3 Ω 电阻的电流 i。

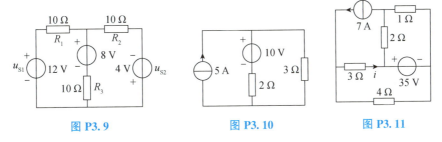

图 P3.9　　　　　图 P3.10　　　　　图 P3.11

3.7　电路如图 P3.12 所示，试用回路电流法求电压 u。

3.8　电路如图 P3.13 所示，试用结点电压法求流过 3 Ω 电阻的电流 i。

3.9　电路如图 P3.14 所示，试用结点电压法求电压 u_0。

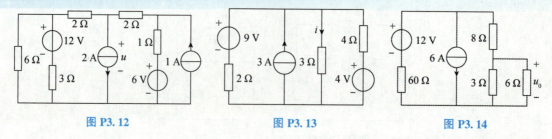

图 P3.12　　　　　　　　　图 P3.13　　　　　　　　　图 P3.14

3.10　电路如图 P3.15 所示,从网孔电流法、回路电流法和结点电压法中选择最简单的方法求电压 u。

3.11　电路如图 P3.16 所示,从网孔电流法、回路电流法和结点电压法中选择最简单的方法求电流 i 与电压 u。

3.12　电路如图 P3.17 所示,从网孔电流法、回路电流法和结点电压法中选择最简单的方法求电压 u。

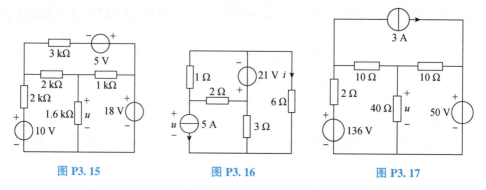

图 P3.15　　　　　　　　　图 P3.16　　　　　　　　　图 P3.17

第4章　电路定理

🔖 **内容提要**

　　为了解决复杂的电路，出现了许多电路定理，利用这些定理，不仅可以简化分析与计算，同时提供了把复杂电路变换为简单电路的分析方法。本章主要介绍齐次定理、叠加定理、替代定理、戴维南定理、诺顿定理、互易定理、对偶原理和特勒根定理，以及定理的应用。

🔖 **知识目标**

◆理解齐次定理、替代定理，熟悉它们的应用；

◆熟练掌握叠加定理及其应用；

◆掌握戴维南定理和诺顿定理，熟练掌握戴维南定理的应用；

◆了解互易定理、对偶原理和特勒根定理。

二维码4-1　知识导图

4.1 齐次定理

对于由线性元件和独立源组成的线性电路，独立源的电压或电流作为电路的输入，称为激励源。由于独立源的作用，在电路中其他元件上产生的电压和电流，称为输出或响应。在线性电路中，激励源和响应之间存在着齐次性（又称为比例性或均匀性），电路的该种特性总结为齐次定理。

齐次定理表述为：在单一激励源的线性电路中，其任意支路的响应（电压或电流）与该激励源成正比。

如果用 $e(t)$ 表示激励源，$r(t)$ 表示响应，则齐次定理可以表示为

$$r(t) = Ke(t) \tag{4.1}$$

式中，K 为比例系数。

利用齐次定理可以很简单地求解 T 形电路的问题。

【例 4.1】有一个 T 形电阻网络如图 4.1 所示，求电流 I，其中 $u_S = 11\ \text{V}$。

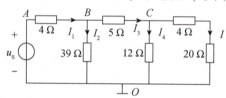

图 4.1　例 4.1 电路图

解：对于本例 T 形电路，只有一种解法，就是利用齐次定理，假设其电流值，倒推结论。

假设电流 $I = 1\ \text{A}$，则有

$$U_{CO} = 24\ \text{V}$$
$$I_4 = 2\ \text{A}$$
$$I_3 = 3\ \text{A}$$
$$U_{BO} = (5 \times 3 + 24)\ \text{V} = 39\ \text{V}$$
$$I_1 = I_2 + I_3 = \left(\frac{39}{39} + 3\right)\ \text{A} = 4\ \text{A}$$
$$U_{AO} = 55\ \text{V}$$

于是得到电压源 u_S 应为

$$u_S = 55\ \text{V}$$

其电流 $I = 1\ \text{A}$。当 $u_S = 11\ \text{V}$ 时，电流 I 为多少？

根据齐次定理得到

$$K = \frac{I}{1}\text{A} = \frac{11}{55} = 0.2$$
$$I = 0.2\ \text{A}$$

齐次定理可以推广应用到有多个激励源的线性电路。在含有多个激励源的线性电路中，

当全部激励源同时变为原来的 K 倍，其电路中任意支路的响应(电流或电压)亦变为原来的 K 倍。

【例 4.2】电路如图 4.2 所示，N 为不含独立源的线性电阻网络。当 $u_S = 12$ V、$i_S = 4$ A 时，$u = 2$ V。求：(1)当 $u_S = -12$ V、$i_S = -4$ A 时的电压 u；(2)当 $u_S = -3$ V、$i_S = -1$ A 时的电压 u。

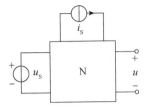

图 4.2　例 4.2 电路

解：(1)根据齐次定理，电路中的所有激励源都变为原来的 -1 倍，响应也变为原来的 -1 倍，有

$$u = 2 \times (-1) \text{ V} = -2 \text{ V}$$

(2)根据齐次定理，电路中的所有激励源都变为原来的 -0.25 倍，响应也变为原来的 -0.25 倍，有

$$u = 2 \times (-0.25) \text{ V} = -0.5 \text{ V}$$

4.2　叠加定理

线性电路除了具有齐次性以外，还具有叠加性。

叠加定理表述为：在线性电路中(可以包含线性元件、独立源和线性受控源)，任意支路的响应(电压或电流)都可以看成各个独立源单独作用时，在该支路产生响应的代数和。

独立源单独作用是指保留某一独立源，把其他独立源置零。

独立源置零的方法为：电压源置零，则把该电压源短路；电流源置零，则把该电流源开路。

在图 4.3(a)所示的电路中，把电压源 u_{S1}、u_{S2} 置零，如图 4.3(b)所示；把电流源 i_S 置零，如图 4.3(c)所示。

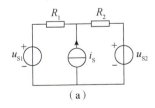 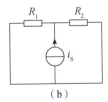 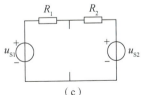

图 4.3　独立源置零
(a)原电路；(b)电压源置零；(c)电流源置零

1. 验证叠加定理

下面我们用图 4.4(a)所示的电路，验证叠加定理的正确性。求图 4.4(a)电路中流过电

阻 R_2 的电流 i。

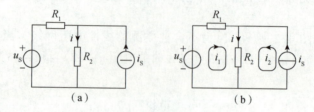

图 4.4　验证叠加定理电路

（a）电路；（b）用网孔电流法求解电路

验证方法为用前面学习的方法和叠加定理分别求解该电路，如果得到的结果相同，即说明叠加定理是正确的。

1）用网孔电流法求解

设网孔电流如图 4.8（b）所示。用网孔电流法列方程为

$$\begin{cases} (R_1 + R_2)i_1 + R_2 i_2 = u_S \\ i_2 = i_S \end{cases}$$

得到

$$i_1 = \frac{u_S}{R_1 + R_2} - \frac{R_2 i_S}{R_1 + R_2}$$

流过电阻 R_2 的电流 i 为

$$i = i_1 + i_S = \frac{u_S}{R_1 + R_2} - \frac{R_2 i_S}{R_1 + R_2} + i_S = \frac{u_S}{R_1 + R_2} + \frac{R_1 i_S}{R_1 + R_2}$$

2）用叠加定理求解

（1）电压源 u_S 单独作用时，等效电路如图 4.5（a）所示，流过电阻 R_2 的电流 i' 为

$$i' = \frac{u_S}{R_1 + R_2}$$

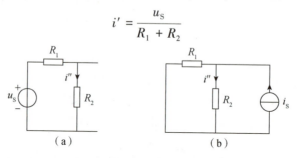

图 4.5　用叠加定理求解

（a）u_S 单独作用；（b）i_S 单独作用

（2）电流源 i_S 单独作用时，等效电路如图 4.5（b）所示，流过电阻 R_2 的电流 i'' 为

$$i'' = \frac{R_1 i_S}{R_1 + R_2}$$

（3）电压源 u_S 和电流源 i_S 共同作用时，流过电阻 R_2 的电流 i 为

$$i = i' + i'' = \frac{u_S}{R_1 + R_2} + \frac{R_1 i_S}{R_1 + R_2}$$

两种解法结果相同，验证了叠加定理是正确的。

2. 应用叠加定理应注意的问题

（1）叠加定理只适用于线性电路，对于非线性电路叠加定理是不成立的。

（2）叠加定理只适用于在线性电路中求解电压和电流响应，而不能用来计算功率。这是因为在线性电路中，电压和电流与激励源成线性关系，而功率与激励源不是线性关系。例如，一个线性电路有两个激励源，某个支路的电压和电流为

$$u = u' + u'', \quad i = i' + i''$$

两个激励源单独作用时，该支路的功率分别为

$$P' = u' \cdot i', \quad P'' = u'' \cdot i''$$

该支路的实际功率为

$$P = u \cdot i = (u' + u'')(i' + i'') = u' \cdot i' + u' \cdot i'' + u'' \cdot i' + u'' \cdot i'' \neq P' + P''$$

切记，不能用叠加定理计算功率。

（3）应用叠加定理计算电压和电流是代数量的叠加，应注意各代数量的符号。代数量的符号的规定是，若某一独立源单独作用时，某一支路响应分量与该支路响应总量的参考方向一致取正号，反之取负号。

为了使各代数量叠加时不会由于符号问题出错，通常在计算过程中，选取各独立源单独作用时响应分量的参考方向与响应总量的参考方向一致，叠加时各响应分量求和即可。

（4）若电路中含有受控源，应用叠加定理时，受控源不能单独作用。在各独立源单独作用时，受控源都要保留在其中，受控源的控制量变为各独立源单独作用时的控制分量。

3. 应用叠加定理求解电路的步骤

叠加定理的实质是将比较复杂的电路变换为简单的电路。电路难以求解的原因之一是电路中独立源多，当电路变换为一个独立源单独作用时，电路一般变换成为非常简单的电路，只要用欧姆定律即可求解。

应用叠加定理求解电路的步骤如下：

（1）画出某独立源单独作用时的等效电路；

（2）计算该独立源单独作用时的响应分量；

（3）重复第（1）、（2）步，计算出各独立源单独作用时的响应分量；

（4）求各响应分量的代数和，即为各独立源共同作用时的响应总量。

【例 4.3】电路如图 4.6 所示，应用叠加定理求电流 i。已知 $u_S = 6$ V、$i_S = 0.6$ A、$R_1 = 60$ Ω、$R_2 = 40$ Ω、$R_3 = 30$ Ω、$R_{21} = 20$ Ω。

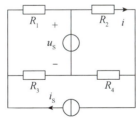

图 4.6　例 4.3 电路

解：（1）电压源 u_S 单独作用时，其等效电路如图 4.7(a)所示。

此时，电阻 R_2、R_4 与电压源 u_S 串联，所以电流为

$$i' = \frac{u_S}{R_2 + R_4} = \frac{6}{40 + 20} = 0.1 \text{ (A)}$$

（2）电流源 i_S 单独作用时，其等效电路如图 4.7(b)所示。

此时，电阻 R_2、R_4 并联且与电流源串联，可得

$$i'' = \frac{R_4}{R_2 + R_4} \cdot i_S = \frac{20}{40 + 20} \times 0.6 = 0.2 \ (A)$$

（3）电压源 u_S 和电流源 i_S 共同作用时，i 为

$$i = i' + i'' = 0.1 + 0.2 = 0.3 \ (A)$$

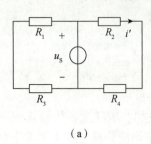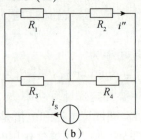

图4.7　例4.3 各独立源单独作用时的等效电路

(a)电压源单独作用；(b)电流源单独作用

【例4.4】电路如图4.8(a)所示，应用叠加定理求电流源 i_S 两端的电压 u。

解：（1）电压源 u_S 单独作用时，其等效电路如图4.8(b)所示。可得

$$i'_1 = \frac{u_S}{R_1 + R_2} = \frac{10}{6 + 4} = 1 \ (A)$$

$$u' = -10i'_1 - i'_1 R_2 = -10 \times 1 + 1 \times 4 = -6 \ (V)$$

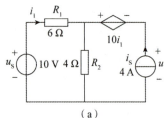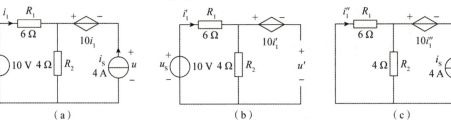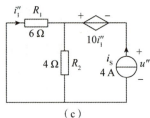

图4.8　例4.4电路

(a)电路；(b)电压源单独作用；(c)电流源单独作用

（2）电流源 i_S 单独作用时，其等效电路如图4.8(c)所示。可得

$$i''_1 = -i_S \cdot \frac{R_2}{R_1 + R_2} = -4 \times \frac{4}{6 + 4} = -1.6 \ (A)$$

$$u'' = -10i''_1 - i''_1 R_1 = -10 \times (-1.6) - (-1.6) \times 6 = 25.6 \ (V)$$

（3）电压源 u_S 和电流源 i_S 共同作用时，电压 u 为

$$u = u' + u'' = -6 + 25.6 = 19.6 \ (V)$$

由本例题可知，如果电路中有受控源，每个独立源单独作用时，受控源必须保留在电路中，但是受控源的控制量变为独立源单独作用下的控制量。

二维码4-2　叠加定理的应用

【例 4.5】图 4.9 的线性网络 N 中只含有电阻，若 $u_S = 8$ V、$i_S = 12$ A 时，$u_X = 80$ V；$u_S = 8$ V、$i_S = 4$ A 时，$u_X = 0$ V。当 $u_S = 20$ V、$i_S = 20$ A 时，u_X 为多少？

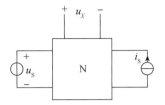

图 4.9　例 4.5 电路

解：由于电路结构未知，可以利用叠加定理和齐次定理进行定量计算。

将电路的独立源分为 3 组，电压源 u_S，电流源 i_S，网络 N 内部的全部独立源。

由齐次定理可知，当电压源 $u_S = 1$ V 单独作用时，产生的响应为 u'_X，当电压源为 $u_S = a$ 时，产生的响应为 au_X。同理，当电流源 $i_S = 1$ A 单独作用时，产生的响应为 u''_X，当电流源为 $i_S = b$ 时，产生的响应为 bu''_X，则根据已知条件可列方程：

$$\begin{cases} 8u'_X + 12u''_X = 80 \\ 8u'_X + 4u''_X = 0 \end{cases}$$

解得

$$u'_X = -5 \text{ (V)}, \quad u''_X = 10 \text{ (V)}$$

当 $u_S = 20$ V、$i_S = 20$ A 时，其电压 u_X 为

$$u_X = 20u'_X + 20u''_X = [20 \times (-5) + 20 \times 10] \text{ V} = 100 \text{ V}$$

4.3　替代定理

替代定理又称为置换定理，是集总电路的一个重要定理，普遍应用于电路的分析与求解过程。

替代定理表述为：具有唯一解的线性电路或非线性电路中，如果已知某支路 K 的电压 u_K，电流 i_K，且该支路与电路中其他支路无耦合，则该支路无论由什么元件组成，都可以用下列任何一个元件替代——电压等于 u_K 的电压源，或电流等于 i_K 的电流源。替代后该电路中剩余部分的电压、电流保持不变，如图 4.10 所示。

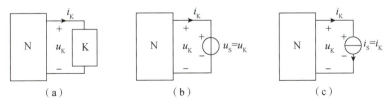

图 4.10　替代定理

(a) 支路 K；(b) 用电压源替代；(c) 用电流源替代

1. 验证替代定理

下面用图 4.11 所示电路验证替代定理的正确性。

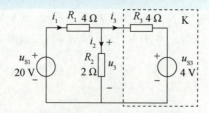

图 4.11 验证替代定理电路

验证替代定理的方法是，首先确定电路中各支路的响应；然后依据替代定理将支路 K 用电压源或电流源替代，求解电路剩余部分的响应，如果响应不变，即证明替代定理是正确的。

（1）用结点电压法求电路各支路的响应。有

$$\left(\frac{1}{R_1} + \frac{1}{R_2} + \frac{1}{R_3}\right)u_3 = \frac{u_{S1}}{R_1} + \frac{u_{S3}}{R_3}$$

$$\left(\frac{1}{4} + \frac{1}{2} + \frac{1}{4}\right)u_3 = \frac{20}{4} + \frac{4}{4}$$

$$u_3 = 6(\text{V})$$

$$i_1 = \frac{u_{S1} - u_3}{R_1} = \frac{20 - 6}{4} = 3.5(\text{A})$$

$$i_2 = \frac{u_3}{R_2} = \frac{6}{2} = 3(\text{A})$$

$$i_3 = \frac{u_3 - u_{S3}}{R_3} = \frac{6 - 4}{4} = 0.5(\text{A})$$

（2）使用替代定理将 R_3、u_{S3} 支路用 $u_S = u_3 = 6$ V 替代，替代后的等效电路如图 4.12(a) 所示。有

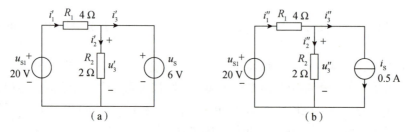

图 4.12 验证替代定理

(a)用电压源替代；(b)用电流源替代

$$u'_3 = u_S = 6\text{ V} = u_3$$

$$i'_1 = \frac{u_{S1} - u_S}{R_1} = \frac{20 - 6}{4} = 3.5\ (\text{A}) = i_1$$

$$i'_2 = \frac{i_S}{R_2} = \frac{6}{2} = 3\ (\text{A}) = i_2$$

$$i'_3 = i'_1 - i'_2 = 0.5\ (\text{A}) = i_3$$

用电压源替代后，电路中剩余部分的电压、电流保持不变。

（3）使用替代定理将 R_3、u_{S3} 支路用 $i_S = i_3 = 0.5\ \mathrm{A}$ 替代，替代后的等效电路如图 4.12（b）所示。有

$$u''_3 = \frac{\dfrac{u_{S1}}{R_1} - i_S}{\dfrac{1}{R_1} + \dfrac{1}{R_2}} = \frac{\dfrac{20}{4} - 0.5}{\dfrac{1}{4} + \dfrac{2}{2}} = 6\ (\mathrm{V}) = u_3$$

$$i''_3 = i_S = 0.5\ (\mathrm{A}) = i_3$$

$$i''_2 = \frac{u''_3}{R_2} = \frac{6}{2} = 3\ (\mathrm{A}) = i_2$$

$$i''_1 = \frac{u_{S1} - u''_3}{R_1} = \frac{20 - 6}{4} = 3.5\ (\mathrm{A}) = i_1$$

用电流源替代后，电路中剩余部分的电压、电流保持不变。

电路中支路 K 用电压源或电流源替代后，电路剩余部分的电压、电流保持不变，证明替代定理是正确的。

2. 应用替代定理要注意的问题

（1）替代定理对线性电路和非线性电路都适用，但替代前后的电路必须有唯一解。

（2）被替代电路可以是单一元件的支路，也可以是由复杂电路组成的二端网络。

（3）被替代电路的端口电压或端口电流必须是已知量。

（4）被替代电路与电路剩余部分的支路不存在耦合关系。

（5）除被替代电路外，电路剩余部分的结构在替代前后应保持不变。

3. 替代定理的应用

（1）应用替代定理可以使求解电路变得简捷。

【例 4.6】电路如图 4.13（a）所示，已知电压 $u = 4.5\ \mathrm{V}$，求电阻 R。

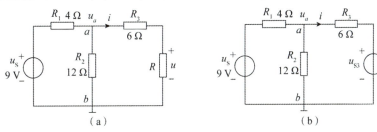

图 4.13　例 4.6 电路

（a）电路；（b）替代后的电路

解：应用替代定理，把电阻 R 用电压源 u_{S3} 替代，$u_{S3} = u = 4.5\ \mathrm{V}$。用结点电压法求 a 结点的电压 u_a。有

$$\left(\frac{1}{R_1} + \frac{1}{R_2} + \frac{1}{R_3}\right) u_a = \frac{u_S}{R_1} + \frac{u_{S3}}{R_3}$$

$$\left(\frac{1}{4} + \frac{1}{12} + \frac{1}{6}\right) u_a = \frac{9}{4} + \frac{4.5}{6}$$

$$u_a = 6\ (\mathrm{V})$$

于是，依据欧姆定律得到电流 i 和电阻 R 为

$$i = \frac{u_a - u_{S3}}{R_3} = \frac{6 - 4.5}{6} = 0.25(\text{A})$$

$$R = \frac{u}{i} = \frac{4.5}{0.25} = 18(\Omega)$$

(2)应用替代定理可以把复杂电路变换为简单电路。

【例 4.7】 电路如图 4.14(a)所示，求电流 i。

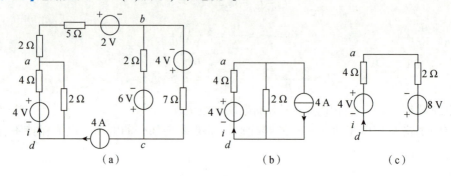

图 4.14　例 4.7 电路

(a)电路；(b)用电流源替代；(c)电源模型变换

解： 电路比较复杂，所求的电流在电路的 a、d 结点之间，支路 $abcd$ 中的电流是固定值，为电流源的电流 4 A，因此用替代定理，将支路 $abcd$ 用一个 4 A 电流源替换，电路一下子就简单多了，如图 4.14(b)所示。再将其利用电源模型等效变换，整理成单一回路的电路，如图 4.14(c)所示，只要用欧姆定律即可求出电流 i，即

$$i = \frac{4 + 8}{4 + 2} = 2(\text{A})$$

4.4　戴维南定理和诺顿定理

　　工程应用中，常常遇到只需研究某一支路的电压、电流或功率的问题。对所研究的支路来说，电路的其余部分就成为一个有源二端网络，如果能够把有源二端网络等效变换为简单的含源支路(电压源与电阻串联的电路或电流源与电阻并联的电路)，那么电路和计算将大大简化。戴维南定理和诺顿定理给出了将有源二端网络等效变换为含源支路的方法。

　　所谓二端网络是指一个电路与外电路仅有两个端子相连接，如图 4.15 所示。有源二端网络是指含有独立源的二端网络，通常用 N_S 标记；无源二端网络是指不含有独立源的二端网络，通常用 N_0 标记。

图 4.15　二端网络

4.4.1　戴维南定理

戴维南定理表述为：任何一个线性含源二端电阻网络可以用一个电压源 u_{OC} 和电阻 R_{eq} 的串联组合等效置换，此电压源的电压 u_{OC} 等于含源二端网络的开路电压，电阻 R_{eq} 等于含源二端网络的全部独立源置零后的等效电阻。

戴维南定理用图 4.16 来表示。通常把电压源 u_{OC} 与电阻 R_{eq} 的串联组合称为戴维南等效电路。戴维南定理不仅给出了任意线性含源二端网络的最简等效电路结构，还说明了如何确定戴维南等效电路的参数。利用戴维南定理求出线性含源二端网络的戴维南等效电路后，复杂电路就变换为如图 4.16(b) 所示的简单电路，利用欧姆定律即可求出负载电阻 R_L 两端的电压和流过负载电阻的电流。

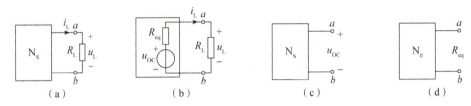

图 4.16　戴维南定理

(a) 含源二端网络；(b) 戴维南等效电路；(c) 开路电压；(d) 等效电阻

1. 戴维南等效电路参数的求法

戴维南等效电路有两个参数，一个是电压源的电压 u_{OC}，另一个是等效电阻 R_{eq}。

由戴维南定理可知，电压源的电压 u_{OC} 为含源二端网络的开路电压，如图 4.16(c) 所示。求含源二端网络的开路电压常用的方法有：

(1) 利用基尔霍夫电压定律，求电路中两点间电压法；

(2) 利用电源模型等效变换法；

(3) 利用结点电压法；

(4) 利用叠加定理。

【例 4.8】 有一含源二端网络如图 4.17(a) 所示，求开路电压 u_{OC}。

解： (1) 用电源模型等效变换法。

电路中两个电源是并联关系，将电压源模型 u_{S1} 和 R_1 变换为电流源模型，如图 4.17(b) 所示。有

$$u_{OC} = (i_{S1} + i_{S2})(R_1 /\!/ R_2) = (5 + 3) \times \frac{5 \times 20}{5 + 20} = 32(\text{V})$$

(2) 用结点电压法。

以电路下端结点为参考点，上端结点电压为 u_{OC}，结点电压方程为

$$\begin{cases} \left(\dfrac{1}{R_1} + \dfrac{1}{R_2}\right) u_{OC} = \dfrac{u_{S1}}{R_1} + i_{S2} \\ \left(\dfrac{1}{5} + \dfrac{1}{20}\right) u_{OC} = \dfrac{25}{5} + 3 \end{cases}$$

解得 $\qquad u_{OC} = 32 \ (V)$

(3)用叠加定理，电压源与电流源单独作用时的等效电路如图 4.17(c)、(d)所示。有

$$u_{OC} = \frac{u_{S1} \times R_2}{R_1 + R_2} + i_{S2}(R_1 /\!/ R_2) = \frac{25 \times 20}{5 + 20} + 3 \times \frac{5 \times 20}{5 + 50} = 32 \ (V)$$

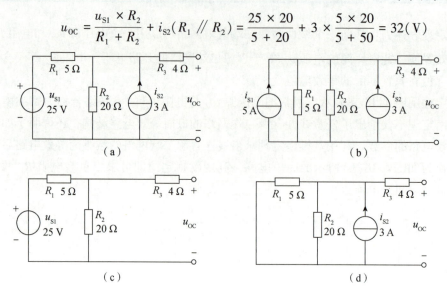

图 4.17 例 4.8 电路

(a)含源二端网络；(b)电源模型等效变换；(c)电压源单独作用；(d)电流源单独作用

2. 等效电阻 R_{eq} 的求法

求等效电阻 R_{eq} 的方法通常有以下 3 种。

(1)如果是线性电阻网络，首先将含源二端网络中的全部独立源置零，得到无源二端网络，然后用电阻的串、并联关系或 Y 形和 △ 形网络的等效变换求等效电阻。

(2)开路电压、短路电流法。如果含源二端网络中含有受控源，可用开路电压、短路电流法，用含源二端网络端口的开路电压 u_{OC} 除以含源二端网络端口的短路电流 i_{SC}，为等效电阻 R_{eq}，即

$$R_{eq} = \frac{u_{OC}}{i_{SC}}$$

开路电压、短路电流法的原理由图 4.16(b)电路可得

$$u_L = u_{OC} - i_L \cdot R_{eq}$$

当输出端短路时，有 $u_L = 0$，$i_L = i_{SC}$。代入上式得到

$$R_{eq} = \frac{u_{OC}}{i_{SC}}$$

(3)外加电源法。将含源二端网络中的全部独立源置零，得到无源二端网络，然后在无源二端网络端口处外加一个电压源 u 或电流源 i，如图 4.18 所示，端口处电压 u 与电流 i 的比值为等效电阻，即

$$R_{eq} = \frac{u}{i}$$

此种方法适用于任何形式的线性电阻电路求等效电阻。

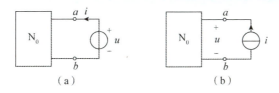

图 4.18　外加电源法

（a）外加电压源；（b）外加电流源

3. 使用戴维南定理应注意的问题

（1）戴维南定理只适用于线性含源二端电阻网络。

（2）戴维南等效电路与含源二端网络等效是指对负载电路等效，即含源二端网络用戴维南等效电路置换后，保持负载电路的电压、电流不变。

4. 用戴维南定理求解电路的步骤

（1）首先确定含源二端网络。方法是把要求的支路视为负载，暂时从电路中取出，电路剩余部分即为含源二端网络。

（2）求含源二端网络的开路电压 u_{OC}。

（3）求二端网络的等效电阻 R_{eq}。

（4）用戴维南等效电路置换含源二端网络，电路变换为简单回路，计算出负载的响应。

【例 4.9】电路如图 4.19（a）所示，试用戴维南定理求桥式电路中通过 3 Ω 电阻的电流 i。

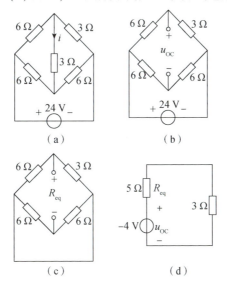

图 4.19　例 4.9 电路

（a）电路；（b）含源二端网络；（c）无源二端网络；（d）戴维南等效电路

解：（1）确定含源二端网络。将电阻 3 Ω 视为负载，从电路中取出，电路剩余部分为含源二端网络，如图 4.19（b）所示。

（2）求开路电压 u_{OC}。在图 4.19（b）中，求得

$$u_{OC} = \frac{24}{6+3} \times 3 - \frac{24}{6+6} \times 6 = -4\ (V)$$

(3)求等效电阻 R_{eq}。将图 4.19(b)中的独立源都置零，得到无源二端网络，如图 4.19(c)所示。等效电阻 R_{eq} 为

$$R_{eq} = \frac{3 \times 6}{3 + 6} + \frac{6 \times 6}{6 + 6} = 5\ (\Omega)$$

(4)用戴维南等效电路置换含源二端网络，电路变换为图 4.19(d)所示电路。其电流 i 为

$$i = \frac{-4}{5 + 3} = -0.5\ (A)$$

【例 4.10】电路如图 4.20(a)所示，试用戴维南定理求电阻 R_4 两端的电压 u。

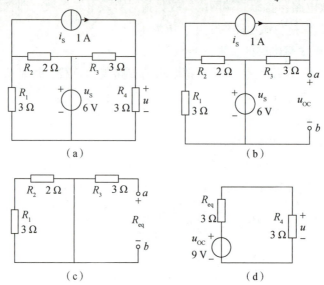

图 4.20　例 4.10 电路

(a)电路；(b)含源二端网络；(c)无源二端网络；(d)戴维南等效电路

解：(1)确定含源二端网络。将电阻 R_4 视为负载，从电路中取出，电路剩余部分为含源二端网络，如图 4.20(b)所示。

(2)求开路电压 u_{OC}。在图 4.20(b)中，选择路径 R_3、u_S，用基尔霍夫电压定律求得 u_{OC} 为

$$u_{OC} = R_3 i_S + u_S = 3 \times 1 + 6 = 9\ (V)$$

(3)求等效电阻 R_{eq}。将图 4.20(b)中的独立源都置零，得到无源二端网络，如图 4.20(c)所示。等效电阻 R_{eq} 为

$$R_{eq} = R_3 = 3(\Omega)$$

(4)用戴维南等效电路置换含源二端网络，电路变换为图 4.20(d)所示电路。电阻 R_4 两端电压 u 为

$$u = \frac{u_{OC} \times R_4}{R_{eq} + R_4} = \frac{9 \times 3}{3 + 3} = 4.5\ (V)$$

【例 4.11】一个含源二端网络如图 4.21 所示，试求 ab 端口的戴维南等效电路。

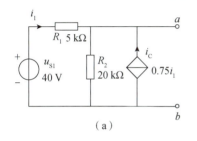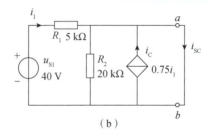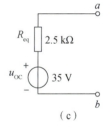

図 4.21　例 4.11 电路

（a）含源二端网络；（b）求短路电流；（c）戴维南等效电路

（1）求开路电压 u_{OC}，即 ab 间的电压。用网孔电流法，网孔电流为 i_1 和 i_C，方程为

$$\begin{cases}(R_1 + R_2)i_1 + R_2 i_C = u_{S1} \\ i_C = 0.75i_1\end{cases}$$

解得 $\quad\quad\quad\quad\quad\quad\quad\quad i_1 = 1(\text{mA})，\ i_C = 0.75(\text{mA})$

$$u_{OC} = (i_1 + i_C)R_2 = (1 + 0.75) \times 20 = 35(\text{V})$$

（2）求等效电阻 R_{eq}。由于有受控源，用开路电压、短路电流法。先求短路电流 i_{SC}，如图 4.21（b）所示，有

$$i_1 = \frac{u_{S1}}{R_1} = \frac{40}{5} = 8(\text{mA})$$

$$i_{SC} = i_1 + i_C = 1.75i_1 = 14(\text{mA})$$

$$R_{eq} = \frac{u_{OC}}{i_{SC}} = \frac{35}{14} = 2.5(\text{k}\Omega)$$

（3）戴维南等效电路如图 4.21（c）所示。

4.4.2　诺顿定理

诺顿定理和戴维南定理一样，可以将含源二端网络用一个含源支路等效置换，只不过含源支路是电流源和电阻的并联组合。

诺顿定理表述为：任何一个线性含源二端电阻网络可以用一个电流源 i_{SC} 和电阻 R_{eq} 的并联组合等效置换，此电流源的电流 i_{SC} 等于二端网络的短路电流，电阻 R_{eq} 等于二端网络的全部独立源置零后的等效电阻。

诺顿定理用图 4.22 来表示。通常把电流源 i_{SC} 与电阻 R_{eq} 的并联组合称为诺顿等效电路。

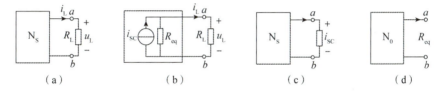

图 4.22　诺顿定理

（a）含源二端网络；（b）诺顿等效电路；（c）短路电流；（d）等效电阻

用诺顿定理求解电路的步骤与用戴维南定理求解电路的步骤相同。

(1)首先确定含源二端网络。

(2)求含源二端网络的短路电流 i_{SC}。

(3)求二端网络的等效电阻 R_{eq}。

(4)用诺顿等效电路置换含源二端网络,在变换后的等效电路中求负载支路的响应。

【例 4.12】含源二端网络如图 4.23(a)所示,求其诺顿等效电路。

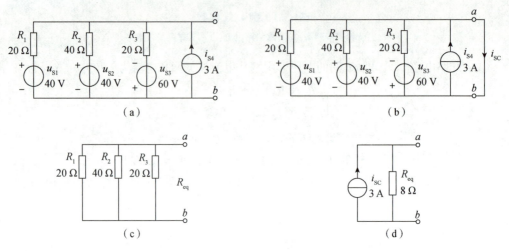

图 4.23 例 4.12 电路

(a)含源二端网络;(b)求短路电流;(c)无源二端网络;(d)诺顿等效电路

解:(1)求短路电流 i_{SC}。等效电路如图 4.23(b)所示,则

$$i_{SC} = \frac{u_{S1}}{R_1} + \frac{u_{S2}}{R_2} - \frac{u_{S3}}{R_3} + i_{S4} = \frac{40}{20} + \frac{40}{40} - \frac{60}{20} + 3 = 3(A)$$

(2)求等效电阻 R_{eq}。等效电路如图 4.23(c)所示,则

$$R_{eq} = \frac{1}{\dfrac{1}{R_1} + \dfrac{1}{R_2} + \dfrac{1}{R_3}} = \frac{1}{\dfrac{1}{20} + \dfrac{1}{40} + \dfrac{1}{20}} = 8(\Omega)$$

(3)诺顿等效电路如图 4.23(d)所示,$i_{SC} = 3\ A$,$R_{eq} = 8\ \Omega$。

4.5 最大功率传输定理

在实际电子设备设计中,总希望负载能从电路获得最大功率,那么在什么条件下才能获得最大功率?最大功率又是多少?这是本节要研究的问题——最大功率传输定理。

首先从最简单的电源向负载供电的电路进行分析,如图 4.24 所示。其中,R_S 为电压源的内阻,R_L 是负载电阻。分析负载电阻 R_L 为多大时,可以从电源获得最大功率。

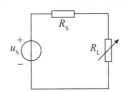

图 4.24 简单供电电路

由图 4.24 可得负载 R_L 上获得的功率为

$$P_L = i^2 R_L = \left(\frac{u_S}{R_S + R_L} \right)^2 R_L = \frac{u_S^2 R_L}{(R_S + R_L)^2}$$

负载获得最大功率的条件为 $\dfrac{\mathrm{d}P_L}{\mathrm{d}R_L} = 0$，于是有

$$\frac{\mathrm{d}P_L}{\mathrm{d}P_L} = \frac{u_S^2 \left[(R_S + R_L)^2 - R_L(R_S + R_L) \right]}{(R_S + R_L)^4} = \frac{u_S^2 (R_S - R_L)}{(R_S + R_L)^3} = 0$$

得到 $R_L = R_S$。因此，负载 R_L 上获得最大功率的条件为 $R_L = R_S$。

负载获得的最大功率为

$$P_L = \frac{u_S^2 R_L}{(R_S + R_L)^2} = \frac{u_S^2 R_S}{(R_S + R_S)^2} = \frac{u_S^2}{4R_S}$$

由以上分析得出，当负载电阻等于电源内阻时，负载电阻获得最大功率，最大功率为 $P_{Lmax} = \dfrac{u_S^2}{4R_S}$。

如果是一个含源二端网络向负载供电，如图 4.25(a) 所示。利用戴维南定理将含源二端网络变换为戴维南等效电路，如图 4.25(b) 所示。于是，得出负载 R_L 上获得最大功率的条件为

$$R_L = R_{eq}$$

负载获得的最大功率为

$$P_{Lmax} = \frac{u_{OC}^2}{4R_{eq}}$$

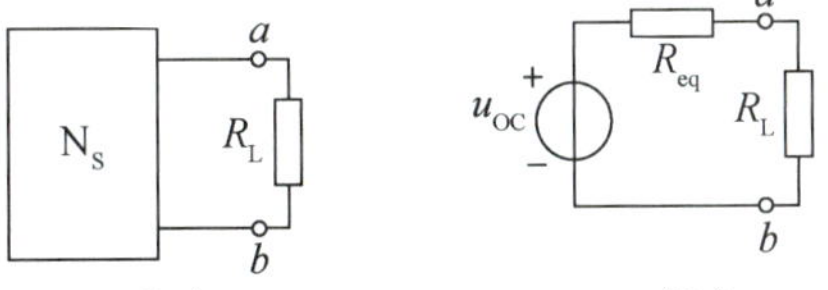

（a）　　　　　　　　　　　　（b）

图 4.25 最大功率传输定理

（a）供电电路；（b）戴维南等效电路

最大功率传输定理表述为：含源二端网络传输给负载 R_L 最大功率的条件为负载电阻 R_L 等于二端网络的等效电阻 R_{eq}；满足 $R_L = R_{eq}$ 条件时，负载电阻 R_L 获得的最大功率为 $P_{Lmax} = \dfrac{u_{OC}^2}{4R_{eq}}$。

【例 4.13】电路如图 4.26(a) 所示，求 R 等于多大时可获得最大功率？最大功率是多少？

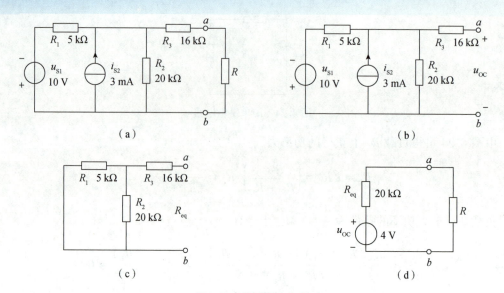

解：在一个比较复杂的电路中求某一支路的功率问题分为两步，第一步用戴维南定理将所求功率以外的含源二端网络变换成戴维南等效电路；第二步用最大功率传输定理求出最大功率。

（1）用戴维南定理将电路变换成戴维南等效电路。取出电阻 R 得到含源二端网络，如图 4.26(b)所示。

用结点电压法求开路电压 u_{OC} 为

$$u_{OC} = \frac{-\dfrac{u_{S1}}{R_1} + i_{S2}}{\dfrac{1}{R_1} + \dfrac{1}{R_2}} = \frac{-\dfrac{10}{5} + 3}{\dfrac{1}{5} + \dfrac{1}{20}} = 4(\text{V})$$

将独立源置零，得到无源二端网络，如图 4.26(c)所示，等效电阻 R_{eq} 为

$$R_{eq} = R_3 + \frac{R_1 R_2}{R_1 + R_2} = 16 + \frac{5 \times 20}{5 + 20} = 20(\text{k}\Omega)$$

（2）用戴维南等效电路置换含源二端网络后的电路如图 4.26(d)所示。电阻 R 获得最大功率的条件为

$$R = R_{eq} = 20(\text{k}\Omega)$$

最大功率为

$$P_{max} = i^2 R = \left(\frac{u_{OC}}{R_{eq} + R}\right)^2 R = \left(\frac{4}{20 + 20}\right)^2 \times 20 = 0.2\ (\text{mW})$$

二维码 4-3 戴维南定理的应用

4.6　互易定理

对于一个不含独立源和受控源的线性电阻网络，其具有互易特性，即网络传输信号具有双向性或可逆性。

互易定理表述为：对于仅含线性电阻的二端网络 N，其中一个端口加激励源，另一个端口作为响应端口，在只有一个激励源的情况下，当激励源与响应互换位置时，同一激励源产生的响应相同。

1. 互易定理的 3 种形式

根据激励源与响应变量的不同，互易定理有 3 种形式。

（1）形式 1：如图 4.27 所示，电路中网络 N 只含有线性电阻，当端口 11′接入电压源 u_S 时，在 22′端口的响应为短路电流 i_2；若将激励源移到端口 22′，则在端口 11′的响应为短路电流 i_1'。在图示的电压、电流参考方向条件下，有

$$i_2 = i_1'$$

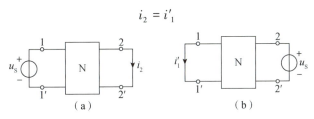

图 4.27　互易定理形式 1

（2）形式 2：如图 4.28 所示，电路中网络 N 只含有线性电阻，当端口 11′接入电流源 i_S 时，在 22′端口的响应为开路电压 u_2；若将激励源移到端口 22′，则在端口 11′的响应为开路电压 u_1'。在图示的电压、电流参考方向条件下，有

$$u_2 = u_1'$$

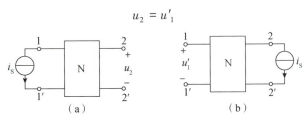

图 4.28　互易定理形式 2

（3）形式 3：如图 4.29 所示，电路中网络 N 只含有线性电阻，当端口 11′接入电压源 u_S 时，在 22′端口的响应为开路电压 u_2；若在端口 22′接入电流源 i_S，则在端口 11′的响应为短路电流 i_1'。在图示的电压、电流参考方向条件下，有

$$\frac{u_2}{u_S} = \frac{i_1'}{i_S}$$

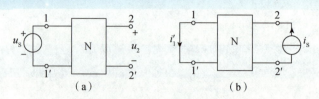

图 4.29 互易定理形式 3

2. 应用互易定理需要注意的问题

（1）互易定理只适用于一个独立源作用下的互易网络。不含有受控源的线性电阻网络一定是互易网络。

（2）网络在互易前后必须保持结构和参数不变。互易定理形式 1 和形式 2 中，只需要激励源和响应位置互换，但在形式 3 中，除了互换位置外，还需要将电压源改为电流源，电压响应改为电流响应。

（3）在互易定理中，特别要注意激励源支路的参考方向。对于形式 1 和形式 2，两个电路激励源支路电压、电流的参考方向一致；对于形式 3，两个电路激励源支路电压、电流的参考方向不一致，即一个电路的激励源支路关联，而另一个电路的激励源支路一定为非关联。

【例 4.14】电路如图 4.30（a）所示，网络 N 只含有线性电阻，已知 $u_1 = 3$ V、$u_2 = 0$ V 时，$i_1 = 1$ A、$i_2 = 2$ A。求当 $u_1 = 9$ V、$u_2 = 6$ V 时，i_1 的值。

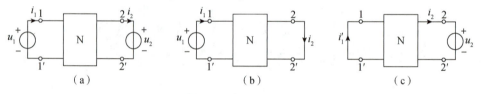

图 4.30 例 4.14 电路

解： 利用叠加定理把电路变为单电源作用，再利用互易定理和齐次定理求电流 i_1。

由已知条件 $u_1 = 3$ V、$u_2 = 0$ V 时，对应电路如图 4.30（b）所示，有 $i_1 = 1$ A、$i_2 = 2$ A。由齐次定理得到，当 $u_1 = 9$ V、$u_2 = 0$ V 时，$i_1 = 3$ A。

将电压源 $u_1 = 3$ V 移到 22′端，如图 4.30（c）所示，根据互易定理，$u_2 = 3$ V，$i_1' = -i_2 = -2$ A。由齐次定理得到，当 $u_2 = 6$ V、$u_1 = 0$ V 时，$i_1' = -4$ A。

由叠加定理可知，当 $u_1 = 9$ V、$u_2 = 6$ V 共同作用时，有

$$i_1 = 3 - 4 = -1 \text{（A）}$$

【例 4.15】电路如图 4.31（a）所示，利用互易定理求电路中的电流 i_1。

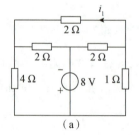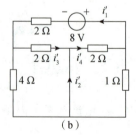

图 4.31 例 4.15 电路

解：根据互易定理，将激励源与响应互换位置，得到如图 4.31(b)所示的电路，应有 $i_1 = i_2'$。因此，求出图 4.31(b)中的 i_2'，即可求得 i_1。

由图 4.31(b)先求总电流 i_1' 为

$$i_1' = \frac{-8}{2 + \dfrac{2 \times 4}{2 + 4} + \dfrac{2 \times 1}{2 + 1}} = \frac{-8}{4} = -2(\text{A})$$

利用并联分流关系求 i_3' 和 i_4' 为

$$i_3' = i_1' \frac{4}{2 + 4} = \frac{-2 \times 4}{6} = -\frac{4}{3}(\text{A})$$

$$i_4' = i_1' \frac{1}{2 + 1} = -\frac{2}{3}(\text{A})$$

则 i_2' 为

$$i_2' = i_4' - i_3' = -\frac{2}{3} - \left(-\frac{4}{3}\right) = \frac{2}{3}(\text{A})$$

求得

$$i_1 = i_2' = \frac{2}{3}(\text{A})$$

4.7　特勒根定理

特勒根定理与基尔霍夫定律一样，是集总参数电路中普遍适用的定理。KCL、KVL 和特勒根定理三者中，由其中任何两个都可推出第三个。

特勒根定理包括两个定理。

定理 1　设某网络 N 有 b 条支路、n 个结点，各支路电流和支路电压分别为：i_1，i_2，$\cdots$，i_b 和 u_1，u_2，$\cdots$，u_b，如果同一支路的电压、电流取关联参考方向，则有

$$\sum_{k=1}^{b} u_k i_k = 0$$

上式是功率守恒关系的数学表达式，即在任何一个电路中，所有支路发出功率与吸收功率的代数和恒等于零，称为功率守恒定律。

定理 2　如果有两个拓扑结构完全相同的网络 N、$\hat{\text{N}}$，具有 b 条支路、n 个结点，设网络 N 的各支路电流和电压分别为：i_1，i_2，$\cdots$，i_b 和 u_1，u_2，$\cdots$，u_b，且同一支路的电压、电流取关联参考方向；网络 $\hat{\text{N}}$ 的各支路电流和电压分别为：$\hat{i}_1$，$\hat{i}_2$，$\cdots$，$\hat{i}_b$ 和 $\hat{u}_1$，$\hat{u}_2$，$\cdots$，$\hat{u}_b$，且同一支路的电压、电流取关联参考方向，则有

$$\sum_{k=1}^{b} u_k \hat{i}_k = 0$$

$$\sum_{k=1}^{b} \hat{u}_k i_k = 0$$

特勒根定理 2 的数学表达式中是不同网络的电压与电流的乘积，不是功率，但仍然具有功率之和的形式，称之为"拟功率定理"，在各种电路的分析中有广泛应用。

下面通过一个实例说明特勒根定理的正确性。

【例4.16】电路如图4.32所示，其中图(a)与图(b)是拓扑结构相同的两个电路，试验证特勒根定理。

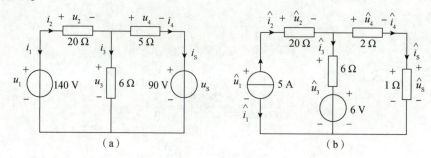

图 4.32　例 4.16 电路

解：由图 4.32(a)电路解得

$$u_1 = 140\,V,\ i_1 = -4\,A;\ u_2 = 80\,V,\ i_2 = 4\,A;\ u_3 = 60\,V,\ i_3 = 10\,A$$
$$u_4 = -30\,V,\ i_4 = -6\,A;\ u_5 = 90\,V,\ i_5 = -6\,A$$

由图 4.32(b)电路解得

$$\hat{u}_1 = 22\,V,\ \hat{i}_1 = -5\,A;\ \hat{u}_2 = 10\,V,\ \hat{i}_2 = 5\,A;\ \hat{u}_3 = 12\,V,\ \hat{i}_3 = 1\,A$$
$$\hat{u}_4 = 8\,V,\ \hat{i}_4 = 4\,A;\ \hat{u}_5 = 4\,V,\ \hat{i}_5 = 4\,A$$

对于图 4.32(a)电路有

$$\sum_{k=1}^{5} = 140 \times (-4) + 80 \times 4 + 60 \times 10 + (-30) \times (-6) + 90 \times (-6) = 0$$

对于图 4.32(b)电路有

$$\sum_{k=1}^{5} \hat{u}_k \hat{i}_k = 22 \times (-5) + 10 \times 5 + 12 \times 1 + 8 \times 4 + 4 \times 4 = 0$$

网络中全部支路对应电压与电流乘积的代数和为零，说明特勒根定理 1 是正确的。

对于图 4.32(a)、(b)电路有

$$\sum_{k=1}^{5} u_k \hat{i}_k = 140 \times (-5) + 80 \times 5 + 60 \times 1 + (-30) \times 4 + 90 \times 4 = 0$$

$$\sum_{k=1}^{5} \hat{u}_k i_k = 22 \times (-4) + 10 \times 4 + 12 \times 10 + 8 \times (-6) + 4 \times (-6) = 0$$

拓扑结构相同的两个网络中对应支路电压、电流的交叉乘积代数和等于零，说明特勒根定理 2 是正确的。

【例4.17】电路如图4.33所示，其中 N 为无源电阻网络。已知图(a)中 $u_1 = 9\,V$，$u_2 = 0\,V$，$i_1 = 4.5\,A$，$i_2 = 1\,A$；图(b)中 $\hat{u}_2 = 9\,V$，用特勒根定理求 $\hat{u}_1$。

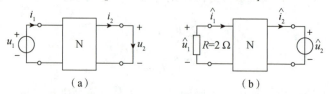

图 4.33　例 4.17 电路

解： 根据特勒根定理 2 有

$$\sum_{k=1}^{b} u_k \hat{i}_k = - u_1 \hat{i}_1 + u_2 \hat{i}_2 + \sum_{k=3}^{b} u_k \hat{i}_k = 0$$

$$\sum_{k=1}^{b} \hat{u}_k i_k = - \hat{u}_1 i_1 + \hat{u}_2 i_2 + \sum_{k=3}^{b} \hat{u}_k i_k = 0$$

对于无源网络 N，有

$$u_k \hat{i}_k = u_k \frac{\hat{u}_k}{R_k}$$

$$u_k \hat{i}_k = \hat{u}_k \frac{u_k}{R_k}$$

则

$$\sum_{k=3}^{b} u_k \hat{i}_k = \sum_{k=3}^{b} \hat{u}_k i_k$$

因此有

$$- u_1 \hat{i}_1 + u_2 \hat{i}_2 = - \hat{u}_1 i_1 + \hat{u}_2 i_2$$

将 $\hat{i}_1 = \dfrac{\hat{u}_1}{2}$ 代入上式，得到

$$- 9 \times \left(\frac{\hat{u}_1}{2} \right) + 0 \times \hat{i}_2 = - \hat{u}_1 \times 4.5 + 9 \times 1$$

解得

$$\hat{u}_1 = 1 (\text{V})$$

4.8　对偶原理

　　电路中的一些物理量、方程等都具有对偶关系，例如，电阻元件的电压电流关系为 $u = Ri$，如果将此式中的电压和电流互换，同时将电阻 R 换为电导 G，则得到 $i = Gu$，这就是电导的电压电流关系，而 $u = Ri$ 与 $i = Gu$ 具有相同的形式，都是代数方程。电路中的这种性质称为对偶性，而电压与电流、电阻与电导则称为对偶元素。电路中常见的对偶元素如表 4.1 所示。

表 4.1　电路中常见的对偶元素

对偶元素	对偶元素
电压与电流	网孔电流与结点电压
电阻与电导	电压源与电流源
短路与开路	阻抗与导纳
串联与并联	磁链与电荷
KCL 与 KVL	电感与电容

　　电路中的对偶性质归纳为电路的对偶原理。

　　对偶原理表述为：如果一个网络 N 的某些电路元素决定的关系式成立，则把这些电路

元素用各自的对偶元素置换后得到的新关系式亦必然成立，且一定满足与 N 相对偶的网络 $\overline{N}$。

根据对偶原理，分析 T 形网络与 Π 形网络的对偶性。

T 形网络如图 4.34(a)所示，设定各网孔电流为顺时针方向，列出网孔电流方程为

$$(R_1 + R_3)i_{m1} - R_3 i_{m2} = u_{S1}$$
$$-R_3 i_{m1} + (R_2 + R_3)i_{m2} = u_{S2}$$

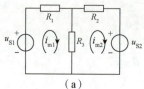
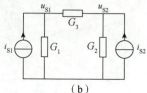

(a)   (b)

图 4.34　互为对偶的电路

(a)T 形网络；(b)Π 形网络

将网孔电流方程中的各元素置换成与其对偶的元素，可以得到以下方程：

$$(G_1 + G_3)u_{n1} - G_3 u_{n2} = i_{S1}$$
$$-G_3 u_{n1} + (G_2 + G_3)u_{n2} = i_{S2}$$

显然，得到的新方程恰为图 4.34(b)所示电路的结点电压方程。因此，图 4.34(a)、(b)中 T 形网络与 Π 形网络是对偶电路，对应的网孔电流方程与结点电压方程是对偶式。

在电路中对偶关系和对偶关系式比比皆是，如戴维南定理与诺顿定理为对偶关系；戴维南等效电路与诺顿等效电路是对偶电路；电阻串联的电压关系式与电阻并联的电流关系式为对偶式；电阻串联分压关系式与电阻并联分流关系式为对偶式；电感元件的电压电流关系式与电容元件的电压电流关系式为对偶式等。

利用电路的对偶关系，大大简化了对电路的分析，减少了对定理、定律、公式的死记硬背。

二维码 4-4　电路定理的应用　　　　　　二维码 4-5　电压表的应用

本章小结

(1)本章介绍的电路定理为解决复杂电路提供了丰富的解题方法，它们的实质是相同的，即把复杂电路变换成简单电路。叠加定理是把多电源电路变换为单一电源电路，使复杂电路分解成为简单电路；替代定理是采用电压源或电流源替代电路中的一部分二端网络，使电路变得简单；戴维南定理和诺顿定理是用戴维南等效电路或诺顿等效电路置换含源二端网

络，使电路变为单一回路的简单电路。

（2）齐次定理表征了线性电路的比例特性。即在具有唯一解的线性电路中，当所有激励源同时变为原来的 K 倍时，各支路的响应也变为原来的 K 倍。

（3）叠加定理表征了线性电路的叠加特性。即在具有唯一解的线性电路中，任一支路的电压或电流响应，等于该电路中各个独立源单独作用在该支路上产生响应的代数和。

（4）替代定理表征了线性电路的可置换特性。即在具有唯一解的网络中，若某支路的电压 u_k 或电流 i_k 已知，则该支路可以用电压等于 u_k 的电压源；或用电流等于 i_k 的电流源替代，且替代后电路剩余部分的电压和电流保持不变。替代定理不仅适用于线性电路，同时也适用于非线性电路。

（5）戴维南定理适用于求解复杂电路中某一支路的响应。戴维南定理的实质是用一个简单的电压源和电阻串联的含源支路替代复杂的含源二端网络，其中电压源的电压为含源二端网络的开路电压 u_{OC}，与其串联的电阻 R_{eq} 为含源二端网络中独立源全部置零后的等效电阻。戴维南定理只适用于具有唯一解的线性网络。

（6）诺顿定理与戴维南定理一样，可以用一个电流源和电阻并联的含源支路替代含源二端网络，其中电流源的电流为含源二端网络的端口短路电流 i_{SC}，与其并联的电阻 R_{eq} 为含源二端网络中独立源全部置零后的等效电阻。同样，诺顿定理只适用于具有唯一解的线性网络。

（7）最大功率传输定理描述了含源二端网络传输给负载 R_L 最大功率的条件为 $R_L = R_{eq}$，获得的最大功率为 $P_{Lmax} = \dfrac{u_{OC}^2}{4R_{eq}}$。

（8）互易定理、特勒根定理和对偶原理是集总参数电路普遍适用的电路基本规律，分别表征了网络传输的可逆特性、功率守恒规律及电路的对称性规律。

综合练习

4.1　填空题。

（1）电路如图 P4.1 所示，网络 N 为无源网络，当 $u_S = 10\text{ V}$ 时，$i = 3\text{ A}$，如果 u_S 改变为 15 V，电流 i 为_____。

（2）电路如图 P4.2 所示，当开关 S 在位置 1 时，毫安表的读数为 40 mA；当开关 S 在位置 2 时，毫安表的读数为 −60 mA；如果把开关 S 合向位置 3，毫安表的读数为_____ mA。

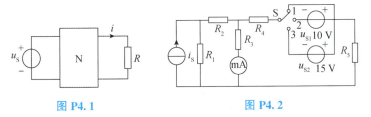

图 P4.1　　　　　　图 P4.2

（3）电路如图 P4.3 所示，24 V 电压源单独作用时产生的电流 i 为_____ A。

（4）电路如图 P4.4 所示，开路电压 u_{AB} 为_____ V。

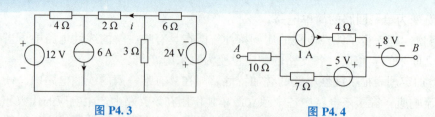

图 P4.3   图 P4.4

(5)电路如图 P4.5 所示，电路中 a、b 间的输入电阻 $R_{ab} = $ _____ Ω。

(6)电路如图 P4.6 所示，开关 S 合向位置 1，电流表读数为 2 A；开关 S 合向位置 2，电压表读数为 4 V；求开关 S 合向位置 3 后，电压 u 为 _____ V。

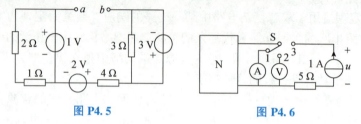

图 P4.5   图 P4.6

4.2 选择题。

(1)负载获得最大功率的条件是(   )。

A. 电源输出最大电压   B. 电源输出最大电流

C. 电源输出最大功率   D. 负载电阻等于电源内阻

(2)电路如图 P4.7 所示，N 为无源网络，当 $u_S = 1$ V、$i_S = 0$ A 时，测得 $i = 4$ A；当 $u_S = 3$ V、$i_S = 0$ A 时，测得 i 为(   )。

A. 12 A   B. 8 A   C. 4 A   D. 2 A

(3)电路如图 P4.8 所示，当 $u_S = 16$ V 时，$u_{ab} = 8$ V，则 $u_S = 0$ V 时，u_{ab} 为(   )。

A. 16 V   B. 8 V   C. 4 V   D. 10 V

(4)电路如图 P4.9 所示，N 为无源线性网络，当 $i_{S1} = 8$ A、$i_{S2} = 12$ A 时，$u_X = 80$ V；当 $i_{S1} = 8$ A、$i_{S2} = 4$ A 时，$u_X = 0$ V。当 $i_{S1} = i_{S2} = 20$ A 时，u_X 为(   )。

A. 100 V   B. 200 V   C. 300 V   D. −100 V

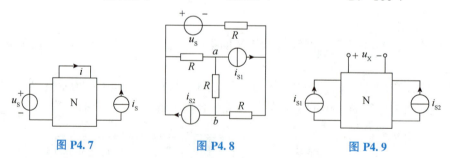

图 P4.7   图 P4.8   图 P4.9

(5)电路如图 P4.10 所示，当 $i_S = 0$ A 时，$i_1 = 2$ A，$i_2 = i_3 = 4$ A；当 $i_S = 10$ A 时，$R_2 = R_3$，电流 i_1、i_2、i_3 分别为(   )。

A. 12 A、14 A、14 A   B. 12 A、9 A、9 A

C. 2 A、4 A、4 A   D. 2 A、−1 A、9 A

(6)电路如图 P4.11 所示，电路的戴维南等效电路的电压源 u_{OC} 和电阻 R_{eq} 为(   )。

A. 10 V、2 Ω   B. 20 V、2 Ω   C. 15 V、2 Ω   D. −10 V、2 Ω

(7) 电路如图 P4.12 所示，电路的戴维南等效电路中的电压源 u_{OC} 为（　　）。

A. 10 V　　　　　　　B. 50 V　　　　　　　C. 60 V　　　　　　　D. 80 V

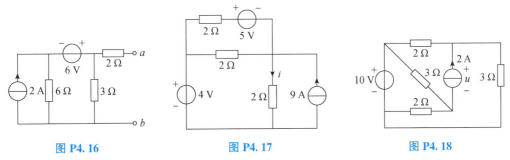

图 P4.10　　　　　　　　图 P4.11　　　　　　　　图 P4.12

4.3　判断题（正确打√号，错误打×号）。

(1) 在线性电路中求电压、电流和功率，都可以用叠加定理。（　　）

(2) 叠加定理既可以用于线性电路，也可以用于非线性电路。（　　）

(3) 应用叠加定理，一个电流源置零时，应将该电流源短路。（　　）

(4) 应用叠加定理，将一个电压源置零时，把电压源和该电压源所在支路的电阻一起短路。（　　）

(5) 所有的有源二端网络都可以变换为戴维南等效电路。（　　）

(6) 求有源二端网络的等效电阻时，如果有受控源，则不能将受控源置零。（　　）

(7) 电路中某元件获得的电压最大时，该元件的功率也必然最大。（　　）

(8) 电路中某电阻的电流最大时，该电阻的功率最大。（　　）

4.4　电路如图 P4.13 所示，其中 N 为无源网络。当 $u_S = 5$ V、$i_S = 1$ A 时，测得 $u = 20$ V；当 $u_S = 0$ V、$i_S = 1$ A 时，测得 $u = 2$ V。试分析当 $u_S = -20$ V、$i_S = 3$ A 时，电压 u 为多少？

4.5　电路如图 P4.14 所示，应用叠加定理求电路中的 u_1、u_2 和 i。

4.6　电路如图 P4.15 所示，应用戴维南定理求电压 u。

图 P4.13　　　　　　　　图 P4.14　　　　　　　　图 P4.15

4.7　电路如图 P4.16 所示，求电路 ab 的诺顿等效电路。

4.8　电路如图 P4.17 所示，应用诺顿定理求电路中电流 i。

4.9　电路如图 P4.18 所示，应用戴维南定理求电流源的电压 u 和电流源的功率 P。

图 P4.16　　　　　　　　图 P4.17　　　　　　　　图 P4.18

4.10 电路如图 P4.19 所示，应用戴维南定理求电路 R 的功率。

4.11 电路如图 P4.20 所示，电阻 R 为多大时，吸收的功率最大？最大功率为多少？

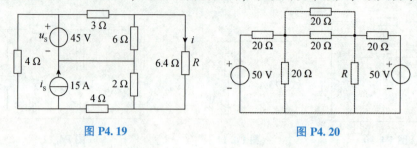

图 P4.19　　　　　　　　　　　图 P4.20

第5章　动态电路的时域分析

内容提要

　　本章首先介绍电容、电感两种动态元件，然后介绍动态电路的描述和初始值，接着介绍动态电路的零输入响应、零状态响应和全响应，最后重点介绍直流一阶电路的三要素法，并简要介绍一阶电路的阶跃响应和二阶电路的零输入响应。

知识目标

◆理解动态元件的特性；

◆理解动态电路的暂态与稳态，电路的换路、换路定理；

◆了解动态电路的描述方法，熟悉一阶电路的零输入响应、零状态响应和全响应；

◆熟练掌握一阶电路的三要素法；

◆了解一阶电路的阶跃响应和二阶电路的零输入响应。

二维码 5-1　知识导图

二维码 5-2　节能减排

5.1　动态元件

动态元件是指电压与电流的约束为微分或积分关系的元件，又称为储能元件。最常用的动态元件有电容元件和电感元件。

5.1.1　电容元件

电容是储存电能的元件，它是实际电容器的理想化模型。电容器由介质隔开的两个金属极板组成，电荷依靠电场力的作用聚集在极板上，具有储存电场能的功能。电容元件常用于收音机和电视机的接收电路、信号发生器的振荡电路、计算系统的动态存储单元电路等。实际电容器的类型如图 5.1 所示。

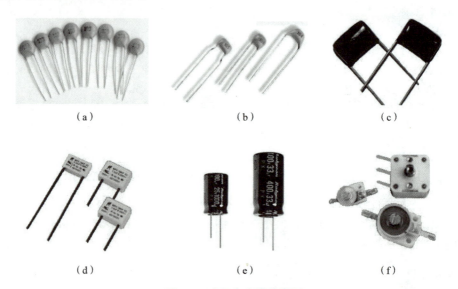

（a）　　　　　　　　　　　（b）　　　　　　　　　　　（c）

（d）　　　　　　　　　　　（e）　　　　　　　　　　　（f）

图 5.1　实际电容器的类型

（a）瓷片电容；（b）独石电容；（c）涤纶电容；（d）聚丙烯电容；（e）电解电容；（f）可变电容

1. 电容元件的定义

电容元件在任意时刻极板储存的电荷 $q(t)$ 与两极板电压 $u_c(t)$ 之间的关系，通常用 $q\text{-}u$ 平面的一条曲线确定。

如果电容元件的特性曲线是通过坐标原点的一条直线，则为线性电容元件；否则为非线性电容元件。特性曲线不随时间变化的电容元件称为时不变电容元件；否则为时变电容元件。本书主要讨论线性时不变电容元件。

线性时不变电容元件的符号和特性曲线如图 5.2 所示，其特性曲线是 $q\text{-}u$ 平面上通过坐标原点的一条直线，直线的斜率不随时间变化，电荷 $q(t)$ 与其两端电压 $u_c(t)$ 之间满足

$$q(t) = Cu_c(t) \tag{5.1}$$

式中，C 为电容元件的电容。

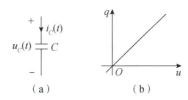

（a）　　　　　　（b）

图 5.2　线性时不变电容元件的符号和特性曲线

（a）符号；（b）特性曲线

常用电容器的电容为几皮法至几千微法，采用碳纳米管技术制作的超大容量电容器，电容可达数百法拉。

电容器的参数不仅有标称电容，还有额定电压，即允许加在电容器上的最高电压，如果电压过高，电容器的介质会被击穿，使电容器损坏。

2. 电容元件的电压与电流关系

电容是用电荷与电压的关系定义的，但是在电路分析中，常用电路元件的电压与电流关系描述元件的特性，并建立电路方程。设电容元件电压与电流为关联参考方向，如图 5.2（a）所示。根据电流的定义有

$$i_C(t) = \frac{\mathrm{d}q(t)}{\mathrm{d}t} = \frac{\mathrm{d}Cu_C(t)}{\mathrm{d}t} = C\frac{\mathrm{d}u_C(t)}{\mathrm{d}t} \tag{5.2}$$

式（5.2）表明，电容元件是一种动态元件。t 时刻的电容电流与 t 时刻的电容电压无关，而与该时刻电容电压的变化率成正比。如果电容电压不随时间变化，即 $u_C(t)$ 为恒定值，则 $\frac{\mathrm{d}u_C(t)}{\mathrm{d}t} = 0$，电流为 0，电容相当于开路，因此电容有隔断直流的作用。如果电压是时间的函数，则 $\frac{\mathrm{d}u_C(t)}{\mathrm{d}t} \neq 0$，电流不为零，电容允许变化量通过，在电子电路中，常将电容的这种性质概括为电容有"隔直通交"的作用。

也可以把电容元件的电压与电流关系表示成积分形式，即

$$u_C(t) = \frac{1}{C}\int_{-\infty}^{t} i_C(\xi)\,\mathrm{d}\xi \tag{5.3}$$

由式（5.3）可以看出，t 时刻的电容电压取决于从 $-\infty$ 到 t 所有时刻的电容电流值，或者说 $u_C(t)$ 记忆了从 $-\infty$ 到 t 时刻之间的全部电流 $i_C(t)$ 的历史，表明了电容元件是一种记忆元件。

如果只研究某一起始时刻 t_0 以后的电容电压，式（5.3）还可以写成另一种形式，即

$$u_C(t) = \frac{1}{C}\int_{-\infty}^{t} i_C(\xi)\,\mathrm{d}\xi = \frac{1}{C}\int_{-\infty}^{t_0} i_C(\xi)\,\mathrm{d}\xi + \frac{1}{C}\int_{t_0}^{t} i_C(\xi)\,\mathrm{d}\xi = u_C(t_0) + \frac{1}{C}\int_{t_0}^{t} i_C(\xi)\,\mathrm{d}\xi \tag{5.4}$$

式中，$u_C(t_0)$ 是电容电压在初始时刻 t_0 时的值，称为初始电压，它反映了电容的初始储能。电容的初始电压为

$$u_C(t_0) = \frac{1}{C}\int_{-\infty}^{t_0} i_C(\xi)\,\mathrm{d}\xi \tag{5.5}$$

3. 电容电压的连续性

式(5.4)还反映了电容元件的另一性质，即电容电压的连续性。将 $t=t_0+\Delta t$ 代入式(5.4)，得到

$$u_C(t_0 + \Delta t) = u_C(t_0) + \frac{1}{C}\int_{t_0}^{t_0+\Delta t} i_C(\xi)\,\mathrm{d}\xi$$

当 $i_C(\xi)$ 为有限值，且 $\Delta t \to 0$ 时，$\int_{t_0}^{t_0+\Delta t} i_C(\xi)\,\mathrm{d}\xi = 0$，可得

$$u_C(t_0 + \Delta t) \underset{\Delta t \to 0}{\longrightarrow} u_C(t_0) \tag{5.6}$$

式(5.6)表明：电容电压是连续的。在实际电路中，通过电容的电流 $i_C(t)$ 为有限值时，则电容电压 $u_C(t)$ 必定是时间的连续函数，即电容电压不能跃变，可表示为

$$u_C(t_+) = u_C(t_-) \tag{5.7}$$

4. 电容的储能

在电容电压和电流取关联参考方向的情况下，电容吸收的功率为

$$P(t) = u_C(t)i_C(t) = u_C(t)\,C\,\frac{\mathrm{d}u_C(t)}{\mathrm{d}t} \tag{5.8}$$

在 t_0 到 t 期间，电容电压由 $u_C(t_0)$ 变为 $u_C(t)$，电容元件吸收的能量为

$$W_C(t_0,\ t) = \int_{t_0}^{t} P(\xi)\,\mathrm{d}\xi = \int_{t_0}^{t} Cu_C(\xi)\,\frac{\mathrm{d}u_C(\xi)}{\mathrm{d}\xi}\mathrm{d}\xi = C\int_{u_C(t_0)}^{u_C(t)} u_C(\xi)\,\mathrm{d}u_C(\xi)$$

$$= \frac{1}{2}Cu_C^2(t) - \frac{1}{2}Cu_C^2(t_0) \tag{5.9}$$

式(5.9)说明，在 t_0 到 t 期间提供给电容的能量只与 t_0 和 t 时刻的电压 $u_C(t_0)$ 和 $u_C(t)$ 有关，电容电压反映了电容的储能状态。即如果 $u_C(t) > u_C(t_0)$ 时，$W_C(t_0,\ t) > 0$，表明电容从电路中吸收能量；如果 $u_C(t) < u_C(t_0)$ 时，$W_C(t_0,\ t) < 0$，表明电容向电路释放能量；如果 $u_C(t) = u_C(t_0)$ 时，$W_C(t_0,\ t) = 0$，表明电容能量无变化。

由以上分析可知，电容既不消耗能量也不产生能量，仅储存能量，电容是无源元件。

二维码 5-3　电容电压电流分析　　　二维码 5-4　电容元件的串联与并联

5.1.2　电感元件

电感是储存磁场能量的元件，它是实际电感器的理想化模型。电感器是用漆包线绕在磁芯或铁芯上制成的，常用于供配电系统(如发电机、变压器、电动机)和信号处理系统(如收音机、电视机、雷达)等电路中。实际电感器的类型如图5.3所示。

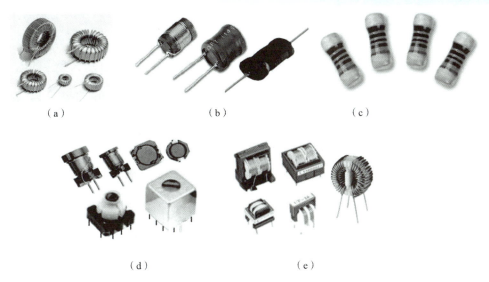

图 5.3　实际电感器的类型

（a）磁环电感；（b）固定电感；（c）贴片电感；（d）可调电感；（e）高频变压器

1. 电感元件的定义

电感元件在任意时刻磁链 $\psi(t)$ 与电流 $i_L(t)$ 之间的关系，通常用 $\psi\text{-}i$ 平面的一条曲线确定。

如果电感元件的特性曲线是通过坐标原点的一条直线，则为线性电感元件；否则为非线性电感元件。特性曲线不随时间变化的电感元件称为时不变电感元件；否则为时变电感元件。本书主要讨论线性时不变电感元件。

线性时不变电感元件的符号和特性曲线如图 5.4 所示，其特性曲线是 $\psi\text{-}i$ 平面上通过坐标原点的一条直线，直线的斜率不随时间变化，磁链 $\psi(t)$ 与电流 $i_L(t)$ 之间满足

$$\psi(t) = Li_L(t) \tag{5.10}$$

式中，L 为电感元件的电感。

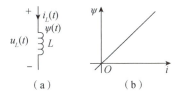

图 5.4　线性时不变电感元件的符号和特性曲线

（a）符号；（b）特性曲线

电感器的参数不仅有标称电感，还有额定电流，即电感器允许通过的最大电流，如果电流过大，会使电感器的线圈过热，致使电感器烧毁。

2. 电感元件的电压与电流关系

电感元件的电流和电压取关联参考方向，如图 5.4（a）所示，根据电磁感应定律和楞次定律可得电感元件的电压电流关系为

$$u_L(t) = \frac{\mathrm{d}\psi(t)}{\mathrm{d}t} = \frac{\mathrm{d}Li_L(t)}{\mathrm{d}t} = L\frac{\mathrm{d}i_L(t)}{\mathrm{d}t} \tag{5.11}$$

式(5.11)表明，电感元件是一种动态元件。t 时刻的电感电压与 t 时刻的电感电流无关，而与该时刻电感电流的变化率成正比。如果电感电流不随时间变化，即 $i_L(t)$ 为恒定值，则 $\dfrac{\mathrm{d}i_L(t)}{\mathrm{d}t} = 0$，电压为 0，电感元件相当于短路。如果电流发生突然变化，那么产生的电压就会很大。例如，突然切断电感元件的电流，将产生很高的感应电压，从而产生火花或电弧，会使电器遭受损坏，因此在使用电感元件的电路中必须有保护措施，防止这种现象带来的破坏。

也可以把电感元件的电压与电流关系表示成积分形式，即

$$i_L(t) = \frac{1}{L} \int_{-\infty}^{t} u_L(\xi) \,\mathrm{d}\xi \tag{5.12}$$

由式(5.12)可以看出，t 时刻的电感电流取决于从 $-\infty$ 到 t 所有时刻的电感电压值，或者说 $i_L(t)$ 记忆了从 $-\infty$ 到 t 时刻之间的全部电压 $u_L(t)$ 的历史，表明了电感元件是一种记忆元件。

如果只研究某一起始时刻 t_0 以后的电感电流，式(5.12)还可以写成另一种形式，即

$$i_L(t) = \frac{1}{L} \int_{-\infty}^{t} u_L(\xi) \,\mathrm{d}\xi = \frac{1}{L} \int_{-\infty}^{t_0} u_L(\xi) \,\mathrm{d}\xi + \frac{1}{L} \int_{t_0}^{t} u_L(\xi) \,\mathrm{d}\xi = i_L(t_0) + \frac{1}{L} \int_{t_0}^{t} u_L(\xi) \,\mathrm{d}\xi \tag{5.13}$$

式中，$i_L(t_0)$ 是电感电流在初始时刻 t_0 时的值，称为初始电流，它反映了电感初始储能。电感的初始电流为

$$i_L(t_0) = \frac{1}{L} \int_{-\infty}^{t_0} u_L(\xi) \,\mathrm{d}\xi \tag{5.14}$$

3. 电感电流的连续性

式(5.13)还反映了电感元件的另一性质，即电感电流的连续性。将 $t = t_0 + \Delta t$ 代入式(5.13)，得到

$$i_L(t_0 + \Delta t) = i_L(t_0) + \frac{1}{L} \int_{t_0}^{t_0 + \Delta t} u_L(\xi) \,\mathrm{d}\xi$$

当 $u_L(\xi)$ 为有限值，且 $\Delta t \to 0$ 时，$\int_{t_0}^{t_0 + \Delta t} i_C(\xi) \,\mathrm{d}\xi = 0$，可得

$$i_L(t_0 + \Delta t) \xrightarrow{\Delta t \to 0} i_L(t_0) \tag{5.15}$$

式(5.15)表明：电感电流是连续的。在实际电路中，电感的电压 $u_L(t)$ 为有限值时，则电感电流 $i_L(t)$ 必定是时间的连续函数，即电感电流不能跃变，可表示为

$$i_L(t_+) = i_L(t_-) \tag{5.16}$$

4. 电感的储能

在电感电压和电流取关联参考方向的情况下，电感吸收的功率为

$$P(t) = u_L(t) i_L(t) = L \frac{\mathrm{d}i_L(t)}{\mathrm{d}t} i_L(t) \tag{5.17}$$

在 t_0 到 t 期间，电感电流由 $i_L(t_0)$ 变为 $i_L(t)$，电感元件吸收的能量为

$$W_L(t_0, t) = \int_{t_0}^{t} P(\xi) \,\mathrm{d}\xi = \int_{t_0}^{t} L i_L(\xi) \frac{\mathrm{d}i_L(\xi)}{\mathrm{d}\xi} \,\mathrm{d}\xi = L \int_{i_L(t_0)}^{i_L(t)} i_L(\xi) \,\mathrm{d}i_L(\xi)$$

$$= \frac{1}{2} L i_L^2(t) - \frac{1}{2} L i_L^2(t_0) \tag{5.18}$$

式(5.18)说明，在 t_0 到 t 期间提供给电感的能量只与 t_0 和 t 时刻的电流 $i_L(t_0)$ 和 $i_L(t)$ 有关，电感电流反映了电感的储能状态。即如果 $i_L(t) > i_L(t_0)$ 时，$W_L(t_0, t) > 0$，表明电感从电路中吸收能量；如果 $i_L(t) < i_L(t_0)$ 时，$W_L(t_0, t) < 0$，表明电感向电路释放能量；如果 $i_L(t) = i_L(t_0)$ 时，$W_L(t_0, t) = 0$，表明电感储能无变化。

由以上分析可知，电感既不消耗能量也不产生能量，仅储存能量，电感是无源元件。

二维码 5-5　电感电压电流分析　　　**二维码 5-6　电感元件的串联与并联**

5.2　动态电路的描述及初始值

5.2.1　动态电路概述

1. 动态电路

前面介绍了电容与电感元件，它们的电压和电流约束关系是微分或积分关系，称为动态元件，又称储能元件。含有动态元件的电路称为动态电路。如果电路中只有一个独立的动态元件，其电路方程为一阶微分方程，称该电路为一阶电路。如果电路中含有 n 个独立的动态元件，那么描述电路的是 n 阶微分方程，相应电路称为 n 阶电路。

2. 电路稳态与暂态过程

1）电路的稳态

电路中电源为恒定值或周期性变化时，所产生的响应也是恒定值或周期性变化，电路的这种工作状态称为稳定状态，简称为稳态。

2）电路的暂态过程

实际电路中工作状态总是会发生变化，如电源的接通或断开，电路元件的参数改变等，都会使电路中的电压、电流发生变化，导致电路从一个稳定状态转换为另一个稳定状态。由于电路中储能元件的能量储存或释放不是一瞬间完成的，电路从一个稳定状态转换为另一个稳定状态要经过一段时间的转换过程，这个转换过程称为暂态过程或过渡过程。

3）换路

电路的暂态过程出现在电路发生变化时，我们把电路结构或元件参数的改变称为换路。例如，电路开关的接通或断开，电源电压或电流改变，电路元件的参数改变等。

4）暂态过程产生的原因

暂态过程产生的原因主要是电路从一个稳态转变到另一个稳态，电路中的电容或电感元件的能量发生了变化，而储能元件能量的改变需要一段时间，因此产生暂态过程。我们以电容的充电和放电分析暂态过程。

（1）电容充电的暂态过程。

电路如图5.5（a）所示。电路换路前开关 S 断开，电容没有储存能量，即 $u_C = 0$，这时的电路称为原稳态，也就是换路前的工作状态。t_0 时刻开关 S 闭合发生换路，换路后电源通过电阻向电容提供能量，电容储存能量，u_C 上升。对于线性电容，电容电压变化为

$$u_C(t) = u_C(0_+) + \frac{1}{C} \int_{0+}^{t} i_C(\xi) \, \mathrm{d}\xi$$

由于电容电压不能跃变，电容电压从 0 V 开始逐渐上升，当达到 U_S 时，电容充电完毕，即能量储存完毕，电路变化到新的稳态，暂态过程如图5.5（b）所示。电容储存能量的过程称为电容的充电，电容充电的电压波形如图5.5（b）所示。

图 5.5　电容充电过程

（a）电容充电电路；（b）电容充电暂态过程

（2）电容放电的暂态过程。

电路如图5.6（a）所示。电路换路前开关 S 在位置1，电路处于稳态，电容已经充电完毕，此时电容电压 $u_C = U_S$。t_0 时刻电路换路，开关 S 切换到位置2，直流电源被断开，电容与电阻构成闭合电路，电容开始释放能量。由于电容电压不能跃变，电容电压从 U_S 开始逐渐下降，当 u_C 下降到 0 V 时，电容的能量释放完毕，电路达到新的稳态，暂态过程如图5.6（b）所示。电容释放能量的过程称为电容的放电，电容放电的电压波形如图5.6（b）所示。

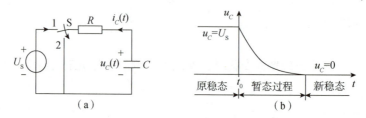

图 5.6　电容放电过程

（a）电容放电电路；（b）电容放电暂态过程

由上述分析可见，在动态电路中，由于储能元件的能量在换路时不能跃变，能量的改变需要经历一个过程，因此电路出现暂态过程。

5）换路定理

设电路在 $t = 0$ 时刻换路，$t = 0_-$ 为换路前的最后时刻，$t = 0_+$ 为换路后的初始时刻，换路的过程是在 $t = 0_-$ 到 $t = 0_+$ 的瞬间完成。

换路定理1：当电容电流 $i_C(t)$ 为有限值时，电容上的电压 $u_C(t)$ 在换路时保持连续，即

$$u_C(0_+) = u_C(0_-) \tag{5.19}$$

换路定理 2：当电感电压 $u_L(t)$ 为有限值时，流过电感的电流 $i_L(t)$ 在换路时保持连续，即

$$i_L(0_+) = i_L(0_-) \tag{5.20}$$

5.2.2　动态电路的方程

1. 动态电路的方程概述

求解电路是通过电路方程得到其响应。在分析电路时，首先要选择变量建立电路方程。建立电路方程的依据是基尔霍夫定律和元件的约束关系，由于动态元件的伏安关系是微分或积分关系，因此根据两类约束关系建立的动态方程是以电压、电流为变量的微分方程。

2. 建立动态电路方程的一般步骤

建立动态电路方程的一般步骤如下。

(1) 选择变量。在动态电路的许多电压、电流变量中，电容电压 $u_C(t)$ 和电感电流 $i_L(t)$ 具有特殊的重要地位，它们可以确定电路储能的状况，常称这两个变量为状态变量。建立电路方程时，通常选择状态变量为电路变量。

(2) 根据电路建立 KCL 方程和 KVL 方程，写出各元件的伏安关系。

(3) 在上述方程中消去中间变量，得到所需变量的微分方程。

3. 建立电路方程举例

1) 一阶 RC 电路

图 5.7 为一阶 RC 电路，$t=0$ 时开关 S 闭合，建立换路后的电路方程。

首先选择电容电压 $u_C(t)$ 为变量。根据 KVL，列出换路后的回路电压方程为

$$u_R + u_C = U_S$$

把元件的伏安关系 $u_R = Ri_C$，$i_C = C\dfrac{du_C}{dt}$ 代入上式，得到电路方程：

$$RC\frac{du_C}{dt} + u_C = U_S$$

于是，得到以 $u_C(t)$ 为变量的一阶微分方程：

$$\frac{du_C}{dt} + \frac{1}{RC}u_C = \frac{1}{RC}U_S \tag{5.21}$$

2) 一阶 RL 电路

图 5.8 为一阶 RL 电路，$t=0$ 时开关 S 闭合，建立换路后的电路方程。

首先选择电感电流 $i_L(t)$ 为变量。根据 KVL，列出换路后的回路电压方程为

$$u_R + u_L = U_S$$

把元件的伏安关系 $u_R = Ri_L$，$u_L = L\dfrac{di_L}{dt}$ 代入上式，得到电路方程：

$$L\frac{di_L}{dt} + Ri_L = U_S$$

于是，得到以 $i_L(t)$ 为变量的一阶微分方程：

$$\frac{di_L}{dt} + \frac{R}{L}i_L = \frac{1}{L}U_S \tag{5.22}$$

由以上分析可知，线性时不变动态电路的方程是线性常系数微分方程。

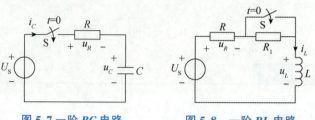

图 5.7 一阶 RC 电路 　　　　　　　图 5.8 　一阶 RL 电路

5.2.3　电路的初始值

在求解线性常系数微分方程时，需要根据电路的初始条件确定解中的待定系数。电路的初始条件是指电路的电压变量和电流变量，以及它们 1，2，$\cdots$，$(n-1)$ 阶导数在 $t=0_+$（换路后的初始时刻）时的值，也称为初始值。电路的初始值分为独立初始值和非独立初始值两大类，独立初始值只包含电容电压 $u_C(0_+)$ 和电感电流 $i_L(0_+)$，除此之外其余变量的初始值都为非独立初始值，如电容电流 $i_C(0_+)$、电感电压 $u_L(0_+)$、电阻电压 $u_R(0_+)$ 等。

1. 独立初始值

决定电路储能状态的变量的初始值称为独立初始值。动态电路的独立初始值只有电容电压 $u_C(0_+)$ 和电感电流 $i_L(0_+)$。

由于电容电压 $u_C(t)$ 和电感电流 $i_L(t)$ 不能跃变，由换路定理 $u_C(0_+)=u_C(0_-)$ 和 $i_L(0_+)=i_L(0_-)$ 可知，当电路发生换路时，独立初始值 $u_C(0_+)$、$i_L(0_+)$ 可直接利用换路定理通过计算换路前 $t=0_-$ 时刻的 $u_C(0_-)$ 和 $i_L(0_-)$ 而求得。

求独立初始值的步骤为：

（1）画出 $t=0_-$ 时的等效电路，由于电路在换路前 $t=0_-$ 时已经处于稳态，画 $t=0_-$ 时等效电路的法则是将电容开路，电感短路；

（2）在 $t=0_-$ 时的等效电路中求电容电压值或电感电流值，即为 $u_C(0_-)$ 或 $i_L(0_-)$；

（3）由换路定理得到独立初始值 $u_C(0_+)$ 或 $i_L(0_+)$。

【例 5.1】电路如图 5.9（a）所示，电路处于稳态，$t=0$ 时开关 S 断开，试求电路的初始值 $u_C(0_+)$ 与 $i_L(0_+)$。

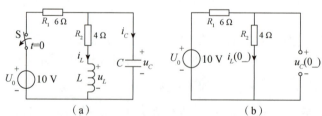

图 5.9　例 5.1 电路
（a）电路；（b）$t=0_-$ 时的等效电路

解：（1）画出电路在 $t=0_-$ 时的等效电路。在换路前的电路中，把电感 L 短路，电容 C 开路，得到 $t=0_-$ 时的等效电路，如图 5.9（b）所示。

（2）在 $t=0_-$ 时的等效电路中求 $u_C(0_-)$ 和 $i_L(0_-)$。

电容电压为电阻 R_2 两端的电压，由电阻串联分压公式计算得到

$$u_C(0_-) = U_0 \frac{R_2}{R_1 + R_2} = 10 \times \frac{4}{6 + 4} = 4(V)$$

电感电流为回路电流，由欧姆定律计算得到

$$i_L(0_-) = \frac{U_0}{R_1 + R_2} = \frac{10}{6 + 4} = 1(A)$$

（3）根据换路定理，$t = 0_+$ 时，独立初始值为

$$u_C(0_+) = u_C(0_-) = 4(V)$$
$$i_L(0_+) = i_L(0_-) = 1(A)$$

2. 非独立初始值

除 $u_C(0_+)$ 和 $i_L(0_+)$ 两个初始值外，其余所有的初始值都是非独立初始值。非独立初始值在 $t = 0_+$ 时的等效电路中求得。$t = 0_+$ 时的等效电路的画法为：将换路后电路中的电感 L 用电流为 $i_L(0_+)$ 的电流源替代（若 $i_L(0_+) = 0$，电感用"开路"替代），电容 C 用电压为 $u_C(0_+)$ 的电压源替代（若 $u_C(0_+) = 0$，电容用"短路"替代），其余元件如独立源、受控源和电阻等保持不变，这样就得到 $t = 0_+$ 时的等效电路。

注意，在 $t = 0_+$ 时的等效电路中求非独立初始值时，独立初始值 $u_C(0_+)$ 和 $i_L(0_+)$ 必须为已知值。因此，在求非独立初始值前，必须先求出独立初始值。

求非独立初始值的步骤为：

（1）求得独立初始值 $u_C(0_+)$ 或 $i_L(0_+)$；

（2）画出电路在 $t = 0_+$ 时的等效电路；

（3）在 $t = 0_+$ 时的等效电路中，求解非独立初始值。

【例 5.2】 电路如图 5.10（a）所示，电路处于稳态，$t = 0$ 时开关 S 断开，试求电路的初始值 $u_C(0_+)$、$i_C(0_+)$、$u_R(0_+)$ 和 $i(0_+)$。

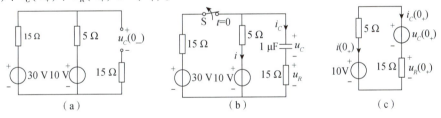

图 5.10   例 5.2 电路与等效电路

（a）电路；（b）$t = 0_-$ 时的等效电路；（c）$t = 0_+$ 时的等效电路

解：（1）求独立初始值 $u_C(0_+)$。

$t = 0_-$ 时的等效电路如图 5.10（b）所示。使用 KVL 选择 5 Ω 电阻和 10 V 电压源路径求电容电压 $u_C(0_-)$ 为

$$u_C(0_-) = \frac{30 - 10}{15 + 5} \times 5 + 10 = 15(V)$$

根据换路定理有

$$u_C(0_+) = u_C(0_-) = 15(V)$$

（2）求非独立初始值 $i_C(0_+)$、$u_R(0_+)$ 和 $i(0_+)$。

$t = 0_+$ 时的等效电路如图 5.10（c）所示。由欧姆定律得到

$$i_C(0_+) = \frac{10 - u_C(0_+)}{5 + 15} = \frac{10 - 15}{5 + 15} = -0.25(\text{A})$$

$$i(0_+) = -i_C(0_+) = 0.25(\text{A})$$

$$u_R(0_+) = i_C(0_+) \times 15 = -0.25 \times 15 = -3.75(\text{V})$$

在动态电路中，电路的响应可以由激励源产生，也可以由动态元件的初始储能产生。

5.3 一阶动态电路的响应

如果外加激励源为零，仅由动态元件的初始储能产生的响应称为零输入响应。如果动态元件的初始储能为零，仅由加在电路的激励源产生的响应称为零状态响应。如果外加激励源和动态元件的初始储能同时作用，产生的响应称为全响应。由叠加定理可知，全响应等于零输入响应与零状态响应之和。下面研究直流激励源作用下的一阶电路的响应。

5.3.1 零输入响应

一阶电路中仅有一个动态元件（电容或电感），如果在换路的瞬间动态元件已经储存有能量，即使电路中无激励源，换路后，电路中动态元件将通过电路释放能量，在电路中会产生响应，即零输入响应。

1. RC 电路的零输入响应

在图 5.11 所示的 RC 电路中，如在开关 S 闭合前，电容已充电，设 $t = 0_-$ 时电容电压 $u_C(0_-) = U_0$。当 $t = 0$ 时，开关闭合。电路换路后，由 KVL 得到电路方程为

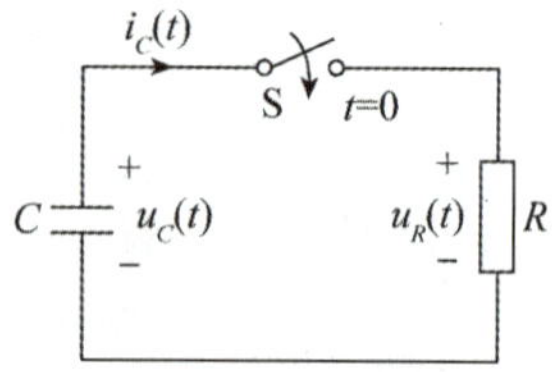

图 5.11 RC 电路的零输入响应

$$-u_R + u_C = 0$$

把元件的伏安关系 $u_R = Ri$，$i = -C\dfrac{\mathrm{d}u_C}{\mathrm{d}t}$ 代入上式，得到电路方程：

$$RC\frac{\mathrm{d}u_C}{\mathrm{d}t} + u_C = 0$$

于是，得到以 $u_C(t)$ 为变量的一阶微分方程：

$$\frac{\mathrm{d}u_C}{\mathrm{d}t} + \frac{1}{RC}u_C = 0$$

这是一个一阶线性常系数齐次微分方程。一阶齐次微分方程的通解为

$$u_C(t) = A\mathrm{e}^{st} \tag{5.23}$$

式中，s 为特征根。该一阶微分方程的特征方程为 $s + \dfrac{1}{RC} = 0$，特征根为 $s = -\dfrac{1}{RC}$。

通解的系数 A 利用初始值确定。由换路定理可知 $u_C(0_+) = u_C(0_-) = U_0$，于是系数 A 为

$$u_C(0_+) = A = U_0$$

将 s 和 A 的值代入通解，得到满足初始值的零输入响应为

$$u_C(t) = U_0 \mathrm{e}^{-\frac{t}{RC}} \tag{5.24}$$

由式(5.24)可求得电容电流为

$$i_C(t) = \frac{u_C(t)}{R} = \frac{U_0}{R} \mathrm{e}^{-\frac{t}{RC}} \tag{5.25}$$

式(5.24)和式(5.25)表明，电容电压 u_C 和电流 i 都是按照同样的指数规律衰减，衰减的快慢取决于电路参数 R 和 C 的乘积，当 R 的单位为 Ω，C 的单位为 F 时，乘积 RC 的单位为 s(秒)，因此称为电路的时间常数，有

$$\tau = RC \tag{5.26}$$

引入时间常数 τ 以后，电容电压 u_C 和电流 i 可表示为

$$u_C(t) = U_0 \mathrm{e}^{-\frac{t}{\tau}} \tag{5.27}$$

$$i_C(t) = \frac{U_0}{R} \mathrm{e}^{-\frac{t}{\tau}} \tag{5.28}$$

在零输入响应电路中，电容电压的一般表达式为

$$u_C(t) = u_C(0_+) \mathrm{e}^{-\frac{t}{\tau}} \tag{5.29}$$

根据式(5.27)和式(5.28)可以画出 $u_C(t)$ 和 $i_C(t)$ 的波形，如图5.12所示。

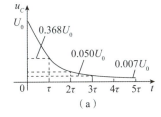 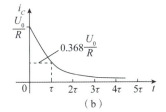

图 5.12　RC 电路零输入响应的波形

(a) u_C 波形；(b) i_C 波形

τ 的大小反映了暂态过程进展的速度，是描述暂态过程重要的量。由式(5.27)计算得到：

当 $t=0$ 时，$u_C(0) = U_0 \mathrm{e}^0 = U_0$；

当 $t=\tau$ 时，$u_C(\tau) = U_0 \mathrm{e}^{-1} = 0.368U_0$；

当 $t=2\tau$ 时，$u_C(2\tau) = U_0 \mathrm{e}^{-2} = 0.135U_0$；

当 $t=3\tau$ 时，$u_C(3\tau) = U_0 \mathrm{e}^{-3} = 0.05U_0$；

……

零输入响应电容电压衰减情况如表5.1所示。

表 5.1　$t=\tau, 2\tau, 3\tau, \cdots$ 时的电容电压值

t	0	τ	2τ	3τ	4τ	5τ	$\cdots$	∞
$u_C(t)$	U_0	$0.368U_0$	$0.135U_0$	$0.050U_0$	$0.018U_0$	$0.007U_0$	$\cdots$	0

理论上 u_C 要经过无限长的时间才能衰减到零值，但从表5.1可以看出，经过 3τ 后，u_C 已经衰减到初始值的5%以下，从实际工程的角度看，换路后经过 $3\tau \sim 5\tau$ 时间，暂态过程即

可认为结束。

时间常数 τ 决定暂态过程的快慢，τ 值越大，暂态过程越慢；τ 值越小，暂态过程越快。图 5.13 为不同 τ 值的暂态过程。

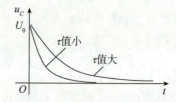

图 5.13　不同 τ 值的暂态过程

【例 5.3】电路如图 5.14 所示，在 $t<0$ 时开关 S 闭合，电路处于稳态，当 $t=0$ 时，开关 S 断开。试求 $t \geqslant 0$ 时的 $u_C(t)$。

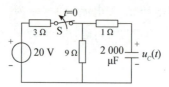

图 5.14　例 5.3 电路

解：$t \geqslant 0$ 时的 $u_C(t)$ 为零输入响应，响应的形式为 $u_C(t)=u_C(0_+)\mathrm{e}^{-\frac{t}{\tau}}$。只要求出初始值 $u_C(0_+)$ 和时间常数 τ，即可确定 $u_C(t)$。

（1）求独立初始值 $u_C(0_+)$。

在 $t<0$ 时电路处于稳态，电容开路，$t=0_-$ 时的等效电路如图 5.15（a）所示。由分压公式得到电容电压为

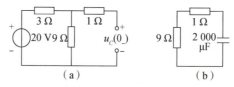

图 5.15　例 5.3 等效电路
（a）$t=0_-$ 时的等效电路；（b）求时间常数的等效电路

$$u_C(0_-)=20 \times \frac{9}{3+9}=15(\mathrm{V})$$

根据换路定理得到电容电压初始值为

$$u_C(0_+)=u_C(0_-)=15(\mathrm{V})$$

（2）求时间常数。

当 $t=0$ 时，开关 S 断开，求时间常数的等效电路如图 5.15（b）所示。时间常数为

$$\tau=RC=(9+1) \times 2\,000 \times 10^{-6}=0.02(\mathrm{s})$$

于是得到电容电压的零输入响应为

$$u_C(t)=u_C(0_+)\mathrm{e}^{-\frac{t}{\tau}}=15\mathrm{e}^{-50t}(\mathrm{V})$$

2. RL 电路的零输入响应

图 5.16 所示为 RL 电路，在 $t<0$ 时开关 S 闭合，电路处于稳态，电感电流 $i_L(0_-)=I_0$。

在 $t=0$ 时开关 S 断开，换路后，电感储存的能量逐渐释放出来。在放电过程中，电感电流从它的初始值 I_0 开始下降，最终降为零，下面推导电感电流的变化规律。

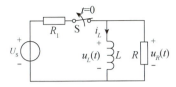

图 5.16 一阶 RL 电路的零输入响应

换路后，根据 KVL 得到该电路方程为

$$u_L - u_R = 0$$

把元件的伏安关系 $u_R = -Ri_L$，$u_L = L\dfrac{\mathrm{d}i_L}{\mathrm{d}t}$ 代入上式，得到电路的微分方程：

$$L\frac{\mathrm{d}i_L}{\mathrm{d}t} + Ri_L = 0$$

该齐次微分方程的特征方程为 $Ls + R = 0$，特征根为 $s = -\dfrac{R}{L}$。该方程的通解为

$$i_L(t) = Ae^{st} = Ae^{-\frac{t}{L/R}}$$

根据换路定理有 $i_L(0_+) = i_L(0_-) = I_0$，由初始值确定积分常数 A 为

$$A = i_L(0_+) = I_0$$

因此，一阶 RL 电路的零输入响应为

$$i_L(t) = I_0 e^{-\frac{t}{L/R}} \tag{5.30}$$

由式(5.30)可求得电感电压为

$$u_L(t) = -Ri_L(t) = -RI_0 e^{-\frac{t}{L/R}} \tag{5.31}$$

与一阶 RC 电路类似。令 $\tau = L/R$，称为一阶 RL 电路的时间常数。电感电流 $i_L(t)$ 和电感电压 $u_L(t)$ 也可写为

$$i_L(t) = I_0 e^{-\frac{t}{\tau}} \tag{5.32}$$

$$u_L(t) = -RI_0 e^{-\frac{t}{\tau}} \tag{5.33}$$

在零输入响应电路中，电感电流的一般表达式为

$$i_L(t) = i_L(0_+) e^{-\frac{t}{\tau}} \tag{5.34}$$

根据式(5.32)和式(5.33)，可以画出电感电流 $i_L(t)$ 和电感电压 $u_L(t)$ 的波形，如图 5.17 所示。

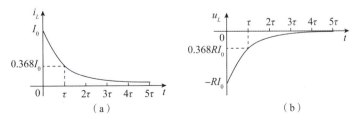

图 5.17 一阶 RL 电路的零输入响应波形

(a) $i_L(t)$ 的波形；(b) $u_L(t)$ 的波形

【例 5.4】电路如图 5.18 所示，在 $t<0$ 时开关 S 在 1 处，电路处于稳态，当 $t=0$ 时，开关 S 由 1 扳向 2。试求 $t \geqslant 0$ 时的 $i_L(t)$ 和 $u_L(t)$。

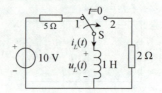

图 5.18 例 5.4 电路

解：换路后，电路的响应为零输入响应，有

$$i_L(t) = i_L(0_+) e^{-\frac{t}{\tau}}$$

（1）求独立初始值 $i_L(0_+)$。

$t=0_-$ 时的等效电路如图 5.19(a)所示，$i_L(0_-)$ 为

$$i_L(0_-) = \frac{10}{5} = 2(A)$$

由换路定理得到

$$i_L(0_+) = i_L(0_-) = 2(A)$$

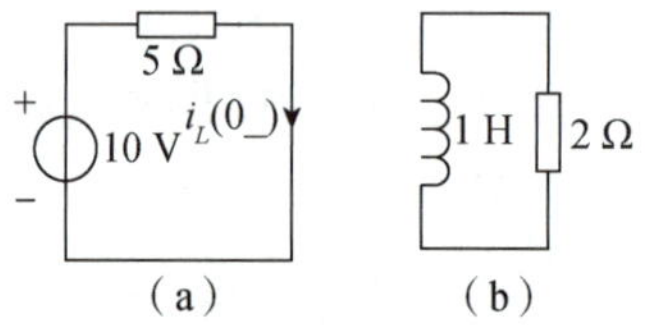

图 5.19 例 5.4 等效电路

(a)$t=0_-$ 时的等效电路；(b)求时间常数的等效电路

（2）求时间常数。

求时间常数的等效电路如图 5.19(b)所示。时间常数为

$$\tau = \frac{L}{R} = \frac{1}{2} = 0.5(s)$$

电路的零输入响应为

$$i_L(t) = i_L(0_+) e^{-\frac{t}{\tau}} = 2e^{-2t}(A)$$
$$u_L(t) = -2 \times i_L(t) = -2 \times 2e^{-2t} = -4e^{-2t}(V)$$

综上所述，一阶电路的零输入响应是由电路的初始储能引起的，并且随着时间 t 的变化，均从初始值开始按指数规律衰减至零。如果用 $y_{zi}(t)$ 表示零输入响应，初始值为 $y(0_+)$，那么，一阶电路的零输入响应的一般表达式为

$$y_{zi}(t) = y(0_+) e^{-\frac{t}{\tau}} \qquad (5.35)$$

式中，τ 为一阶电路的时间常数。对于一阶 RC 电路，$\tau = RC$；一阶 RL 电路，$\tau = L/R$；其中，R 是零输入响应电路中，从储能元件 C 和 L 两端看过去的等效电阻。

5.3.2 零状态响应

当动态电路的初始储能为零时，仅由外加激励源产生的响应为零状态响应。

1. RC 电路的零状态响应

在图 5.20 所示的 RC 电路中，当 $t<0$ 时，开关 S 处于 2 位置，电路处于稳态，电容电压 $u_C(0_-)=0$。当 $t=0$ 时，开关 S 由位置 2 切换到位置 1，电压源开始对电容充电。在初始时刻，由于 $u_C(0_+)=u_C(0_-)=0$，电容储能为零，只有电压源 U_S 为电容充电，电路响应为零状态响应。

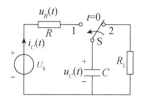

图 5.20   一阶 RC 电路的零状态响应

在 $t \geqslant 0$ 时的电路中，由 KVL 列出电路方程为

$$u_R + u_C = U_S$$

把元件的伏安关系 $u_R = Ri_C$，$i_C = C\dfrac{\mathrm{d}u_C}{\mathrm{d}t}$ 代入上式，得到电路的微分方程：

$$\frac{\mathrm{d}u_C}{\mathrm{d}t} + \frac{1}{RC}u_C = \frac{U_S}{RC} \tag{5.36}$$

式(5.36)为一阶线性非齐次微分方程，其解由特解 u_{Cp} 和通解 u_{Ch} 两个分量组成，为

$$u_C = u_{Ch} + u_{Cp}$$

通解就是式(5.36)对应的齐次方程的解，对应的齐次方程为

$$\frac{\mathrm{d}u_C}{\mathrm{d}t} + \frac{1}{RC}u_C = 0$$

其特征方程为 $s + \dfrac{1}{RC} = 0$，特征根为 $s = -\dfrac{1}{RC}$，故齐次解为

$$u_{Ch} = Ae^{st} = Ae^{-\frac{t}{RC}} \tag{5.37}$$

特解 u_{Cp} 为换路后，电路达到稳态时电容电压的值，用 $u_C(\infty)$ 表示。当激励源为直流电压源时，其特解 u_{Cp} 为常数，将 $u_{Cp} = u_C(\infty)$ 代入式(5.36)中，得到 $\dfrac{1}{RC}u_C(\infty) = \dfrac{1}{RC}U_S$，故特解为

$$u_{Cp} = u_C(\infty) = U_S \tag{5.38}$$

即电容电压的零状态响应为

$$u_C(t) = u_{Ch} + u_{Cp} = Ae^{-\frac{t}{RC}} + U_S$$

将初始值 $u_C(0_+) = 0$ 代入上式，得

$$u_C(0_+) = A + U_S = 0$$

解得 $A = -U_S$，故有

$$u_C(t) = U_S\left(1 - e^{-\frac{t}{\tau}}\right) \tag{5.39}$$

其中，$\tau = RC$ 为该电路的时间常数。

在直流激励源下，一阶 RC 电路的零状态响应，其物理过程的实质是换路后电路中电容

元件的储能从无到有逐渐建立的过程，因此电容电压从零开始按指数规律上升至稳态值 $u_C(\infty)$。

电容电流 $i_C(t)$ 为

$$i_C(t) = C\frac{\mathrm{d}u_C(t)}{\mathrm{d}t} = C\frac{\mathrm{d}U_s(1-\mathrm{e}^{-\frac{t}{\tau}})}{\mathrm{d}t} = \frac{U_s}{R}\mathrm{e}^{-\frac{t}{\tau}} \tag{5.40}$$

RC 零状态响应电路中，电容电压的一般表达式为

$$u_C(t) = u_C(\infty)(1-\mathrm{e}^{-\frac{t}{\tau}}) \tag{5.41}$$

$u_C(t)$ 和 $i_C(t)$ 的波形如图 5.21 所示。它们均按指数规律变化，当 $t=\tau$，2τ，$3\tau\cdots$ 时，电容充电电压值如表 5.2 所示。同样经过 $3\tau\sim5\tau$ 时间后，可以认为暂态过程基本结束，即电容充电结束。暂态过程进展的速度取决于电路的时间常数 τ 值的大小，τ 值越大，暂态过程进展越慢。电路进到新的直流稳态后，电容视为开路，故电流 $i_C(\infty)=0$，电压 $u_C(\infty)=U_s$。

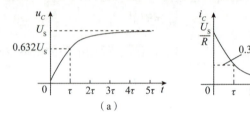

图 5.21　一阶 RC 电路零状态响应波形

(a) $u_C(t)$ 的波形；(b) $i_C(t)$ 的波形

表 5.2　$t=\tau$，2τ，3τ，$\cdots$ 时的电容充电电压值

t	0	τ	2τ	3τ	4τ	5τ	$\cdots$	∞
$u_C(t)$	0	$0.632U_s$	$0.865U_s$	$0.950U_s$	$0.982U_s$	$0.993U_s$	$\cdots$	U_s

【例 5.5】电路如图 5.22 所示，$u_C(0_-)=0\,\text{V}$，在 $t=0$ 时开关 S 闭合。试求 $t\geqslant0$ 时的 $u_C(t)$。

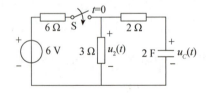

图 5.22　例 5.5 电路

解： 由 $u_C(0_-)=0\,\text{V}$，可知电容没有初始能量，开关闭合后，电压源开始给电容充电，电路属于零状态。电容电压解的形式为

$$u_C(t) = u_C(\infty)(1-\mathrm{e}^{-\frac{t}{\tau}})$$

只要求出电容电压的稳态值 $u_C(\infty)$ 和时间常数 τ，即可确定电容电压 $u_C(t)$。

(1) 求稳态值 $u_C(\infty)$。

换路后，$t=\infty$ 时电路处于稳态，电容开路，等效电路如图 5.23(a) 所示，得到

$$u_C(\infty) = 6\times\frac{3}{6+3} = 2(\text{V})$$

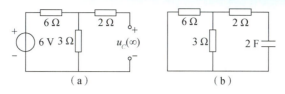

图 5.23　例 5.5 等效电路

（a）$t = \infty$ 时的等效电路；（b）求时间常数的等效电路

（2）求时间常数 τ。

求时间常数 τ 的等效电路是将换路后电路中的电压源短路，如图 5.23（b）所示，有

$$\tau = RC = \left(2 + \frac{6 \times 3}{6 + 3} \right) \times 2 = 8(\mathrm{s})$$

于是，电容电压为

$$u_C(t) = u_C(\infty)(1 - \mathrm{e}^{-\frac{t}{\tau}}) = 2(1 - \mathrm{e}^{-\frac{t}{8}})(\mathrm{V})$$

2. RL 电路的零状态响应

在图 5.24 所示的 RL 电路中，当 $t < 0$ 时，开关 S 处于位置 2，电路已处于稳态，即 $i_L(0_-) = 0$。$t = 0$ 时开关 S 切换到位置 1，电路接入直流电压源 U_S，电路产生零状态响应。

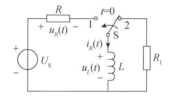

图 5.24　一阶 RL 电路零状态响应

换路后，根据 KVL 可建立关于 $i_L(t)$ 的一阶线性非齐次微分方程：

$$L \frac{\mathrm{d}i_L}{\mathrm{d}t} + R i_L = U_\mathrm{S}$$

方程的解由特解 i_{Lp} 与通解 i_{Lh} 组成，即

$$i_L = i_{Lh} + i_{Lp}$$

式中，i_{Lh} 是齐次方程的通解，称为齐次解，为 $i_{Lh} = A \mathrm{e}^{-\frac{t}{\tau}}$，$\tau = L/R$ 为时间常数；i_{Lp} 为非齐次方程的特解，其值是换路后，$t = \infty$ 时电路处于稳态时的电感电流，为 $i_{Lp} = i_L(\infty) = \dfrac{U_\mathrm{S}}{R}$。所以，方程的解为

$$i_L(t) = \frac{U_\mathrm{S}}{R} + A \mathrm{e}^{-\frac{t}{\tau}}$$

将初始条件 $i_L(0_+) = 0$ 代入，得 $A = -\dfrac{U_\mathrm{S}}{R}$，所以

$$i_L(t) = \frac{U_\mathrm{S}}{R}(1 - \mathrm{e}^{-\frac{t}{\tau}}) \tag{5.42}$$

电感电压为

$$u_L(t) = L\frac{\mathrm{d}i_L}{\mathrm{d}t} = U_\mathrm{s}\mathrm{e}^{-\frac{t}{\tau}} \qquad (5.43)$$

RL 零状态响应电路中，电感电流的一般表达式为

$$i_L(t) = i_L(\infty)(1 - \mathrm{e}^{-\frac{t}{\tau}}) \qquad (5.44)$$

$u_L(t)$ 和 $i_L(t)$ 的波形如图 5.25 所示。其物理过程为：$t=0_+$ 时，$i_L(0_+)=0$，随着时间 t 的增长，电流 i_L 逐渐增大，当 $t\to\infty$ 时，电路达到直流稳态，此时电感 L 相当于短路，电感电压 $u_L(\infty)=0$。

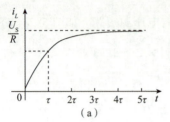 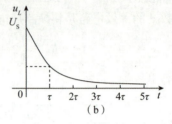

图 5.25　一阶 RL 电路零状态响应波形

(a)$i_L(t)$ 的波形；(b)$u_L(t)$ 的波形

【例 5.6】电路如图 5.26 所示，$t<0$ 时开关 S 开路，$t=0$ 时开关 S 闭合。试求 $t\geq0$ 时电感电压 $u_L(t)$ 和电感电流 $i_L(t)$。

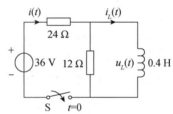

图 5.26　例 5.6 电路

解：(1)求电感电流的初始值 $i_L(0_+)$。

电路在 $t=0_-$ 时的等效电路如图 5.27(a)所示，得到 $i_L(0_-)=0$。根据换路定理有 $i_L(0_+)=i_L(0_-)=0$。由于电感没有储能，开关 S 闭合后，电压源给电感充电，属于零状态响应电路。

 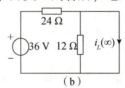 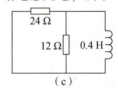

图 5.27　例 5.6 等效电路

(a)$t=0_-$ 时的等效电路；(b)$t=\infty$ 时的等效电路；(c)求时间常数的等效电路

(2)求电感电流 $i_L(t)$。

电感电流 $i_L(t)$ 的零状态响应为

$$i_L(t) = i_L(\infty)(1 - \mathrm{e}^{-\frac{t}{\tau}})$$

首先求稳态值 $i_L(\infty)$。电路在 $t=\infty$ 时的等效电路如图 5.27(b)所示，得到 $i_L(\infty)$ 为

$$i_L(\infty) = \frac{36}{24} = 1.5(\mathrm{A})$$

然后求时间常数 τ。求时间常数的等效电路如图 5.27(c)所示，得到

$$\tau = \frac{L}{R} = \frac{0.4}{\dfrac{24 \times 12}{24 + 12}} = 0.05(\text{s})$$

于是，得到电感电流 $i_L(t)$ 的零状态响应为

$$i_L(t) = i_L(\infty)(1 - e^{-\frac{t}{\tau}}) = 1.5(1 - e^{-20t})(\text{A})$$

(3)求电感电压 $u_L(t)$。

由电感电压与电流的微分关系得到

$$u_L(t) = L\frac{\mathrm{d}i_L(t)}{\mathrm{d}t} = 0.4 \times \frac{\mathrm{d}1.5(1 - e^{-20t})}{\mathrm{d}t} = 12e^{-20t}(\text{V})$$

综上所述，一阶电路的零状态响应是在动态元件的初始储能为零时，由独立源激励源产生的响应，响应波形曲线按指数规律变化。如果用 $y_{\text{zs}}(t)$ 表示零状态响应，用 $y(\infty)$ 表示稳态值，那么一阶电路的零状态响应的一般表达式为

$$y_{\text{zs}}(t) = y(\infty)(1 - e^{-\frac{t}{\tau}}) \tag{5.45}$$

5.3.3　全响应

当一个非零初始状态的电路受到激励源作用时，电路的响应为全响应。对于线性电路，由叠加定理可知，全响应是零输入响应与零状态响应之和。

由前面分析可知，对于直流激励源的一阶电路，零输入响应的一般表达式为 $y_{\text{zi}}(t) = y(0_+)e^{-\frac{t}{\tau}}$，零状态响应的一般表达式为 $y_{\text{zs}}(t) = y(\infty)(1 - e^{-\frac{t}{\tau}})$，于是得到全响应的一般表达式为

$$y(t) = y_{\text{zi}}(t) + y_{\text{zs}}(t) = y(0_+)e^{-\frac{t}{\tau}} + y(\infty)(1 - e^{-\frac{t}{\tau}}) \tag{5.46}$$

利用叠加定理求直流激励源一阶电路的全响应的方法为：

(1)将激励源置零，求零输入响应；

(2)将初始状态置零(即令 $u_C(0_+) = 0$ 和 $i_L(0_+) = 0$)，求零状态响应；

(3)将零输入响应与零状态响应叠加，得到全响应。

图 5.28(a)所示电路，$t<0$ 时开关 S 在位置 1，电路已处于稳态，$t=0$ 时换路，开关 S 切换到位置 2，求换路后电容电压 $u_C(t)$ 和 $i_C(t)$。由 $t<0$ 时开关 S 在位置 1，电路已处于稳态，可知电容电压 $u_C(0_-) = U_0$。当 $t=0_+$ 时，由换路定理得到独立初始值 $u_C(0_+) = u_C(0_-) = U_0$。

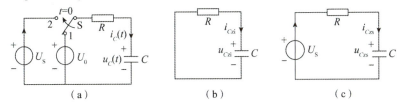

图 5.28　RC 电路全响应

(a)全响应电路；(b)零输入响应等效电路；(c)零状态响应等效电路

(1)求零输入响应。

求零输入响应的等效电路如图 5.28(b)所示。电容电压的零输入响应为

$$u_{Czi}(t) = u_C(0_+)e^{-\frac{t}{\tau}}$$

时间常数 $\tau = RC$，$u_C(0_+) = U_0$。于是得到

$$u_{Czi}(t) = U_0 e^{-\frac{t}{\tau}}$$

$$i_{Czi}(t) = C\frac{du_{Czi}(t)}{dt} = C\frac{d(U_0 e^{-\frac{t}{\tau}})}{dt} = -\frac{U_0}{R}e^{-\frac{t}{\tau}}$$

（2）求零状态响应。

求零状态响应的等效电路如图5.28（c）所示。电容电压的零状态响应为

$$u_{Czs}(t) = u_C(\infty)(1 - e^{-\frac{t}{\tau}})$$

时间常数 $\tau = RC$，$u_C(\infty) = U_S$。于是得到

$$u_{Czs}(t) = U_S(1 - e^{-\frac{t}{\tau}})$$

$$i_{Czs}(t) = C\frac{du_{Czs}(t)}{dt} = C\frac{dU_S(1 - e^{-\frac{t}{\tau}})}{dt} = \frac{U_S}{R}e^{-\frac{t}{\tau}}$$

故全响应为

$$u_C(t) = u_{Czi}(t) + u_{Czs}(t) = U_0 e^{-\frac{t}{\tau}} + U_S(1 - e^{-\frac{t}{\tau}})$$

$$i_C(t) = i_{Czi}(t) + i_{Czs}(t) = -\frac{U_0}{R}e^{-\frac{t}{\tau}} + \frac{U_S}{R}e^{-\frac{t}{\tau}} = \frac{U_S - U_0}{R}e^{-\frac{t}{\tau}}$$

对于直流激励源一阶电路的全响应，除了可以分解为零输入响应和零状态响应外，还可以分解为稳态响应和暂态响应，即

$$y(t) = y_{zi}(t) + y_{zs}(t) = y(0_+)e^{-\frac{t}{\tau}} + y(\infty)(1 - e^{-\frac{t}{\tau}})$$

$$= y(\infty) + [y(0_+) - y(\infty)]e^{-\frac{t}{\tau}} = 稳态响应 + 暂态响应$$

式中，$y(\infty)$ 为稳态响应，对于直流和正弦量激励源，为稳态值；$[y(0_+) - y(\infty)]e^{-\frac{t}{\tau}}$ 为暂态响应，按照指数规律变化。

5.4　直流一阶电路的三要素法

一阶电路结构简单，应用广泛。在直流电源激励源下的一阶电路，可以不用列电路的微分方程，解微分方程求响应，采用代数法求解一阶电路的响应，就是一阶电路的三要素法。

上一节分析得到的直流一阶电路全响应的一般表达式为

$$y(t) = y(0_+)e^{-\frac{t}{\tau}} + y(\infty)(1 - e^{-\frac{t}{\tau}}) = y(\infty) + [y(0_+) - y(\infty)]e^{-\frac{t}{\tau}} \qquad (5.47)$$

由式（5.47）可以看出，只要求出初始值 $y(0_+)$、稳态值 $y(\infty)$ 及时间常数 τ 三个要素，就可以确定一阶电路的全响应，这种求解一阶电路响应的方法称为一阶电路的三要素法。式（5.47）称为三要素公式，利用三要素公式可以便利地求出直流电源一阶电路的零输入响应、零状态响应和全响应。

三要素法求解电路响应的步骤如下。

1. 求解初始值 $y(0_+)$

1）独立初始值 $u_C(0_+)$ 和 $i_L(0_+)$

电路换路前已处于稳态，在 $t=0_-$ 时的等效电路中计算电容电压 $u_C(0_-)$ 或电感电流 $i_L(0_-)$；然后根据换路定理得到独立初始值 $u_C(0_+)=u_C(0_-)$，$i_L(0_+)=i_L(0_-)$。

2）非独立初始值

在 $t=0_+$ 时的等效电路中计算非独立初始值。将换路后的电路中电容用等于 $u_C(0_+)$ 的电压源替代，电感用等于 $i_L(0_+)$ 的电流源替代，其余电路结构不变，得到 $t=0_+$ 时的等效电路，分析该等效电路中非独立变量的值，即为非独立初始值。

2. 求解稳态值 $y(\infty)$

电路换路后，当 $t\to\infty$ 时电路已进入稳态，在直流激励源下，电路中电流、电压不再变化，故此时电容相当于开路，电感相当于短路。画出 $t\to\infty$ 时的等效电路，并在此等效电路中求解所有变量的稳态值 $y(\infty)$。

3. 求解时间常数 τ

将换路后的电路中的独立源置零，得到无源网络。在无源网络中求得与电容 C 或电感 L 连接的等效电阻 R。对于一阶 RC 电路，时间常数 $\tau=RC$；对于一阶 RL 电路，其时间常数 $\tau=L/R$。

4. 求解电路响应 $y(t)$

将初始值 $y(0_+)$、稳态值 $y(\infty)$ 及时间常数 τ 代入三要素公式，得到电路的响应。

【例 5.7】电路如图 5.29 所示，$t<0$ 时开关 S 断开，电路已处于稳态，在 $t=0$ 时开关 S 闭合。用三要素法试求 $t\geq0$ 时的电感电流 $i_L(t)$、电感电压 $u_L(t)$ 和流过电压源的电流 $i(t)$。

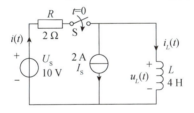

图 5.29   例 5.7 电路

【分析】本题要求求解 $i_L(t)$、$u_L(t)$ 和 $i(t)$ 三个量，关键是求出独立变量响应 $i_L(t)$。然后依据 $u_L(t)=L\dfrac{\mathrm{d}i_L(t)}{\mathrm{d}t}$ 和结点电流关系 $i(t)=i_L(t)+I_s$，求出另外两个响应。

解：（1）求独立初始值 $i_L(0_+)$。

$t=0_-$ 时电路处于稳态，电感短路，等效电路如图 5.30（a）所示，得到

$$i_L(0_-)=-I_s=-2\ \text{A}$$

$t=0_+$ 时由换路定理得到

$$i_L(0_+)=i_L(0_-)=-2\ \text{A}$$

（2）求稳态值 $i_L(\infty)$。

换路后，$t=\infty$ 时电路处于稳态，电感短路，等效电路如图 5.30（b）所示，得到

$$i_L(\infty)=i(\infty)-I_s=\frac{U_s}{R}-I_s=\frac{10}{2}-2=3\ (\text{A})$$

（3）求时间常数 τ。

求时间常数的无源网络如图 5.30（c）所示，得到

$$\tau = \frac{L}{R} = \frac{4}{2} = 2(\text{s})$$

（4）求电路响应。

将初始值 $i_L(0_+)$、稳态值 $i_L(\infty)$、时间常数 τ 代入三要素公式，得到电感电流 $i_L(t)$ 为

$$i_L(t) = i_L(\infty) + [i_L(0_+) - i_L(\infty)]e^{-\frac{t}{\tau}} = 3 + (-2-3)e^{-\frac{t}{2}} = 3 - 5e^{-0.5t}(\text{A})$$

电感电压为

$$u_L(t) = L\frac{\mathrm{d}i_L(t)}{\mathrm{d}t} = 4 \times \frac{\mathrm{d}(3 - 5e^{-0.5t})}{\mathrm{d}t} = 10e^{-0.5t}(\text{V})$$

流过电压源的电流为

$$i(t) = i_L(t) + I_S = 3 - 5e^{-0.5t} + 2 = 5 - 5e^{-0.5t}(\text{A})$$

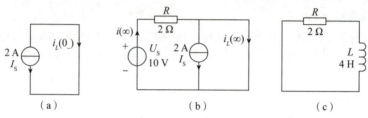

图 5.30　例 5.7 等效电路

（a）$t=0_-$ 时的等效电路；（b）$t=\infty$ 时的等效电路；（c）求时间常数的无源网络

【例 5.8】电路如图 5.31 所示，$t<0$ 时开关 S 闭合，电路已处于稳态，在 $t=0$ 时开关 S 断开。用三要素法试求 $t \geq 0$ 时电容电压 $u_C(t)$ 和电容电流 $i_C(t)$。

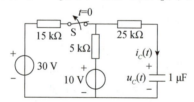

图 5.31　例 5.8 电路

解：用三要素法可以直接求解任意变量的响应。

（1）求初始值 $u_C(0_+)$ 和 $i_C(0_+)$。

①在 $t=0_-$ 时的等效电路中求 $u_C(0_-)$。

$t=0_-$ 时的等效电路如图 5.32（a）所示，得到

$$u_C(0_-) = 5 \times \frac{30 - 10}{15 + 5} + 10 = 15(\text{V})$$

由换路定理得：$u_C(0_+) = u_C(0_-) = 15\ \text{V}$。

②在 $t=0_+$ 时的等效电路中求 $i_C(0_+)$。

$t=0_+$ 时的等效电路如图 5.32（b）所示，得到

$$i_C(0_+) = \frac{10 - 15}{5 + 25} = -0.167(\text{mA})$$

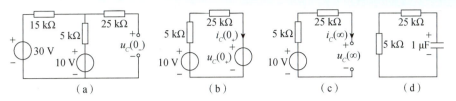

图 5.32 例 5.8 等效电路

(a) $t=0_-$ 时的等效电路;(b) $t=0_+$ 时的等效电路;(c) $t=\infty$ 时的等效电路;(d) 求时间常数的无源网络

(2)求稳态值 $u_C(\infty)$ 和 $i_C(\infty)$。

$t=\infty$ 时的等效电路如图 5.32(c)所示,得到

$$u_C(\infty) = 10(\mathrm{V})$$

$$i_C(\infty) = 0(\mathrm{mA})$$

(3)求时间常数 τ。

求时间常数的无源网络如图 5.32(d)所示,得到

$$\tau = (5+25) \times 10^3 \times 1 \times 10^{-6} = 0.03(\mathrm{s})$$

(4)求电路响应。

将初始值、稳态值、时间常数代入三要素公式,得到电容电压和电容电流为

$$u_C(t) = u_C(\infty) + [u_C(0_+) - u_C(\infty)]\mathrm{e}^{-\frac{t}{\tau}} = 10 + (15-10)\mathrm{e}^{-\frac{t}{3\times10^{-2}}} = 10 + 5\mathrm{e}^{-\frac{100t}{3}}(\mathrm{V})$$

$$i_C(t) = i_C(\infty) + [i_C(0_+) - i_C(\infty)]\mathrm{e}^{-\frac{t}{\tau}} = 0 + (-0.167-0)\mathrm{e}^{-\frac{t}{3\times10^{-2}}} = -0.167\mathrm{e}^{-\frac{100t}{3}}(\mathrm{mA})$$

5.5 一阶电路的阶跃响应

通过开关给动态电路突然施加一个直流源,这时此直流电压源或电流源对电路的作用可以用一个阶跃函数来描述,对应得到的响应称为阶跃响应。

5.5.1 阶跃函数

单位阶跃函数用 $\varepsilon(t)$ 表示,其定义为

$$\varepsilon(t) = \begin{cases} 0, & t < 0 \\ 1, & t > 0 \end{cases} \tag{5.48}$$

单位阶跃函数的波形如图 5.33 所示。它在 $t < 0$ 时恒为零,$t > 0$ 时恒为 1。在 $t = 0$ 时则由 0 阶跃到 1,这是一个跃变过程,其函数值不定。

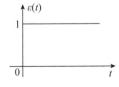

图 5.33 单位阶跃函数的波形

145

1. 阶跃函数表达式

如果 $\varepsilon(t)$ 乘以常量 A，所得结果 $A\varepsilon(t)$ 称为阶跃函数，其表达式为

$$A\varepsilon(t) = \begin{cases} 0, & t < 0 \\ A, & t > 0 \end{cases} \tag{5.49}$$

阶跃函数的波形如图 5.34(a)所示，其中阶跃幅度 A 称为阶跃量。

2. 延迟单位阶跃函数

单位阶跃函数在时间上延迟 t_0，称为延迟单位阶跃函数，其波形如图 5.34(b)所示，它在 $t = t_0$ 处出现阶跃，表达式为

$$\varepsilon(t - t_0) = \begin{cases} 0, & t < t_0 \\ 1, & t > t_0 \end{cases} \tag{5.50}$$

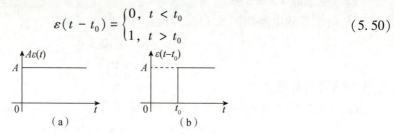

图 5.34　阶跃函数的常见波形
(a)阶跃函数；(b)延迟单位阶跃函数

3. 阶跃函数的应用

1)用阶跃函数描述开关动作

阶跃函数的应用之一是描述电路中的开关动作。例如在图 5.35(a)中，阶跃电压 $U_S\varepsilon(t)$ 表示电压源 U_S 在 $t = 0$ 时接入二端网络 N。图 5.35(b)中的阶跃电流 $I_S\varepsilon(t - t_0)$ 表示电流源 I_S 在 $t = t_0$ 时接入二端网络 N。单位阶跃函数可以作为开关动作的数学模型，因此 $\varepsilon(t)$ 也常称为开关函数。

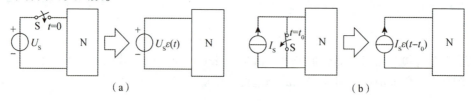

图 5.35　用阶跃函数描述开关动作
(a)阶跃电压；(b)阶跃电流

2)用阶跃函数表示信号

阶跃函数的另一个重要应用是可以简捷、方便地表示某种信号。

(1)用阶跃函数表示矩形脉冲信号。如图 5.36 所示，矩形脉冲信号可以看成是两个延迟阶跃信号的叠加，即

$$f(t) = A\varepsilon(t - t_1) - A\varepsilon(t - t_2) = A[\varepsilon(t - t_1) - \varepsilon(t - t_2)]$$

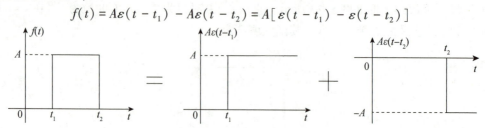

图 5.36　用阶跃函数表示矩形脉冲信号

（2）用阶跃函数表示常见信号。图 5.37(a) 所示信号可以表示为

$$f(t) = 2\varepsilon(t) - 3\varepsilon(t-1) + \varepsilon(t-2)$$

图 5.37(b) 所示信号可以表示为

$$f(t) = \varepsilon(t) + \varepsilon(t-1) - \varepsilon(t-2) - \varepsilon(t-3)$$

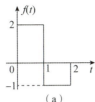 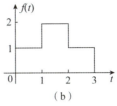

图 5.37　用阶跃函数表示常见信号

5.5.2　阶跃响应

电路在单位阶跃函数激励源下产生的零状态响应称为单位阶跃响应，简称阶跃响应，用 $g(t)$ 表示。

单位阶跃函数 $\varepsilon(t)$ 作用于电路相当于单位直流源（1 V 电压源或 1 A 电流源）在 $t=0$ 时接入电路时的零状态响应。对于一阶电路，电路的单位阶跃响应可用三要素法求解。

1. 线性电路的线性性质

如果激励源 $f_1(t)$ 作用于电路产生零状态响应 $y_{zs1}(t)$，激励源 $f_2(t)$ 作用于电路产生零状态响应 $y_{zs2}(t)$，即

$$f_1(t) \rightarrow y_{zs1}(t)$$
$$f_2(t) \rightarrow y_{zs2}(t)$$

如有常数 a_1、a_2，则

$$a_1 f_1(t) + a_2 f_2(t) \rightarrow a_1 y_{zs1}(t) + a_2 y_{zs2}(t) \tag{5.51}$$

即 $a_1 f_1(t) + a_2 f_2(t)$ 共同作用于电路产生的零状态响应等于 a_1 倍的 $y_{zs1}(t)$ 与 a_2 倍的 $y_{zs2}(t)$ 之和。

2. 时不变电路的时不变性质

如果电路结构和元件参数均不随时间变化，则称电路为时不变电路。对于时不变电路，其零状态响应与激励源接入电路的时间无关，称为电路的时不变性质。

激励源 $f(t)$ 作用于电路产生零状态响应 $y_{zs}(t)$，若激励源 $f(t)$ 延迟了 t_0 时间接入，那么其零状态响应也延迟 t_0，且波形保持不变。即

$$f(t) \rightarrow y_{zs}(t)$$

则有

$$f(t - t_0) \rightarrow y_{zs}(t - t_0) \tag{5.52}$$

线性时不变电路的时不变性质如图 5.38 所示。

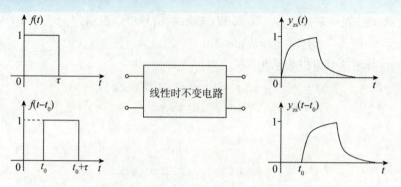

图 5.38　线性时不变电路的时不变性质

3. 任意激励源作用下电路的零状态响应

利用线性时不变电路的线性性质和时不变性质，即可由阶跃响应得到任意激励源作用下电路的零状态响应，步骤如下：

（1）将激励源信号用阶跃函数表示；

（2）用三要素法求电路的阶跃响应；

（3）利用线性时不变电路的线性性质和时不变性质，求出激励源作用下电路的零状态响应。

【例 5.9】电路如图 5.39（a）所示，激励源 i_S 的波形如图 5.39（b）所示，求零状态响应 $i_L(t)$。

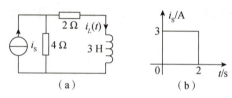

图 5.39　例 5.9 电路及激励源波形
（a）电路；（b）激励源波形

解：（1）激励源 i_S 用阶跃函数表示为

$$i_S(t) = 3\varepsilon(t) - 3\varepsilon(t-2)\,(A)$$

（2）用三要素法求阶跃响应。令 $i_S(t)=\varepsilon(t)$，有

$$i_L(\infty) = 1 \times \frac{4}{4+2} = \frac{2}{3}\,(A)$$

$$\tau = \frac{L}{R} = \frac{3}{2+4} = \frac{1}{2}\,(s)$$

由于 $i_L(0_+)=0$，因此输出的阶跃响应为

$$g(t) = \frac{2}{3}(1 - e^{-2t})\varepsilon(t)\,(A)$$

（3）零状态响应 $i_L(t)$ 为

$$i_L(t) = 3g(t) - 3g(t-2) = 2(1 - e^{-2t})\varepsilon(t) - 2(1 - e^{-2(t-2)})\varepsilon(t-2)\,(A)$$

5.6　二阶电路的零输入响应

用二阶微分方程描述的电路称为二阶电路。分析二阶电路时，需要给定两个独立的初始条件。与一阶电路不同，二阶电路的响应出现振荡形式。本节以 RLC 串联电路为例，讨论二阶电路的零输入响应。

RLC 串联电路如图 5.40 所示，当 $t<0$ 时，开关 S 在位置 1，电路处于稳态，$t=0$ 时换路，开关 S 切换到位置 2，分析电路在 $t \geqslant 0$ 时的零状态响应。

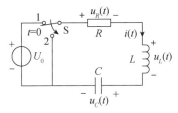

图 5.40　RLC 串联电路

当 $t<0$ 时，电路处于稳态，可知 $u_C(0_-)=U_0$，$i_L(0_-)=0$。根据换路定理可知电路独立初始值为

$$u_C(0_+) = u_C(0_-) = U_0, \quad i_L(0_+) = i_L(0_-) = 0$$

以电容电压 $u_C(t)$ 为电路变量，列写电路方程。根据 KVL，有

$$u_C(t) + u_R(t) + u_L(t) = 0$$

由于有 $i = C\dfrac{\mathrm{d}u_C}{\mathrm{d}t}$，$u_R = Ri = RC\dfrac{\mathrm{d}u_C}{\mathrm{d}t}$，$u_L = L\dfrac{\mathrm{d}i_L}{\mathrm{d}t} = LC\dfrac{\mathrm{d}^2 u_C}{\mathrm{d}t^2}$，将它们代入 KVL 方程，整理得

$$\frac{\mathrm{d}^2 u_C(t)}{\mathrm{d}t^2} + \frac{R}{L}\frac{\mathrm{d}u_C(t)}{\mathrm{d}t} + \frac{1}{LC}u_C(t) = 0 \tag{5.53}$$

令 $2\alpha = \dfrac{R}{L}$，α 称为衰减常数，$\omega_0 = \dfrac{1}{\sqrt{LC}}$ 称为 RLC 串联电路的谐振角频率。将电路方程改写为

$$\frac{\mathrm{d}^2 u_C}{\mathrm{d}t} + 2\alpha\frac{\mathrm{d}u_C}{\mathrm{d}t} + \omega_0^2 u_C = 0 \tag{5.54}$$

式 (5.54) 为二阶常系数齐次微分方程，其特征方程为

$$s^2 + 2\alpha s + \omega_0^2 = 0$$

特征根为

$$s_{1,2} = -\alpha \pm \sqrt{\alpha^2 - \omega_0^2}$$

或

$$s_{1,2} = -\frac{R}{2L} \pm \sqrt{\left(\frac{R}{2L}\right)^2 - \frac{1}{LC}}$$

对应 $\alpha>\omega_0$，$\alpha=\omega_0$，$\alpha<\omega_0$ 三种情况，零状态响应的形式也有过阻尼、临界阻尼、欠阻尼三种情况。

二维码5-7　零状态响应应过阻尼、临界阻尼、欠阻尼分析

5.7　动态电路的应用

5.7.1　电梯接近开关

日常生活中使用的电器包括许多开关，其中有机械开关，还有触摸式控制开关，后者应用越来越广泛。电梯使用的是电容式接近开关，当触摸开关时，电容发生变化，从而引起电压的变化，形成开关。

电梯接近开关按钮如图5.41(a)所示，它由一个金属环和一个圆形金属板构成电容的两个电极。电极由绝缘膜覆盖，使电极间绝缘。可将开关等效为一个电容 C_1，如图5.41(b)所示。在开关的两个电极之间放有一个触摸电极，触摸电极没有被触摸时，开关两个电极正常形成电容 C_1，不会受到触摸电极的影响。当手指触摸按钮(即触摸电极)时，手指比绝缘膜更容易传导电荷，相当于接地，这样触摸电极与开关的两个电极分别形成电容 C_2 和 C_3，其电路模型如图5.41(c)所示。

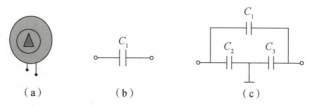

图 5.41　电梯接近开关按钮
(a)接近开关示意图；(b)等效电容；(c)手指触摸按钮时的电路模型

图5.42(a)所示为电梯接近开关电路，C 是一个固定电容。电梯接近开关形成的电容的实际值都在 10~50 pF 之间。为了分析方便，设电容 $C_1 = C_2 = C_3 = C = 25$ pF。当手指没有触摸时，其等效电路如图5.42(b)所示，输出电压为(注意：电容串联分压与电容值成反比)

$$u = \frac{C_1}{C_1 + C}u_S = \frac{1}{2}u_S$$

当手指触摸开关按钮时，其等效电路如图5.42(c)所示，输出电压为

$$u = \frac{C_1}{C_1 + (C + C_3)}u_S = \frac{1}{3}u_S$$

可见，当触摸开关按钮时，输出电压降低，一旦电梯的控制计算机检测到输出电压下

降，就知道有人"叫梯"，不同楼层的电梯开关电路输出的序号不同，计算机根据检测到的输出序号知道是哪个楼层"叫梯"，控制电梯到达该楼层。

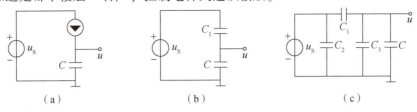

图 5.42　电梯接近开关电路

（a）接近开关电路；（b）无触摸时的等效电路；（c）有触摸时的等效电路

5.7.2　声控灯电路

声控灯电路是由一阶 RC 电路组成的延时电路的一个应用实例。声控灯简化电路如图 5.43 所示，它由声音信号处理电路、RC 延时电路和照明灯控制电路组成。

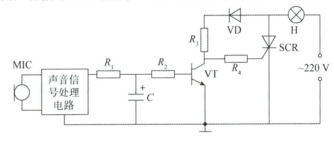

图 5.43　声控灯简化电路

照明灯由晶闸管 SCR 控制，当晶闸管导通时照明灯点亮，晶闸管截止时照明灯熄灭。晶闸管的导通或截止，由三极管 VT 电路控制，三极管截止时输出为高电平，晶闸管控制端无触发电平，晶闸管截止；三极管导通时输出为低电平，晶闸管控制端受到触发电平的触发，晶闸管导通。三极管的导通或截止由声音信号处理电路控制，无声音信号时，处理电路输出为零，三极管截止；有声音信号时，处理电路输出为高电平，三极管导通，同时通过电阻 R_1 给电容 C 充电，电阻 R_1 较小，电容迅速充电到高电平。声音消失时，虽然声音信号处理电路输出为零，但是电容充电电压的作用继续保持三极管导通，晶闸管的控制端保持有触发信号，照明灯继续点亮。电容通过电阻 R_2 逐渐放电，由于电阻 R_2 较大，放电缓慢，放电的时间常数 $\tau = R_2 C$，经过 $2\tau \sim 3\tau$ 的时间，电容电压下降为 0.7 V（0.7 V 为三极管导通所需基极电压的下限）以下，三极管截止，晶闸管的控制端触发电平消失，晶闸管截止，照明灯熄灭。以上过程产生了声音信号触发照明灯点亮，$R_2 C$ 组成的延时电路维持照明灯点亮一段时间，然后自动熄灭的效果。

二维码 5-8　声控灯电路分析题　　　　二维码 5-9　闪光灯电路分析题

5.7.3 闪光灯电路

电子闪光灯电路是一阶 RC 电路应用的一个实例，它是利用电容充电后，通过放电，由于闪光灯的电阻很小，因此在短时间内产生很大的放电电流，发出很大的功率，产生闪光效果。图 5.44 所示为一个简化的闪光灯电路，它由一个直流电压源、一个限流大电阻 R、一个大电容 C 和闪光灯组成。当开关 S 处于位置 1 时，直流电压源通过限流电阻 R 给电容 C 充电，限流电阻 R 较大，限制了充电电流，不会由于充电电流过大，造成直流电压源损坏。电容充电完毕，将开关 S 扳向位置 2，闪光灯开始工作，由于闪光灯电阻 r 很小，电容通过闪光灯放电会产生短时间的大电流脉冲，放电时间很短，近似为 $5\tau = 5rC$。

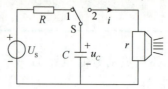

图 5.44　简化的闪光灯电路

本章小结

（1）电容、电感元件的伏安关系为微分（或积分）关系，称为动态元件。含有动态元件的电路称为动态电路，动态电路的电路方程为微分方程。电容、电感元件的电压、电流关系为

$$i_C(t) = C\frac{\mathrm{d}u_C(t)}{\mathrm{d}t}, \quad u_L(t) = L\frac{\mathrm{d}i_L(t)}{\mathrm{d}t}$$

电容、电感元件只储存能量，不消耗能量。电容电压和电感电流随时间连续变化，它们决定了电路的状态和能量，故称为电路的状态变量。电容、电感元件的储能关系为

$$W_C = \frac{1}{2}Cu_C^2(t), \quad W_L = \frac{1}{2}Li_L^2(t)$$

（2）一阶电路是含有一个动态元件的动态电路，电路方程为一阶微分方程。

暂态过程是指电路由一种稳态转换为另一种稳态的过程。在动态电路中产生暂态过程的原因是动态元件储能是连续变化的。暂态过程发生在换路后，换路时电路遵从换路定理，其数学形式为

$$u_C(0_+) = u_C(0_-)\,(i_C\ 为有限值)$$
$$i_L(0_+) = i_L(0_-)\,(u_L\ 为有限值)$$

一阶电路的响应有 3 种形式：零输入响应、零状态响应和全响应。

①零输入响应为电路中没有激励源，只有动态元件初始储能产生的响应。其响应一般形式为

$$y_{zi}(t) = y(0_+)\mathrm{e}^{-\frac{t}{\tau}}$$

式中，$y(0_+)$ 为电路变量初始值；τ 为时间常数，对于 RC 电路，$\tau = RC$，对于 RL 电路，$\tau =$

$L/R_{\circ}$

②零状态响应为电路中动态元件初始储能为零，只由激励源产生的响应。其响应一般形式为

$$y_{zs}(t) = y(\infty)(1 - e^{-\frac{t}{\tau}})$$

式中，$y(\infty)$ 为电路变量的稳态值。

③全响应为由动态元件初始储能和激励源共同作用产生的响应，是零输入响应和零状态响应的叠加，其一般形式为

$$y(t) = y(0_+)e^{-\frac{t}{\tau}} + y(\infty)(1 - e^{-\frac{t}{\tau}})$$

（3）一阶电路全响应的三要素公式为

$$y(t) = y(\infty) + [y(0_+) - y(\infty)]e^{-\frac{t}{\tau}}$$

式中，$y(0_+)$、$y(\infty)$ 和 τ 称为一阶电路响应的三要素。只要确定这三个要素，电路响应即可确定。一阶电路的三要素法是求解一阶电路响应的简便方法，即避开了解微分方程，用代数方法求出三要素。

①初始值 $y(0_+)$ 分为独立初始值和非独立初始值两类。独立初始值只有 $u_C(0_+)$ 和 $i_L(0_+)$，在 $t=0_-$ 时的等效电路中求出 $u_C(0_-)$ 和 $i_L(0_-)$，再依据换路定理求出 $u_C(0_+)$ 和 $i_L(0_+)$。

非独立初始值在电路换路后，$t=0_+$ 时的等效电路中求出。

②稳态值 $y(\infty)$ 在电路换路后，$t=\infty$ 时的等效电路中求出。

③时间常数 τ 在电路换路后的无源网络中求出。

（4）单位阶跃函数是 $t<0$ 时为 0，当 $t>0$ 时为 1，在 $t=0$ 时由 0 跃变为 1 的函数。用阶跃函数可以描述电路换路时开关的动作，也可以用阶跃函数表示某些信号。

一阶电路在单位阶跃函数作用下的响应为阶跃响应 $g(t)$，利用阶跃响应可以求解复杂信号作用在一阶电路上的响应。

（5）用二阶微分方程描述的电路称为二阶电路。二阶电路的零输入响应有 3 种情况：过阻尼、临界阻尼和欠阻尼。过阻尼时电路响应为非振荡放电过程；欠阻尼时电路响应为衰减振荡放电过程；临界阻尼时电路响应为非振荡过程与振荡过程的分界点，同样是非振荡放电过程。

综合练习

5.1　填空题。

（1）电容 $C_1 = 1\ \mu F$ 与 $C_2 = 2\ \mu F$，这两个电容并联后的总电容为_____ μF。

（2）一个电容 $C = 0.5\ F$，其电压、电流为关联参考方向，如其端电压 $u_C(t) = 4(1 - e^{-t})(V)$，$t \geqslant 0$ 时，电流 $i_C(t) =$ _____，电容的最大储能为_____ J。

（3）电路如图 P5.1 所示，$1\ \mu F$ 电容两端的电压 U_2 为_____ V。

（4）电路如图 P5.2 所示，$t<0$ 时开关 S 在位置 1，电路处于稳定，$t=0$ 时开关 S 由 1 切换到 2，电感的初始值 $i_L(0_+) =$ _____ A，稳态值 $i_L(\infty) =$ _____ A，时间常数 $\tau =$ _____ s。

(5)在一阶 RC 电路中,若 C 不变,R 越大,则换路后过渡过程越_____。

(6)有一个 5 V 的电压源在 $t = 1$ s 时接入电路,可以用阶跃函数表示为_____。

(7) RLC 串联电路中,在零输入情况下,特征方程的解为两个共轭复根,电路处于_____过程。

5.2 选择题。

(1)在换路瞬间,下列说法中正确的是(　　)。

A. 电感电流不能跃变　　　　　　　B. 电感电压必然跃变

C. 电容电流必然跃变　　　　　　　D. 无法确定

(2)电容元件电流、电压(电容上电压与电流为关联参考方向)的关系为(　　)。

A. $i = -C\mathrm{d}u/\mathrm{d}t$ 　　　　　　　　　B. $u = -C\mathrm{d}i/\mathrm{d}t$

C. $i = C\mathrm{d}u/\mathrm{d}t$ 　　　　　　　　　D. $u = C\mathrm{d}i/\mathrm{d}t$

(3)一个电感 $L = 0.2$ H,其电压、电流为关联参考方向,如通过电感的电流 $i_L(t) = 5(1 - \mathrm{e}^{-2t})$ (A),$t \geqslant 0$ 时电感的端电压 $u_L(t)$ 为(　　)。

A. $u_L(t) = 5(1 - \mathrm{e}^{-2t})$ (V) 　　　　　B. $u_L(t) = 2\mathrm{e}^{-2t}$ (V)

C. $u_L(t) = (1 - \mathrm{e}^{-2t})$ (V) 　　　　　　D. $u_L(t) = -5\mathrm{e}^{-2t}$ (V)

(4)电路如图 P5.3 所示,$t < 0$ 时开关 S 断开,电路处于稳定,$t = 0$ 时开关 S 闭合,电容电压和电容电流的初始值为(　　)。

A. $u_C(0_+) = 10$ V,$i_C(0_+) = -3.3$ A

B. $u_C(0_+) = 10$ V,$i_C(0_+) = 1.7$ A

C. $u_C(0_+) = 5$ V,$i_C(0_+) = 3.3$ A

D. $u_C(0_+) = 5$ V,$i_C(0_+) = -1.7$ A

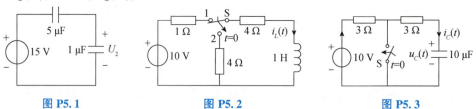

图 P5.1　　　　　　　　　　图 P5.2　　　　　　　　　　图 P5.3

(5)10 Ω 电阻和 2 H 电感并联电路的时间常数为(　　)。

A. 20 s 　　　　　B. 0.2 s 　　　　　C. 2 s 　　　　　D. 5 s

(6)一阶 RC 电路的阶跃响应为 $g(t) = 2(1 - \mathrm{e}^{-5t})\varepsilon(t)$ (V),如果激励源为 $u_S(t) = 3\varepsilon(t) + \varepsilon(t - 1)$,响应电容电压 $u_C(t)$ 为(　　)。

A. $u_C(t) = 2(1 - \mathrm{e}^{-5t})\varepsilon(t)$ (V)

B. $u_C(t) = 6(1 - \mathrm{e}^{-5t})\varepsilon(t)$ (V)

C. $u_C(t) = 2(1 - \mathrm{e}^{-5(t-1)})\varepsilon(t - 1)$ (V)

D. $u_C(t) = 6(1 - \mathrm{e}^{-5t})\varepsilon(t) + 2(1 - \mathrm{e}^{-5(t-1)})\varepsilon(t - 1)$ (V)

(7) RLC 串联电路在零输入情况下,为振荡放电过程时,电容处于(　　)。

A. 一直放电状态　　　　　　　　　B. 有时放电,有时充电状态

C. 一直充电状态　　　　　　　　　D. 保持初始状态

5.3 判断题(正确打√号,错误打×号)。

(1)在直流电路中,电感元件相当于短路状态,电容元件相当于开路状态。　　　　　(　　)

(2)几个电容元件相串联，其电容一定增大。　　　　　　　　　　　　　　（　　）

(3)换路定理指出：电感两端的电压不能发生跃变。　　　　　　　　　　　（　　）

(4)一阶电路中仅含有一个动态元件。　　　　　　　　　　　　　　　　　（　　）

(5)时间常数 τ 是由电路的参数决定的，与激励源无关。　　　　　　　　（　　）

5.4　电路如图 P5.4 所示，列出电路以 $u_C(t)$ 为变量的微分方程。

5.5　电路如图 P5.5 所示，$t<0$ 时开关 S 断开，电路处于稳态，在 $t=0$ 时，将开关 S 闭合，试求初始值 $u_C(0_+)$、$i_L(0_+)$、$i_C(0_+)$、$i_R(0_+)$。

5.6　电路如图 P5.6 所示，$t<0$ 时开关 S 断开，电路处于稳态，在 $t=0$ 时，将开关 S 闭合，试求初始值 $u_R(0_+)$、$u_L(0_+)$、$i_C(0_+)$。

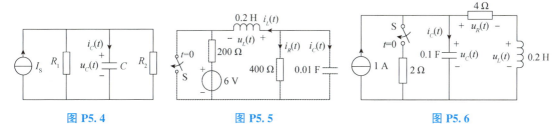

图 P5.4　　　　　　　　　　　图 P5.5　　　　　　　　　　　图 P5.6

5.7　电路如图 P5.7 所示，$t<0$ 时开关 S 断开，电路处于稳态，在 $t=0$ 时，将开关 S 闭合，试分析 $t>0$ 时该电路是什么响应？并求 $u_C(t)$ 和 $i_C(t)$。

5.8　电路如图 P5.8 所示，$t<0$ 时开关 S 在位置 1，电路处于稳态，在 $t=0$ 时，将开关 S 切换到位置 2，试分析 $t>0$ 时该电路是什么响应？并求 $i_L(t)$ 和 $u(t)$。

5.9　电路如图 P5.9 所示，$t<0$ 时开关 S 在位置 1，电路处于稳定，$t=0$ 时开关 S 由 1 切换到 2，用三要素法求 $t>0$ 时的 $i_L(t)$ 和 $i(t)$。

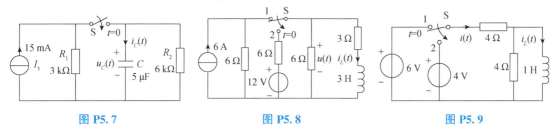

图 P5.7　　　　　　　　　　　图 P5.8　　　　　　　　　　　图 P5.9

第6章 正弦稳态电路分析

内容提要

在生产和生活的各个领域中,所用的电主要是正弦交流电。因为交流电容易产生,并且电压能用变压器改变,便于输送和使用,而且交流电机结构简单、工作可靠、经济性好,所以交流电得到了广泛应用。

在正弦稳态电路中,所有响应和激励源都是具有相同频率的正弦量,因此它们可以用相量表示。引入相量后,可将求解电路所列写的微分方程转换为复数表示的代数方程,从而大大简化电路的分析计算过程。正弦稳态电路的基本理论和基本分析方法是学习交流电机、电器及电子技术的重要基础。

知识目标

◆理解正弦稳态电路、功率、阻抗、导纳的概念;

◆熟练掌握正弦稳态电路的时域和复域表示方法;

◆熟练掌握相量法分析正弦稳态电路的方法和步骤;

◆掌握正弦稳态电路功率的计算方法和测量方法。

二维码6-1 知识导图

6.1　正弦量与相量

6.1.1　正弦量的三要素

在发电厂，发电机产生的是大小和方向都随时间按正弦规律变化的交流电。正弦交流电广泛应用在人们日常的生产和生活中。大多数的用电设备、家用电器等使用的都是正弦交流电；对于非正弦的周期性变化的电信号，也可以将其分解成不同频率的正弦量的叠加。正弦电路建立的概念和方法是解决各种电路问题的工具，因此，学习正弦交流电路非常重要。

正弦交流电应用广泛的原因是便于产生、输送、分配和使用。比如，交流电动机与相同功率的直流电动机相比结构简单，成本低，使用维护方便；对于需要直流电的场合，还可以应用整流装置，将交流电变换成所需的直流电。

凡大小和方向随时间按正弦规律变化的电压、电流、电动势等统称为正弦量。正弦量的数字描述可以使用 sin 函数或 cos 函数，本书统一采用 cos 函数。

图 6.1 表示部分电路中有正弦电流 $i(t)$ 和正弦电压 $u(t)$，在图示参考方向下可分别表示为

$$i(t) = I_m\cos(\omega t + \varphi_i) \tag{6.1}$$
$$u(t) = U_m\cos(\omega t + \varphi_u) \tag{6.2}$$

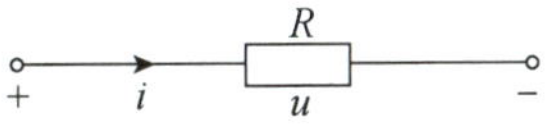

图 6.1

由式(6.1)可以看出，对正弦电流 i 来说，如果 I_m、ω、φ_i 已知，那么它与时间 t 的关系就是唯一确定的。因此，把 I_m、ω、φ_i 称为正弦量的三要素。

6.1.2　瞬时值、最大值、有效值

正弦量在任意瞬间的值，称为瞬时值，用小写字母表示，如电压、电流、电动势的瞬时值分别用 u、i、e 表示。

正弦量在整个变化过程中所能达到的极值称为最大值，又称幅值，它确定了正弦量变化的范围，用大写字母加下标 m 表示，如正弦电压、电流、电动势的最大值分别用 U_m、I_m、E_m 表示。

正弦量的瞬时值是随时间而变化的，因此不能代表整个正弦量的大小；最大值只能代表正弦量达到极值的一瞬间的大小，同样不适合表征正弦量的大小，在工程技术中通常需要一个特定值来表征正弦量的大小。

由于正弦电流(电压)和直流电流(电压)作用于电阻时都会产生热效应，因此考虑根据其热效应来确定正弦量的大小。若一个正弦电流和一个直流电流，在相等的时间 t 内通过同一电阻 R 所产生的热量相同，则这个直流电流值就称为该正弦电流的有效值，用大写字母

表示，如 U、I、E 分别表示正弦电压、电流、电动势的有效值。

正弦电流 i 在一个周期 T 内通过电阻 R 所产生的热量为

$$Q_1 = 0.24 \int_0^T i^2 R \mathrm{d}t$$

某直流电流 I 在相同的时间 T 内通过同一电阻 R 所产生的热量为

$$Q_2 = 0.24 I^2 R T$$

当 $Q_1 = Q_2$ 时，得

$$\int_0^T i^2 R \mathrm{d}t = I^2 R T$$

由上式可得

$$I = \sqrt{\frac{1}{T} \int_0^T i^2 \mathrm{d}t} \tag{6.3}$$

这就是正弦电流的有效值。

由式(6.3)可知，正弦电流的有效值为它在一个周期内的均方根。同理，得到正弦电压、电动势的有效值为

$$U = \sqrt{\frac{1}{T} \int_0^T u^2 \mathrm{d}t}, \quad E = \sqrt{\frac{1}{T} \int_0^T e^2 \mathrm{d}t}$$

把 $i = I_m \sin \omega t$ 代入式(6.3)中，得

$$I = \sqrt{\frac{1}{T} \int_0^T I_m^2 \sin^2 \omega t \mathrm{d}t} = \frac{I_m}{\sqrt{2}} \approx 0.707 I_m$$

即 $I_m = \sqrt{2} I$。

以此类推，正弦电压、电动势的有效值与最大值的关系为

$$U_m = \sqrt{2} U \tag{6.4}$$

$$E_m = \sqrt{2} E \tag{6.5}$$

由此可见，正弦量的最大值等于其有效值的 $\sqrt{2}$ 倍。因此，正弦量 i 可改写为

$$i = I_m \cos(\omega t + \varphi_i) \tag{6.6}$$

也可以用 I、ω、φ_i 来表示正弦量的三要素。一般的交流电压表和电流表的读数指的是有效值，电气设备标牌上的额定值等都是有效值。但是，电气设备与电子器件的耐压是按最大值选取的，否则，当设备的交流电流(电压)达到最大值时，设备就有被击穿而损坏的危险。

6.1.3 周期、频率和角频率

正弦量变化一次所需的时间称为周期，用字母 T 表示，单位是秒(s)。正弦量每秒内变化的次数称为频率，用字母 f 表示，单位是赫兹(Hz)。从定义可知，周期与频率互为倒数，即

$$f = \frac{1}{T} \tag{6.7}$$

我国电力系统采用 50 Hz 作为标准频率，又称工业频率，简称工频。在上文中，ω 是正

弦量在每秒内变化的弧度，称为角频率，单位为弧度每秒（rad/s）。周期、频率、角频率的关系为

$$\omega = \frac{2\pi}{T} = 2\pi f \qquad (6.8)$$

式（6.7）和式（6.8）表明，周期、频率和角频率都是说明正弦量变化快慢的物理量；三个量中知道一个，便可以求出其他两个。

6.1.4　相位、初相、相位差

在式（6.6）中，随时间变化的角度（$\omega t + \varphi_i$）称为正弦量的相位或相位角，它反映了正弦量随时间变化的进程。其中，φ_i 是正弦量在 $t = 0$ 时的相位，称为初相，其单位用弧度或度来表示，取值范围为 $|\varphi_i| \leqslant \pi$。

在正弦交流电路中，两个同频率正弦量的相位之差称为相位差，用字母 φ 表示。例如，设两个同频率的正弦量为

$$i = I_{\mathrm{m}}\cos(\omega t + \varphi_i)$$
$$u = I_{\mathrm{m}}\cos(\omega t + \varphi_u)$$

则它们的相位差 φ 为

$$\varphi = (\omega t + \varphi_u) - (\omega t + \varphi_i) = \varphi_u - \varphi_i \qquad (6.9)$$

可见，两个同频率正弦量的相位差等于它们的初相之差，通常情况下，$|\varphi| \leqslant \pi$。

相位差的存在表示两个同频率正弦量的变化进程不同，根据 φ 的不同有以下几种变化进程：

（1）当 $\varphi > 0$ 即 $\varphi_u > \varphi_i$ 时，在相位上电压 u 比电流 i 先达到最大值，称电压超前电流 φ，或称电流滞后电压 φ，如图 6.2（a）所示；

（2）当 $\varphi = 0$ 即 $\varphi_u = \varphi_i$ 时，表示两个正弦量的变化进程相同，称电压 u 与电流 i 同相，如图 6.2（b）所示；

（3）当 $\varphi = \pm \pi$ 时，表示两个正弦量的变化进程相反，称电压 u 与电流 i 反相，如图 6.2（c）所示；

（4）当 $\varphi = \pm \pi/2$ 时，表示两个正弦量的变化进程相差 90°，称电压 u 与电流 i 正交，如图 6.2（d）所示。

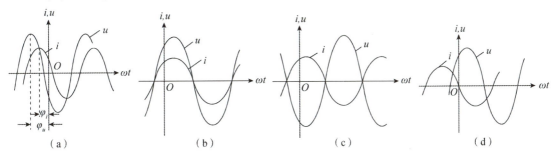

图 6.2　两个同频率正弦量的相位关系
（a）$\varphi > 0$；（b）$\varphi = 0$；（c）$\varphi = \pm\pi$；（d）$\varphi = \pm\pi/2$

应当注意，以上关于相位关系的讨论，只是针对相同频率的正弦量而言的；两个不同频

率的正弦量的相位差是随时间变化的，不是常数，因此讨论其相位关系是没有意义的。

【例6.1】已知正弦电压 $u(t)$ 的振幅 $U_m = 100\text{ mV}$，初相 $\varphi_u = -45°$，周期 $T = 1\text{ ms}$，试写出 $u(t)$ 的函数表达式，并绘出它的波形。

解： 由已知条件求得正弦电压 $u(t)$ 的三要素：

振幅 $U_m = 100\text{ mV}$；

角频率 $\omega = \dfrac{2\pi}{T} = \dfrac{2\pi}{10^{-3}} = 2\,000\pi\text{ rad/s}$；

初相 $\varphi_u = -45°$。为方便波形图绘制，初相常以 rad 为单位，这时有 $\varphi_u = -\dfrac{\pi}{4}\text{ rad}$。

将求得的三要素代入式(6.2)得

$$u(t) = 100\cos\left(2\,000\pi t - \frac{\pi}{4}\right)(\text{mV})$$

画 $u(t)$ 波形时，横坐标变量用 t 或 ωt，相应波形分别如图6.3(a)、(b)所示。

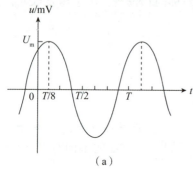
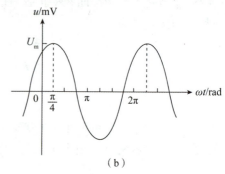

（a）　　　　　　　　　　　　　（b）

图6.3　例6.1图
（a）横坐标为 t；（b）横坐标为 ωt

由于电压初相为负，所以波形图中距纵轴最近的电压最大值出现在坐标原点的右侧。图(b)中，该最大值发生在 $\omega t = |\varphi_u| = \dfrac{\pi}{4}\text{ rad}$ 处。而在图(a)中，最大值发生在 $t = \dfrac{|\varphi_u|}{\omega} = \dfrac{T}{8}$ 处。

【例6.2】已知正弦电流 i_1、i_2 和正弦电压 u_3 分别为

$$i_1(t) = 5\cos\left[\omega(t+1)\right](\text{A})$$
$$i_2(t) = -10\cos(\omega t + 45°)(\text{A})$$
$$u_3(t) = 15\sin(\omega t + 60°)(\text{V})$$

其中，$\omega = \dfrac{\pi}{6}\text{ rad/s}$。试比较 i_1 与 i_2、u_3 间的相位关系。

解： 比较两个正弦量的相位关系时，除要求它们具有相同的计时零点的角频率外，还应该注意各正弦量均要用余弦函数表示，其初相要用统一的单位，以及正弦量瞬时表达式前面负号对初相的影响。由于

$$i_1(t) = 5\cos(\omega t + \omega) = 5\cos\left(\omega t + \frac{\pi}{6}\right) = 5\cos(\omega t + 30°)(\text{A})$$

$$i_2(t) = -10\cos(\omega t + 45°) = 10\cos(\omega t - 135°)(\text{A})$$

$$u_3(t) = 15\sin(\omega t + 60°) = 15\cos(\omega t - 30°)\,(\mathrm{V})$$

若选 $t=0$ 为各正弦量的共同计时零点，则 i_1 与 i_2 间的相位差为

$$\varphi_{12} = 30° - (-135°) = 165°$$

i_1 与 u_3 间的相位差为

$$\varphi_{13} = 30° - (-30°) = 60°$$

也就是说，电流 i_1 超前电流 i_2 的角度为 $165°$，电流 i_1 超前电压 u_3 的角度为 $60°$。

6.2　正弦量的相量表示

由于一个正弦量由幅值、频率和初相三要素来确定，所以要完整描述一个正弦量只要把这三要素表示清楚就可以了。表示正弦量的形式有多种，可以用三角函数表达式表示，如式(6.1)和式(6.2)，也可以用波形图表示。在对电路进行定量分析计算时，波形图显然不方便，而用三角函数表达式表示正弦量时，要借助三角函数运算，烦琐复杂。为此，引入相量表示法，用复数来表示正弦量，把正弦量的计算问题，转化为复数的运算，从而大大简化运算。

6.2.1　复数及其运算

复数可以有多种表示形式，设复数为 A，则可以表示为

$$A = a + b\mathrm{j} \tag{6.10}$$

该式称为代数式，式中的 $\mathrm{j} = \sqrt{-1}$ 为虚数单位。

设一个复平面的横坐标为实轴，纵坐标为虚轴。可以把复数用一个相量在复平面上表示出来，复平面上的复数如图 6.4 所示。A 在实轴的投影 a 称为实部；在虚轴的投影 b 称为虚部；与实轴的正半轴夹角 φ 为该复数的辐角，该相量的长度 $|A|$ 称为复数 A 的模。

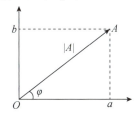

图 6.4　复平面上的复数 A

由图 6.4 可见，$a = |A|\cos\varphi$，$b = |A|\sin\varphi$。把 a、b 代入式(6.10)中，有

$$A = |A|(\cos\varphi + \mathrm{j}\sin\varphi)$$

称该式为复数的三角函数式，并且有

$$|A| = \sqrt{a^2 + b^2},\ \tan\varphi = \frac{b}{a},\ \varphi = \arctan\frac{b}{a}$$

根据欧拉公式 $\mathrm{e}^{\mathrm{j}\varphi} = \cos\varphi + \mathrm{j}\sin\varphi$，复数的三角函数式改写成

$$A = |A|\mathrm{e}^{\mathrm{j}\varphi}$$

称该式为复数的指数式，也可以简写成

$$A = |A| \angle \varphi$$

称为复数的极坐标式。

复数的代数式、三角函数式、指数式及极坐标式之间可以互相转换。在一般情况下，复数的加减运算用代数式进行；复数的乘除运算用指数式或极坐标式进行。

在进行复数相加减时，实部和实部相加（减）等于和（差）的实部，虚部和虚部相加（减）等于和（差）的虚部。

设两个复数为

$$A = a_1 + jb_1, \quad B = a_2 + jb_2$$

则

$$A \pm B = (a_1 \pm a_2) + j(b_1 \pm b_2)$$

复数的加减运算也可在复平面上用平行四边形法则、三角形法则作图完成。图 6.5(a) 所示为复数的加法运算，图 6.5(b) 所示为复数的减法运算。

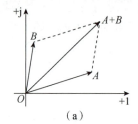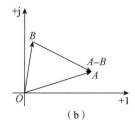

图 6.5 复数的加减法运算
(a)加法运算；(b)减法运算

【例 6.3】已知复数 $A = 10\angle30°$，$B = 20\angle45°$，求 A+B。

解：$A + B = 10\cos 30° + j10\sin 30° + 20\cos 45° + j20\sin 45°$

$$= 8.66 + j5 + 14.14 + j14.14$$

$$= 22.8 + j19.14$$

$$= 29.77\angle40°$$

复数相乘（相除）采用复数的指数形式或极坐标形式进行，即复数相乘（相除）时，模相乘（相除），辐角相加（相减）。

设两个复数为

$$A = a_1 + jb_1 = |A| \angle \varphi_1, \quad B = a_1 + jb_1 = |B| \angle \varphi_2$$

则

$$AB = |A| \angle \varphi_1 \times |B| \angle \varphi_2 = |A||B| \angle (\varphi_1 + \varphi_2)$$

$$\frac{A}{B} = \frac{|A| \angle \varphi_1}{|B| \angle \varphi_2} = \frac{|A|}{|B|} \angle (\varphi_1 - \varphi_2)$$

【例 6.4】已知复数 $A = 6 + j8$，$B = 3 - j4$，求 AB 和 A/B。

解：$A = 6 + j8 = 10\angle53.13°$，$B = 3 - j4 = 5\angle -53.13°$，则

$$AB = 10\angle53.13° \times 5\angle -53.13° = 50\angle(53.13° - 53.13°) = 50$$

$$\frac{A}{B} = \frac{10\angle53.13°}{5\angle -53.13°} = 2\angle(53.13° + 53.13°) = 2\angle106.26°$$

6.2.2   正弦量的相量表示概述

对于任意一个正弦量,都能找到一个与之相对应的复数,由于这个复数与一个正弦量相对应,所以把这个复数称为相量。以极坐标表示法为例,用复数的模表示正弦量的大小,用复数的辐角表示正弦量的初相,在大写字母上加一点用来表示正弦量的相量。例如,电流、电压和电动势,最大值相量符号分别为 $\dot{I}_m$、$\dot{U}_m$、$\dot{E}_m$;有效值相量符号分别为 $\dot{I}$、$\dot{U}$、$\dot{E}$。

对于正弦量 $i = I_m\cos(\omega t + \varphi_i)$,有

$$\dot{I} = I\angle\varphi_i$$

它包含了正弦量三要素中的两个要素——有效值(大小)和初相(计时起点),没有体现频率(变化快慢)这一要素。一个实际的线性正弦稳态电路,它的频率取决于激励源的频率,因此,在电路中各处的频率相等且保持不变,故用相量来表示正弦量,并对正弦稳态电路进行分析计算是合理的。用相量表示正弦量,虽然它与正弦量有一一对应的关系,但相量不等于正弦量,如 $\dot{I}$ 表示正弦电流 i,但不能写成 $\dot{I} = i$。

【例 6.5】 已知正弦电流 $i_1 = 10\sqrt{2}\cos(\omega t + 36.8°)$(A),$i_2 = 10\sqrt{2}\sin(\omega t + 53.2°)$(A),试求 $i = i_1 + i_2$。

解: i_1 对应的有效值相量为

$$\dot{I}_1 = 10\angle 36.8° = (8 + j6)\,(A)$$

i_2 对应的有效值相量为

$$\dot{I}_2 = 10\angle 53.2° = (6 + j8)\,(A)$$

i 对应的有效值相量为

$$\dot{I} = \dot{I}_1 + \dot{I}_2 = 14 + j14 = 14\sqrt{2}\angle 45°\,(A)$$

对应的正弦量为

$$i = 28\sin(\omega t + 45°)\,(A)$$

在对多个同频率的正弦量进行运算时,同样可以转换成对应相量的代数运算,如基尔霍夫定律的相量表达式为

$$\sum i = 0 \rightarrow \sum \dot{I} = 0, \quad \sum u = 0 \rightarrow \sum \dot{U} = 0$$

在进行电路的分析计算时要注意,正弦交流量的瞬时值表达式和相量表达式都满足基尔霍夫定律,但有效值和最大值不满足这一定律。

6.2.3   相量图

将正弦量的相量画在复平面上就成为相量图。当几个正弦量为同频率时,可以画在同一相量图中。例如 $\dot{I}_1 = 2\angle 30°$ A,$\dot{I}_2 = 3\angle 70°$ A,$\dot{U} = 2.5\angle -45°$ V,将它们画在同一个相量图中,如图 6.6 所示,图中的坐标可以省略。也可以利用相量图进行正弦量的加减运算,方法与复数的运算相同。当几个正弦量的频率不相同时,它们的相位关系不定,不能表示在同一相量图中。

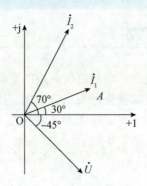

图 6.6　正弦量的相量图

6.3　单一参数正弦交流电路中电压与电流的关系

在正弦稳态电路中，电阻、电感、电容元件的电压、电流都是同频率的正弦量。为了适应使用相量对正弦稳态电路进行分析，将元件的伏安关系表示为相量形式。

6.3.1　电阻元件伏安关系的相量形式

图 6.7(a)所示为仅含电阻元件的交流电路。设在关联参考方向下，任意瞬间在电阻 R 两端施加的电压为

$$u_R = \sqrt{2}\,U_R\sin \omega t$$

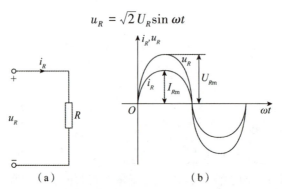

图 6.7　仅含有电阻元件的交流电路与波形

(a)电路；(b)波形

根据欧姆定律，通过电阻 R 的电流为

$$i_R = \frac{u_R}{R} = \frac{\sqrt{2}\,U_R\sin \omega t}{R} = \sqrt{2}\,I_R\sin \omega t \tag{6.11}$$

因此，在电阻元件的正弦交流电路中，通过电阻的电流 i_R 与其电压 u_R 是同频率、同相位的两个正弦量，其波形如图 6.7(b)所示；且电压与电流的瞬时值、有效值、最大值之间均符合欧姆定律。

用相量的形式来分析电阻电路时，其相量模型如图 6.8(a)所示。将电阻元件的电压和

电流用相量形式表示有

$$\dot{U}_R = U_R \angle 0°$$

$$\dot{I}_R = I_R \angle 0° = \frac{U_R}{R} \angle 0° = \frac{\dot{U}_R}{R} \qquad (6.12)$$

式(6.12)是电阻元件伏安关系的相量形式，即电阻电路中欧姆定律的相量形式。由此可看出，电阻电路的电压和电流同相，其相量图如图 6.8(b)所示。

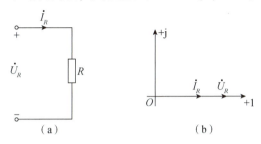

图 6.8　电阻元件的相量关系
(a)相量模型；(b)相量图

6.3.2　电感元件伏安关系的相量形式

图 6.9(a)所示为仅含有电感元件的交流电路。设任意瞬时，电压 u_L 和电流 i_L 在关联参考方向下的关系为

$$u_L = L \frac{\mathrm{d}i_L}{\mathrm{d}t} \qquad (6.13)$$

设电流为参考相量，即 $i_L = \sqrt{2}I_L \cos \omega t$，则有

$$u_L = L \frac{\mathrm{d}i_L}{\mathrm{d}t} = -\sqrt{2}\,\omega L I_L \sin \omega t = \sqrt{2}\,\omega L I_L \cos(\omega t + 90°) \qquad (6.14)$$

式中，$u_L = \omega L I_L = X_L I_L$ 或 $u_{Lm} = \omega L I_{Lm} = X_L I_{Lm}$，其中，

$$X_L = \frac{U_L}{I_L} = \omega L \qquad (6.15)$$

这里，X_L 称为电感元件的电抗，简称感抗，单位为欧姆(Ω)。

由式(6.13)和式(6.14)可以看出，当正弦电流通过电感元件时，在电感上产生一个同频率的、相位超前电流 90°的正弦电压，其波形如图 6.9(b)所示。

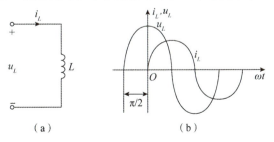

图 6.9　仅含有电感元件的交流电路与波形
(a)电路；(b)波形

式(6.15)表明,电感元件端电压和电流的有效值之间符合欧姆定律。

用相量形式来分析电感电路时,其相量模型如图 6.10(a)所示。由式(6.13)和式(6.14)可以写出电感元件电流和电压的相量形式分别为

$$\dot{I}_L = I_L \angle 0°$$

和

$$\dot{u}_L = \omega L I_L \angle 90° = jX_L \dot{I}_L \qquad (6.16)$$

式(6.16)就是电感元件伏安关系的相量形式,即电感电路欧姆定律的相量形式,其相量图如图 6.10(b)所示。

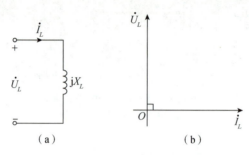

图 6.10 电感元件的相量关系
(a)相量模型;(b)相量图

6.3.3 电容元件伏安关系的相量形式

图 6.11(a)所示为仅含有电容元件的交流电路。设任意瞬时,电压 u_C 和电流 i_C 在关联参考方向下的关系为

$$i_C = C \frac{\mathrm{d}u_C}{\mathrm{d}t}$$

设电压为参考相量,即

$$u_C = \sqrt{2} U_C \cos \omega t \qquad (6.17)$$

则有

$$i_C = C \frac{\mathrm{d}u_C}{\mathrm{d}t} = -\sqrt{2} \omega C U_C \sin \omega t = \sqrt{2} \omega C U_C \cos(\omega t + 90°) \qquad (6.18)$$

式中, $\omega C U_C = I_C$, 故

$$\frac{U_C}{I_C} = \frac{1}{\omega C} = \frac{1}{2\pi fC} = X_C \qquad (6.19)$$

式中, X_C 为电容的电抗,简称容抗,单位为欧姆(Ω)。

由式(6.17)和式(6.18)可以看出,当电容元件两端施加正弦电压时,在电容上产生一个同频率的、相位超前电压90°的正弦电流,其波形如图 6.11(b)所示。

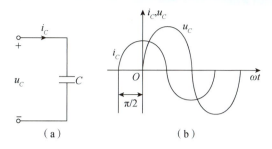

图 6.11　仅含有电容元件的交流电路与波形
(a)电路；(b)波形

式(6.19)表明，电容元件端电压和电流的有效值之间符合欧姆定律。

用相量的形式来分析电容电路时，其相量模型如图 6.12(a)所示。由式(6.17)和式(6.18)可以写出电容元件电压和电流的相量形式分别为

$$\dot{U}_C = U_C \angle 0°$$

$$\dot{I}_C = \omega C U_C \angle 90° = \frac{\dot{U}_C}{-j\dfrac{1}{\omega C}} = \frac{\dot{U}_C}{-jX_C} \quad \text{或} \quad \dot{U}_C = -jX_C \dot{I}_C \qquad (6.20)$$

式(6.20)就是电容元件伏安关系的相量形式，即电容电路欧姆定律的相量形式，其相量图如图 6.12(b)所示。

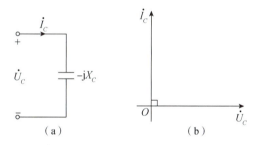

图 6.12　电容元件的相量关系
(a)相量模型；(b)相量图

6.4　阻抗与导纳

6.4.1　阻抗

电路如图 6.13(a)所示，若以电流 i 为参考相量，即

$$i = \sqrt{2}I\cos \omega t$$

则根据 KVL 有

$$u = u_R + u_L + u_C$$

对应的相量形式为

$$\dot{U} = \dot{U}_R + \dot{U}_L + \dot{U}_C \tag{6.21}$$

其相量模型如图 6.13(b)所示。

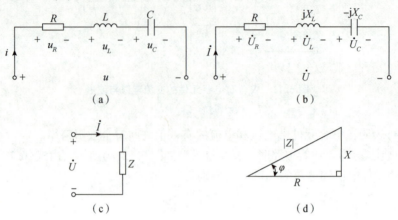

图 6.13　阻抗

将 $\dot{U}_R = R\dot{I}$、$\dot{U}_L = j\omega L\dot{I}$ 和 $\dot{U}_C = -j\dfrac{1}{\omega C}\dot{I}$ 代入式(6.21)中，得

$$\dot{U} = \left[R + j\left(\omega L - \frac{1}{\omega C}\right)\right]\dot{I}$$

$$\dot{U} = Z\dot{I} \tag{6.22}$$

式中，

$$Z = R + j\left(\omega L - \frac{1}{\omega C}\right) = R + j(X_L - X_C) = R + jX = |Z|\angle\varphi \tag{6.23}$$

式(6.23)为正弦交流电路中欧姆定律的相量形式。Z 称为 RLC 串联电路的复阻抗，简称阻抗，如图 6.13(c)所示，单位为欧姆(Ω)；$|Z|$ 为阻抗的阻抗值，单位为欧姆(Ω)；X 称为电抗，单位为欧姆(Ω)；φ 称为阻抗角。由式(6.23)可知

$$|Z| = \sqrt{R^2 + X^2} = \sqrt{R^2 + \left(\omega L - \frac{1}{\omega C}\right)^2} \tag{6.24}$$

$$\varphi = \arctan\frac{X}{R} = \arctan\frac{\omega L - \dfrac{1}{\omega C}}{R} \tag{6.25}$$

由式(6.22)可得

$$Z = \frac{\dot{U}}{\dot{I}} = \frac{U\angle\varphi_u}{I\angle\varphi_i} = |Z|\angle(\varphi_u - \varphi_i) = |Z|\angle\varphi \tag{6.26}$$

式中，$\varphi = \varphi_u - \varphi_i$，可见阻抗角 φ 也是电压和电流的相位差。

由式(6.23)可以看出，阻抗的实部是电阻 R，虚部是电抗 X。这里要注意，阻抗虽然是复数，但它不是时间的函数，所以不是相量，因此 Z 的上面没有"·"。

由式(6.24)和式(6.25)可以看出，阻抗 Z 仅由电路的参数及电源的频率决定，与电压、电流的大小无关。

若 $X_L > X_C$，则 $X > 0$，$\varphi > 0$，电压超前电流，电路呈感性，如图 6.14(a)所示。

若 $X_L < X_C$，则 $X < 0$，$\varphi < 0$，电压滞后电流，电路呈容性，如图 6.14(b)所示。

若 $X_L = X_C$，则 $X = 0$，$\varphi = 0$，电压与电流同相位，电路呈电阻性，如图 6.14(c)所示。

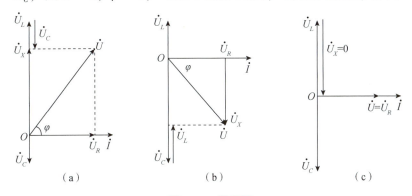

图 6.14　相量图

(a)感性；(b)容性；(c)电阻性

单一的电阻、电感、电容可视为阻抗的特例，它们的阻抗分别为 $Z = R$、$Z = j\omega L$、$Z = -j\dfrac{1}{\omega C}$。根据式(6.23)，$R$、$X$、$|Z|$ 之间的关系可以用一个直角三角形表示，这个三角形称为阻抗三角形，如图 6.13(d)所示。R、Z、X、X_L、X_C 的单位为欧姆(Ω)。

6.4.2　导纳

阻抗的倒数定义为复导纳，简称导纳，用 Y 表示：

$$Y = \frac{1}{Z} = \frac{\dot{I}}{\dot{U}} = \frac{I}{U} \angle (\varphi_i - \varphi_u) = |Y| \angle \varphi' \tag{6.27}$$

$$Y = |Y|\cos \varphi' + j|Y|\sin \varphi' \tag{6.28}$$

式中，$|Y| = \dfrac{I}{U}$ 为导纳的模；$\varphi' = \varphi_i - \varphi_u$ 为导纳角。

若 $G = |Y|\cos \varphi'$，$B = |Y|\sin \varphi'$，则导纳 Y 的代数形式可写为

$$Y = G + jB \tag{6.29}$$

式中，Y 的实部 G 为电导，虚部 B 为电纳。

对于单个元件 R、L、C，它们的导纳分别为

$$Y_R = G = \frac{1}{R}, \quad Y_L = \frac{1}{j\omega L} = -j\frac{1}{\omega L}, \quad Y_C = j\omega C$$

式中，$\dfrac{1}{\omega L} = B_L$ 称为感纳；$\omega C = B_C$ 称为容纳。

如果二端网络为 RLC 并联电路，如图 6.15(a)所示，那么其导纳为

$$Y = \frac{\dot{I}}{\dot{U}}$$

根据 KCL 得

$$\dot{I} = \dot{I}_1 + \dot{I}_2 + \dot{I}_3$$

$$\dot{I}_1 = \frac{\dot{U}}{R}, \quad \dot{I}_2 = \frac{\dot{U}}{j\omega L}, \quad \dot{I}_3 = j\omega C \dot{U}$$

$$\dot{I} = \left(\frac{1}{R} + \frac{1}{j\omega L} + j\omega C \right) \dot{U}$$

$$Y = \frac{1}{R} + \frac{1}{j\omega L} + j\omega C = \frac{1}{R} + j\left(\omega C - \frac{1}{\omega L} \right) \tag{6.30}$$

Y 的实部是电导 $G = \dfrac{1}{R}$，虚部是电纳 $B = \omega C - \dfrac{1}{\omega L} = B_C - B_L$。$Y$ 的模和导纳角分别为

$$|Y| = \sqrt{G^2 + B^2}, \quad \varphi' = \arctan\left(\frac{\omega C - \dfrac{1}{\omega L}}{G} \right) \tag{6.31}$$

当 $B > 0$ 即 $\omega C > \dfrac{1}{\omega L}$ 时，Y 呈容性；当 $B < 0$ 即 $\omega C < \dfrac{1}{\omega L}$ 时，Y 呈感性。

显然，$Y = \dfrac{1}{Z}$，$\varphi' = -\varphi$；导纳三角形如图 6.15(b) 所示，G、Y、B、B_L、B_C 的单位为西门子(S)。

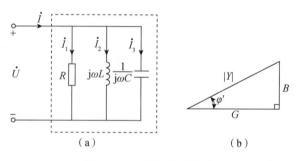

图 6.15   二端网络的导纳

(a) 二端网络；(b) 导纳三角形

6.5   阻抗与导纳的串并联

与电阻的串并联类似，在有 n 个阻抗串联时，阻抗串联电路如图 6.16 所示，等效阻抗 Z 等于 n 个串联的阻抗之和，即

$$Z = Z_1 + Z_2 + \cdots + Z_n$$

对于两个阻抗串联，与两个电阻串联类似。根据分压公式，每个阻抗上分得的电压分别为

$$\dot{U}_1 = \frac{Z_1}{Z_1 + Z_2} \dot{U}$$

$$\dot{U}_2 = \frac{Z_2}{Z_1 + Z_2} \dot{U}$$

在有 n 个阻抗并联时，阻抗并联电路如图 6.16 所示。等效阻抗 Z 的倒数等于 n 个并联的阻抗倒数之和，即

$$\frac{1}{Z} = \frac{1}{Z_1} + \frac{1}{Z_2} + \cdots + \frac{1}{Z_n}$$

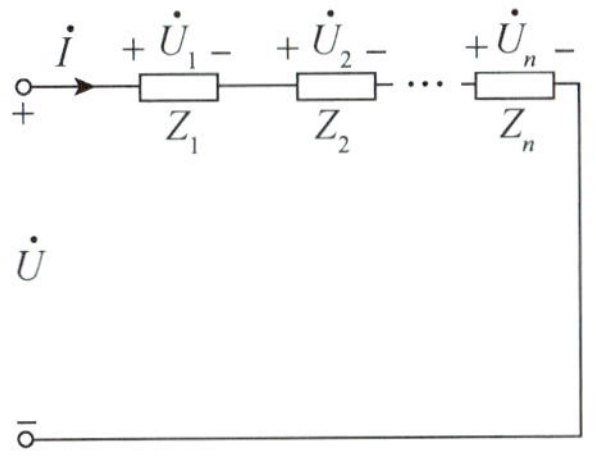

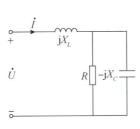

图 6.16　阻抗串联电路

等效导纳等于并联 n 个导纳之和，即

$$Y = Y_1 + Y_2 + \cdots + Y_n$$

式中，$Y_1 = \dfrac{1}{Z_1}$，$Y_2 = \dfrac{1}{Z_2}$，$\cdots$，$Y_n = \dfrac{1}{Z_n}$。

在两个阻抗并联的情况下，等效阻抗为

$$Z = \frac{Z_1 Z_2}{Z_1 + Z_2}$$

根据分流公式有

$$\dot{I}_1 = \frac{Z_2}{Z_1 + Z_2} \dot{I}$$

$$\dot{I}_2 = \frac{Z_1}{Z_1 + Z_2} \dot{I}$$

【例 6.6】二端网络如图 6.17 所示，已知电阻 15 Ω，感抗 35 Ω，容抗 25 Ω。求端口的等效阻抗。

图 6.17　例 6.6 图

解：设电阻和电容并联部分的导纳为 Y_1，则

$$Y_1 = \frac{1}{R} + \mathrm{j}\frac{1}{X_C} = \frac{1}{15} + \mathrm{j}\frac{1}{25} = 0.078\angle 31°$$

$$Z_1 = \frac{1}{Y_1} = 12.8\angle -31° = 10.97 - \mathrm{j}6.25$$

$$Z = Z_1 + \mathrm{j}X_L = 30.5\angle 68.9°$$

6.6 正弦稳态电路的分析

在直流电路的部分，介绍了很多分析电路的方法（如网孔电流法、结点电压法等）和一些定理（如叠加定理等），这些在交流电路中仍然适用。

【例 6.7】电路如图 6.18（a）所示。已知电源电压为 20 V，频率为 500 Hz，$R_1 = 40\ \Omega$，$R_2 = 30\ \Omega$，$C = 8\ \mu F$。求各支路中的电流和总电流，并画出相量图。

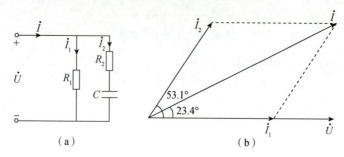

图 6.18 例 6.7 图

（a）电路；（b）相量图

解：设电压的初相为零，则 $\dot{U} = 20\angle 0°\ V$，于是

$$X_C = \frac{1}{2\pi f C} = \frac{1}{3\ 140 \times 8 \times 10^{-6}}\Omega \approx 40\ \Omega$$

$$\dot{I}_1 = \frac{\dot{U}}{R_1} = \frac{20\angle 0°}{40}\ A = 0.5\angle 0°\ A$$

$$\dot{I}_2 = \frac{\dot{U}}{R_2 - jX_C} = \frac{20\angle 0°}{30 - j40}\ A \approx 0.4\angle 53.1°\ A$$

$$\dot{I} = \dot{I}_1 + \dot{I}_2 = (0.5 + 0.4\angle 53.1°)\ A \approx 0.8\angle 23.4°\ A$$

相量图如图 6.18（b）所示。

【例 6.8】电路如图 6.19 所示。已知 $u_S = 10\sqrt{2}\sin 10\ 000t\ (V)$，$C = 400\ \mu F$，$L = 0.04\ mH$，$R_1 = R_2 = 1\ \Omega$，求各个结点电压。

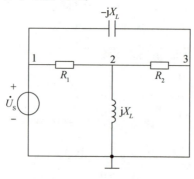

图 6.19 例 6.8 图

解：由已知 $\dot{U}_S = 10\angle0°$ V，设各个结点的电压分别为 $\dot{U}_1$、$\dot{U}_2$、$\dot{U}_3$，用结点电压法列方程如下：

$$\dot{U}_1 = \dot{U}_S = 10\angle0°$$

$$-\frac{1}{R_1}\dot{U}_1 + \left(\frac{1}{R_1} + \frac{1}{R_2} + \frac{1}{j\omega L}\right)\dot{U}_2 - \frac{1}{R_1}\dot{U}_3 = 0$$

$$-j\omega C\,\dot{U}_1 - \frac{1}{R_2}\dot{U}_2 + \left(\frac{1}{R_2} + \frac{1}{R_3} + j\omega C\right)\dot{U}_3 = 0$$

$$\omega C = 10\,000 \times 400 \times 10^{-6} = 4\,(\text{S})$$

$$\omega L = 10\,000 \times 0.04 \times 10^{-3} = 0.4\,(\Omega)$$

$$\frac{1}{\omega L} = 2.5\,(\text{S})$$

代入数据解得

$$\dot{U}_1 = 10\angle0°\,(\text{V})$$

$$\dot{U}_2 = 2.8 + j5.5 = 6.18\angle63°\,(\text{V})$$

$$\dot{U}_3 = 9.4 + j4.0 = 10.12\angle23°\,(\text{V})$$

写出表达式如下：

$$u_1 = 10\sqrt{2}\sin 10\,000t\,(\text{V})$$

$$u_2 = 6.18\sqrt{2}\sin(10\,000t + 63°)\,(\text{V})$$

$$u_3 = 10.12\sqrt{2}\sin(10\,000t + 23°)\,(\text{V})$$

【例 6.9】 电路如图 6.20 所示。已知 $\dot{U}_S = 80\angle0°$ V，$f = 50$ Hz，当 Z_L 改变时，I_L 有效值不变，为 10 A。试确定参数 L 和 C 的值。

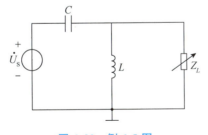

图 6.20   例 6.9 图

解：

$$Z_1 = jX_L /\!/ Z_L = \frac{jX_L Z_L}{Z_L + jX_L}$$

根据分压公式，Z_L 上的电压 $\dot{U}_Z$ 为

$$\dot{U}_Z = \frac{Z_1}{Z_1 - jX_C}\dot{U}_S = \frac{\dfrac{jX_L Z_L}{Z_L + jX_L}}{-jX_C + \dfrac{jX_L Z_L}{Z_L + jX_L}}\dot{U}_S$$

$$\dot{I}_L = \frac{\dot{U}_Z}{Z_L} = \frac{\dfrac{jX_L Z_L}{Z_L + jX_L}}{-jX_C + \dfrac{jX_L Z_L}{Z_L + jX_L}} \cdot \dot{U}_S \cdot \frac{1}{Z_L}$$

$$\dot{I}_L = \frac{jX_L}{X_L X_C + jZ_L(X_L - X_C)} \cdot \dot{U}_S$$

可见，只有当 $X_L = X_C$ 时，$\dot{I}_L$ 才与负载阻抗 Z_L 无关，此时有

$$\dot{I}_L = \frac{\dot{U}_S}{-jX_C}$$

$$X_C = \frac{U_S}{I_L} = \frac{80}{10} = 8(\Omega) = X_L$$

所以

$$C = \frac{1}{8 \times 314} = 398.09(\mu F)$$

$$L = \frac{8}{314} = 25.48(mH)$$

二维码 6-2 正弦稳态电路的相量图解法

6.7 正弦稳态电路的功率

6.7.1 二端网络的功率

1. 瞬时功率

图 6.21 所示为含有 R、L、C 的无源二端网络，端口电压 u 和端口电流 i 的参考方向如图中所示。

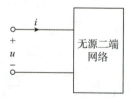

图 6.21 无源二端网络

设 $u(t) = \sqrt{2}U\cos(\omega t + \varphi_u)$，$i(t) = \sqrt{2}I\cos(\omega t + \varphi_i)$，则瞬时功率为

$$p(t) = u(t)i(t) = 2UI\cos(\omega t + \varphi_u)\cos(\omega t + \varphi_i)$$

根据三角函数公式：$\cos\alpha\cos\beta = \dfrac{1}{2}\left[\cos(\alpha - \beta) + \cos(\alpha + \beta)\right]$，故得

$$p(t) = UI\cos(\varphi_u - \varphi_i) + UI\cos(2\omega t + \varphi_u + \varphi_i)$$

瞬时功率用 p 表示，单位为 W（瓦）。

2. 有功功率

瞬时功率在一个周期内的平均功率称为平均功率或有功功率，用 P 表示，即

$$P = \frac{1}{T}\int_0^T p\,\mathrm{d}t = \frac{1}{T}\int_0^T \left[UI\cos(\varphi_u - \varphi_i) + UI\cos(2\omega t + \varphi_u + \varphi_i)\right]\mathrm{d}t = UI\cos(\varphi_u - \varphi_i) = UI\cos\varphi$$

$$\tag{6.32}$$

式中，U、I 分别是正弦稳态电路中电压、电流的有效值；φ 为电压与电流的相位差。

可见，正弦稳态电路的有功功率不仅与电压和电流的有效值有关，而且与它们的相位差 φ 有关。φ 又称功率因数角，因此，$\cos\varphi$ 称为功率因数，用 λ 表示，它是交流电路中一个非常重要的指标。有功功率的单位为 W（瓦）。

3. 无功功率

在正弦稳态电路中，元件不仅相互之间要进行能量转换，而且还要与电源之间进行能量的交换，电感和电容与电源之间进行能量的交换规模的大小用无功功率来衡量。无功功率用 Q 表示，单位为 var（乏）或 kvar（千乏），其表达式为

$$Q = UI\sin\varphi \tag{6.33}$$

4. 视在功率

在交流电路中，电气设备是根据其发热情况（电流的大小）的耐压（电压的最大值）来设计使用的，通常将电压和电流有效值的乘积定义为视在功率（设备的容量），用 S 表示，单位为 V·A（伏安），其表达式为

$$S = UI = |Z|I^2 \tag{6.34}$$

5. 功率三角形

由式（6.32）、式（6.33）和式（6.34）可以看出 $S = \sqrt{P^2 + Q^2}$，因此，可以用直角三角形来表示有功功率 P、无功功率 Q、视在功率 S 之间的关系，如图 6.22 所示。

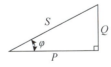

图 6.22　功率三角形

由图 6.22 得

$$\varphi = \arctan\frac{Q}{P}$$

【例 6.10】如图 6.23 所示，已知电压表的读数为 100 V，电流表的读数为 2 A，功率表的读数为 120 W，电源的频率 $f = 50$ Hz，求电阻 R 和电感 L 的值。

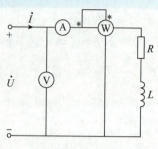

图 6.23　例 6.10 图

解：R 和 L 的串联阻抗为 $Z = R + j\omega L$，其模为

$$|Z| = \frac{U}{I} = \frac{100}{2} = 50 \ (\Omega)$$

由 $P = UI\cos\varphi = 100 \times 2\cos\varphi = 120$，得 $\cos\varphi = 0.6$，因此 $\sin\varphi = 0.8$，则

$$R = |Z|\cos\varphi = 50 \times 0.6 = 30 \ (\Omega)$$
$$\omega L = |Z|\sin\varphi = 50 \times 0.8 = 40 \ (\Omega)$$
$$L = \frac{40}{2\pi \times 50} = 127 \ (\text{mH})$$

6. 复功率

上面介绍了有功功率、无功功率和视在功率，三者之间的关系可以通过"复功率"来表述。

设某端口的电压相量为 $\dot{U}$，电流相量为 $\dot{I}$，且 $\dot{U}$ 与 $\dot{I}$ 为关联参考方向，复功率定义为

$$\bar{S} = \dot{U} \cdot \dot{I}^* = UI\angle(\varphi_u - \varphi_i)$$
$$= UI\cos\varphi + jUI\sin\varphi$$
$$= P + jQ$$

式中，$\dot{I}^*$ 是 $\dot{I}$ 的共轭复数；$\bar{S}$ 表示复功率，单位为 VA（伏安）。

应当注意，复功率 $\bar{S}$ 是一个辅助计算功率的复数，不代表正弦量，它适用于单个电路元件或任何一段电路。

6.7.2　电路基本元件的功率

1. 电阻元件的功率

对于单一电阻元件的电路，在分析功率关系时，为方便起见，可设电阻上的电流初相为零。因为电阻电压和电流同相，所以电流和电压分别为 $i = \sqrt{2}I\cos\omega t$ 及 $u = \sqrt{2}U\cos\omega t$。则任意瞬间电阻上的功率为 u、i 的乘积，称为瞬时功率，即

$$p = ui = \sqrt{2}U\cos\omega t \cdot \sqrt{2}I\cos\omega t$$
$$p = 2UI\cos^2\omega t = UI(1 + \cos 2\omega t)$$

从表达式可以看出，电阻上的瞬时功率是两倍于其电压（电流）的频率变化的正弦量，电阻功率波形如图 6.24 所示。可见，任意时刻电阻消耗的功率都不小于零，即 $p \geqslant 0$。因此，电阻元件是耗能元件。

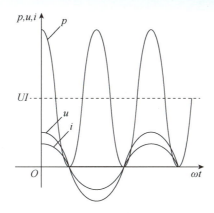

图 6.24　电阻功率波形

由于电阻上的瞬时功率是随时间周期性变化的，因此电阻消耗电能的大小可用有功功率来衡量，即

$$P = \frac{1}{T}\int_0^T p\,\mathrm{d}t = \frac{1}{T}\int_0^T UI(1 + \cos 2\omega t)\,\mathrm{d}t = UI$$

由于电阻的电压、电流有效值满足 $U = IR$，因此

$$P = I^2 R = \frac{U^2}{R} \qquad\qquad (6.35)$$

与直流电路功率一样，单位也是 W（瓦），常用单位还有 kW。值得注意的是，电气设备铭牌上标的额定功率，均是指它的有功功率。

【例 6.11】有两只白炽灯，灯泡上分别标有 220 V、60 W（分别为额定电压和额定功率）和 220 V、100 W，把它们接到电压为 $u = 220\sqrt{2}\sin 314t$（V）的交流电源上。分别求两个灯泡的等效电阻、电源电流，每个灯泡上电流的瞬时值表达式和电源发出的总功率。

解：当电气设备在工作时，为保证在额定电压下，通常对其进行并联连接，如日常的照明电路，各盏灯之间都是并联关系。两只灯泡并联后的电路如图 6.25 所示。

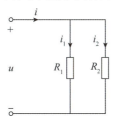

图 6.25　例 6.11 图

由式（6.35）求得

$$R_1 = \frac{U^2}{P_1} = \frac{220^2}{60} \approx 806.67\ (\Omega)$$

$$R_2 = \frac{U^2}{P_2} = \frac{220^2}{100} = 484\ (\Omega)$$

电源发出的总功率为

$$P = P_1 + P_2 = 160\ (\text{W})$$

由 $P = UI$ 求得电源电流的有效值为

$$I = \frac{P}{U} = \frac{160}{220} \approx 0.72 \ (\text{A})$$

又由于电流和电压同相位，所以电源电流为

$$i = 0.72\sqrt{2} \cos 314t \ (\text{A})$$

由分流公式，R_1 和 R_2 支路的电流分别为

$$i_1 = \frac{R_2}{R_1 + R_2} i \approx 0.27\sqrt{2} \cos 314t \ (\text{A})$$

$$i_2 = i - i_1 \approx 0.45\sqrt{2} \cos 314t \ (\text{A})$$

2. 电感元件的功率

对于单一电感元件的电路，不妨设电感电流初相为零，则电感电流、电压分别可以表示为 $i = \sqrt{2} I \cos \omega t$ 及 $u = \sqrt{2} U \cos(\omega t + 90°)$。瞬时功率 p 为

$$p = ui = \sqrt{2} U \cos(\omega t + 90°) \times \sqrt{2} I \cos \omega t = UI \cos[2(\omega t + 90°)]$$

由上式可知，电感的瞬时功率仍然是正弦量，它的频率是其对应电流（电压）频率的两倍，电感上功率的波形如图 6.26 所示。从波形上看出，在电流（电压）变化的一个周期中，第 1 个 1/4 周期 $p<0$，电感发出功率，将磁场能转换成电能；第 2 个 1/4 周期 $p>0$，电感吸收功率，电能转换成磁场能存储在电感中；第 3 个 1/4 周期 $p<0$，电感发出功率；第 4 个 1/4 周期 $p>0$，电感吸收功率。因此，在一个周期内，电感与它以外的电路之间进行两次能量交换。

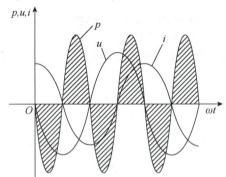

图 6.26 电感上功率的波形

电感不断与外电路之间进行能量交换，但不消耗电能。其有功功率为

$$P = \frac{1}{T} \int_0^T p \, \text{d}t = \frac{1}{T} \int_0^T UI \cos[2(\omega t + 90°)] \, \text{d}t = 0$$

尽管电感不消耗电能，但作为负载，与电源进行能量交换时，要占有电源的部分容量。衡量这种能量交换的最大速率，即瞬时功率的最大值的量为无功功率，即

$$Q_L = UI = I^2 X = \frac{U^2}{X} \tag{6.36}$$

3. 电容元件的功率

在单一电容元件的电路中，与电感电路一样，设电流初相为零，则电容电压、电流的表达式分别为 $u = \sqrt{2} U \cos(\omega t - 90°)$ 及 $i = \sqrt{2} I \cos \omega t$。瞬时功率为

$$p = ui = \sqrt{2} U \cos(\omega t - 90°) \times \sqrt{2} I \cos \omega t = -UI \sin[2(\omega t - 90°)]$$

可见，电容上瞬时功率也是两倍于电压或电流频率的正弦量，电容上功率的波形如图

6.27 所示。设电力的初相为零时，电容瞬时功率的波形与电感瞬时功率的波形相反，即在电流变化的一个周期中，第 1 个 1/4 周期 $p>0$，电容吸收功率；第 2 个 1/4 周期 $p<0$，电容发出功率；第 3 个 1/4 周期 $p>0$，电容吸收功率；第 4 个 1/4 周期 $p<0$，电容发出功率。因此，在一个周期内，电容与它以外的电路之间也进行两次能量交换。

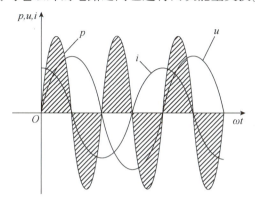

图 6.27　电容上功率的波形

与电感一样，电容不断与外电路之间进行能量交换，也不消耗电能。其有功功率为

$$P = \frac{1}{T}\int_0^T p\mathrm{d}t = \frac{1}{T}\int_0^T - UI\sin\left[2(\omega t - 90°)\right]\mathrm{d}t = 0$$

无功功率为

$$Q_C = -UI = -I^2 X = -\frac{U^2}{X} \tag{6.37}$$

由于无功功率并不是实际消耗掉了能量，而只是表示无功交换的能力，所以式 (6.37) 中的负号无实际意义，只是为了与感性无功相区别。

二维码 6-3　提高功率因数的方法及意义

6.8　最大功率传输定理

如图 6.28(a) 所示电路，含源二端网络 N_S 向负载 Z 传输功率，当传输的功率较小或不必计较传输效率时，常常要研究使负载获得最大功率的条件。根据戴维南定理，问题可以简化为图 6.28(b) 所示的等效电路进行研究。

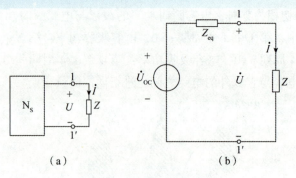

图 6.28　最大功率传输

设 $Z_{eq} = R_{eq} + jX_{eq}$, $Z = R + jX$, 则负载吸收的有功功率为

$$P = I^2R = \frac{U_{OC}^2 R}{(R + R_{eq})^2 + (X + X_{eq})^2}$$

如果 R 和 X 可以任意变动, 而其他参数不变, 那么获得最大功率的条件为

$$X + X_{eq} = 0$$

$$\frac{d}{dR}\left[\frac{(R + R_{eq})^2}{R}\right] = 0$$

解得 $X = -X_{eq}$, $R = R_{eq}$, 则获得最大功率的条件为

$$Z = R_{eq} - jX_{eq} = Z_{eq}^*$$

此时, 获得的最大功率为

$$P_{max} = \frac{U_{OC}^2}{4R_{eq}}$$

使用诺顿定理时, 获得最大功率的条件为

$$Y = Y_{eq}^*$$

上述获得最大功率的条件称为最佳匹配条件。

本章小结

　　线性时不变渐进稳定电路的正弦稳态响应, 可以通过求解这类电路微分方程的特解得到, 但过程繁复。以相量为"工具", 引入阻抗和导纳的概念, 画相量模型电路, 全面借鉴电阻电路中的各种分析方法, 大大简化了正弦稳态电路的分析过程, 人们将这种分析方法归纳总结为正弦稳态电路的相量分析法。本章主要掌握以下 6 项内容。

1. 正弦量的三要素和相量表示

正弦电流的数学表示式为

$$i(t) = I_m \cos(\omega t + \varphi_1) = \sqrt{2}I\cos(\omega t + \varphi_1)$$

式中，振幅 I_m（$I = \dfrac{1}{\sqrt{2}} I_m$，为有效值）、角频率 ω（f 为频率）和初相 φ_1 称为正弦电流的三要素。设两个频率相同的正弦电流 i_1 和 i_2，它们的初相分别为 φ_1 和 φ_2，那么这两个电流的相位差等于它们的初相之差，即

$$\varphi = \varphi_1 - \varphi_2$$

若 $\varphi > 0$，则表示 i_1 的相位超前 i_2；若 $\varphi < 0$，则表示 i_1 的相位滞后 i_2。

代表正弦量的相量有两种类型形式，如上述正弦电流的代表相量可写为

$$\dot{I}_m = I_m e^{j\varphi_1} = I_m \angle \varphi_1 \quad (振幅型相量)$$

$$\dot{I} = I e^{j\varphi_1} = I \angle \varphi_1 \quad (有效值型相量)$$

2. R、L、C 元件伏安特性相量形式

R、L、C 元件上电压与电流之间相量关系归纳如表 6.1 所示。这些关系是分析正弦问题电路的基础，应该很好地理解和掌握（设各元件上电压、电流参考方向关联）。

表 6.1　R、L、C 上电压与电流相量关系

元件名称	相量关系	有效值关系	相位关系	相量图
电阻(R)	$\dot{U}_R = R\dot{I}$	$U_R = RI$	$\varphi_u = \varphi_i$	
电感(L)	$\dot{U}_L = j\omega L \dot{I}$	$U_L = \omega L I$	$\varphi_u = \varphi_i + 90°$	
电容(C)	$\dot{U}_C = -j\dfrac{1}{\omega C}\dot{I}$	$U_C = \dfrac{1}{\omega C} I$	$\varphi_u = \varphi_i - 90°$	

3. 阻抗与导纳及其串、并联

一个无源二端正弦稳态电路可以用阻抗或导纳来表示，设无源二端电路端子上电压、电流参考方向关联，它的阻抗定义为

$$Z = \frac{\dot{U}_m}{\dot{I}_m} = \frac{\dot{U}}{\dot{I}} = |Z| \angle \varphi_Z$$

式中，

$$|Z| = \frac{U_m}{I_m} = \frac{U}{I} \quad (阻抗的模)$$

$$\varphi_Z = \varphi_u - \varphi_i \quad (阻抗角)$$

若 $\varphi_Z > 0$，则表示电压超前电流，阻抗呈电感性；若 $\varphi_Z < 0$，则表示电压滞后电流，阻抗呈电容性；若 $\varphi_Z = 0$，则表示电压与电流同相，阻抗呈电阻性。阻抗也可以表示成代数形式，即

$$Z = |Z| \angle \varphi_Z = R + jX$$

阻抗串、并联求等效阻抗、分压关系、分流关系，与电阻串、并联相应公式类同，这里不再重复。

无源二端正弦稳态电路的导纳定义为

$$Y = \frac{\dot{I}_m}{\dot{U}_m} = \frac{\dot{I}}{\dot{U}} = |Y| \angle \varphi_Y$$

式中，

$$|Y| = \frac{I_m}{U_m} = \frac{I}{U} \text{（导纳的模）}$$

$$\varphi_Y = \varphi_i - \varphi_u \text{（导纳角）}$$

若 $\varphi_Y > 0$，则表示电流超前电压，阻抗呈电容性；若 $\varphi_Y < 0$，则表示电流滞后电压，阻抗呈电感性；若 $\varphi_Y = 0$，则表示电压与电流同相，阻抗呈电阻性。导纳也可以表示成代数形式，即

$$Y = |Y| \angle \varphi_Y = G + jB$$

由阻抗与导纳的定义式可知，二者互为倒数关系，有

$$\begin{cases} Y = \dfrac{1}{Z} \\ |Y| = \dfrac{1}{|Z|} \\ \varphi_Y = -\varphi_Z \end{cases}$$

导纳串、并联求等效导纳、分压关系、分流关系，与电导串、并联相应公式类同，在此也不再重复。

但应注意：正弦稳态电路的相量法分析中，无论是阻抗串、并联计算，还是导纳串、并联计算，或是应用 KCL、KVL 相量形式的计算，一般在复数域施行加、减、乘、除等运算，这要比同样结构的电阻电路的分析麻烦，所以做这类题时更需要细心、耐心。还应熟练使用计算工具（如计算器）对复数运算中的加减、乘除运算所需要的"代数形式复数"与"极坐标形式复数"进行相互转换。

4. KCL、KVL 的相量形式和相量分析法

KCL、KVL 的相量形式分别为

$$\sum \dot{I} = 0, \quad \sum \dot{U} = 0$$

设阻抗 Z 上电压、电流参考方向关联，则广义欧姆定律的相量形式为

$$\dot{U} = Z\dot{I}$$

5. 正弦稳态电路的功率

在电压、电流参考方向关联的条件下，任一阻抗 Z 的有功功率 P（平均功率）和无功功率 Q 分别为

$$P = UI\cos \varphi_Z$$

$$Q = UI\sin \varphi_Z$$

式中，$\cos \varphi_Z = \lambda$ 称为功率因数。R、L、C 元件的功率可以看作阻抗功率的特例。

视在功率为

$$S = UI$$

复功率为

$$\dot{S} = \dot{U}\dot{I}^* = P + jQ$$

在电源 $\dot{U}_S$ 和内阻抗 Z_S 一定的条件下，负载阻抗可以任意改变时，负载获得最大功率的条件为

$$Z_L = Z_S^*$$

此关系也称为共轭匹配条件。此时，负载获得的最大功率为

$$P_{Lmax} = \frac{U_S^2}{4R_S}$$

综合练习

6.1　填空题。

（1）频率为 100 Hz 的正弦电压的相量为 $\dot{U} = 100\angle - 150° $ V，则 u 的正弦量表达式为＿＿＿＿。

（2）频率为 f 的正弦电流的相量为 $\dot{I} = 2\angle 30° $ A，该电流流过 10 Ω 的电阻，电阻两端电压的相量为＿＿＿＿。

（3）正弦电压为 $u = 100\cos(10^3 t - 20°)$（V），正弦交流电流滞后电压 60°，则 i 和 u 的相位差为＿＿＿＿。

（4）正弦电流 $i = 2\cos(628t + 45°)$（A），则电流 i 的相量为＿＿＿＿ A。

（5）一个复数的极坐标式是 $10\angle -60°$，则它的代数式是＿＿＿＿。

（6）电路如图 P6.1 所示，其输入阻抗为＿＿＿＿ Ω。

（7）电路如图 P6.2 所示，电压 $\dot{U}$ 为＿＿＿＿ V。

（8）一个 RLC 串联电路中，$R = 2$ Ω，$X_C = -1$ Ω，$X_L = 4$ Ω，通过该电路的电流有效值为 2 A。该电路的有功功率为＿＿＿＿ W，无功功率为＿＿＿＿ var，视在功率为＿＿＿＿ V·A。

（9）电路如图 P6.3 所示，若电路有功功率 $P = 1\,000$ W，则其复功率 $\bar{S} = $ ＿＿＿＿ V·A。

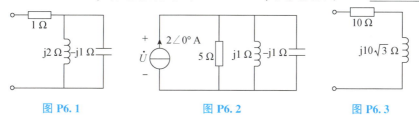

图 P6.1　　　　　　图 P6.2　　　　　　图 P6.3

6.2　选择题。

（1）已知某元件上的电压为 $u = 10\sin(\omega t + 30°)$（V），则该电压的有效值是（　　）。

A. $10/\sqrt{2}$ V　　　　B. $5\sqrt{5}$ V　　　　C. 20 V　　　　D. $5\sqrt{6}$ V

（2）$u = -100\sin(6\pi t + 10°)$（V）超前 $i = 5\cos(6\pi t - 15°)$（A）的相位是（　　）。

A. 25°　　　　　　　B. 95°　　　　　　　C. 115°　　　　　　　D. 75°

(3) $u = 10\sqrt{2}\sin(\omega t - 30°)$ (V) 的相量表达式为（　　）。

A. $\dot{U} = 10\sqrt{2}\angle - 30°$ (V)

B. $\dot{U} = 10\angle - 30°$ (V)

C. $\dot{U} = 10\mathrm{e}^{\mathrm{j}(\omega t - 30°)}$ (V)

D. $\dot{U} = 10\angle - 120°$ (V)

(4) 正弦交流电的最大值是有效值的（　　）。

A. $\sqrt{2}$ 倍　　　　B. 2 倍　　　　C. 0.5 倍　　　　D. $1/\sqrt{2}$ 倍

(5) 在交流电路中，电容两端的电压与流过电容电流的相位关系是（　　）。

A. 电压的相位超前电流的相位 90°　　　B. 电压的相位滞后电流的相位 90°

C. 电压的相位等于电流的相位　　　　　D. 电压的相位超前电流的相位 30°

(6) 在交流电路中，电感两端的电压与流过电感电流的相位关系是（　　）。

A. 电压的相位超前电流的相位 90°　　　B. 电压的相位滞后电流的相位 90°

C. 电压的相位等于电流的相位　　　　　D. 电压的相位滞后电流的相位 30°

(7) 一个一端口电路，端口电压、电流为 $u = 10\cos(10t + 45°)$ (V)，$i = 2\cos(10t - 20°)$ (A)，该电路的性质为（　　）。

A. 电阻性电路　　　B. 电容性电路　　　C. 电感性电路　　　D. 无法确定

(8) 一个一端口电路，其阻抗为 $Z = (2 - \mathrm{j}10)\,\Omega$，该电路的性质为（　　）。

A. 电阻性电路　　　B. 电容性电路　　　C. 电感性电路　　　D. 无法确定

(9) 已知负载阻抗为 $Z = 6\angle 45°\,\Omega$，则该负载性质为（　　）。

A. 电容性　　　　　B. 电感性　　　　　C. 纯电阻　　　　　D. 都不是

(10) 若负载的有功功率 P 为 72 kW，负载的功率因数角为 41.4°（电感性），则其视在功率为（　　）。

A. 54 kV·A　　　　B. 96 kV·A　　　　C. 47.6 kV·A　　　　D. 108.9 kV·A

6.3　判断题（正确打√号，错误打×号）。

(1) 正弦量 $i_1 = 3\cos(314t - 10°)$ (A) 和 $i_2 = 2\cos(314t + 50°)$ (A) 的相位差为 60°。

（　　）

(2) 任意频率的两个正弦量都可以比较它们的相位关系。　　　　　　　（　　）

(3) 正弦量就是相量。　　　　　　　　　　　　　　　　　　　　　（　　）

(4) 已知 $\dot{I} = 100\angle 50°$ A，则 $i = 100\cos(\omega t + 50°)$ (A)。　　　　（　　）

(5) 任何一个不含独立源的一端口电路，在角频率为 ω 的正弦电源激励源下，处于稳态时，其端口的电流和电压是不同频率的正弦量。　　　　　　　　　　（　　）

(6) 在正弦电路中，一端口电压相量和电流相量的比值是一端口的阻抗，Z 是一个正弦量。　　　　　　　　　　　　　　　　　　　　　　　　　　　　　（　　）

(7) 在正弦电路中，感抗和频率成反比，容抗和频率成正比。　　　　　（　　）

(8) 在正弦电路中，复功率的公式为 $\bar{S} = \dot{U}\dot{I}^*$，也可以用 $\bar{S} = \dot{I}\dot{U}^*$ 表示。　（　　）

(9) 任何性质的一端口电路处于正弦稳态时，都存在有功功率和无功功率。（　　）

(10) 在正弦电路中，最大功率传输的匹配条件是外阻抗等于内阻抗。　（　　）

6.4　电路如图 P6.4 所示，已知 $\dot{I} = 2\sqrt{5} \angle 63.43°$ A，求端口电压 $\dot{U}$。

6.5　电路如图 P6.5 所示，已知 $\dot{U} = 1 \angle 0°$ V，$R = 1\ \Omega$，$X_L = \text{j}1\ \Omega$，$X_C = -\text{j}0.5\ \Omega$，求电路的总电流 $\dot{I}$ 的有效值。

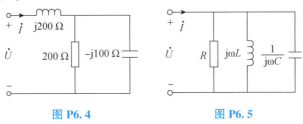

图 P6.4　　　　　　　图 P6.5

6.6　电桥电路如图 P6.6 所示，已知电桥平衡时 $Z_1 = R_1$，$Z_2 = R_2$，$Z_3 = R_3 + \text{j}\omega L_3$。试求 Z_X。

6.7　电路如图 P6.7 所示，已知 $\dot{I}_2 = 10$ A，求电流 $\dot{I}$。

6.8　电路如图 P6.8 所示，已知 $U = 8$ V，$Z = (1 - \text{j}0.5)\Omega$，$Z_1 = (1 + \text{j}1)\Omega$，$Z_2 = (3 - \text{j}1)\Omega$，求电路中各支路电流相量。

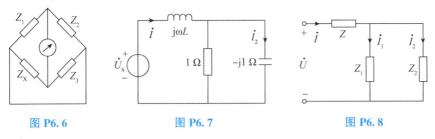

图 P6.6　　　　　　图 P6.7　　　　　　图 P6.8

6.9　电路如图 P6.9 所示，已知 $U = 8$ V，$Z_1 = (1 - \text{j}0.5)\Omega$，$Z_2 = (1 + \text{j}1)\Omega$，$Z_3 = (3 - \text{j}1)\Omega$。求 Z_3 的有功功率 P_3。

6.10　电路如图 P6.10 所示，已知 $u_S = 100\sqrt{2}\cos(314t - 30°)(\text{V})$，$R_1 = 3\ \Omega$，$R_2 = 2\ \Omega$，$L = 9.55$ mH。求各元件的电压，以及电源发出的复功率。

6.11　电路如图 P6.11 所示，已知 $\dot{U} = 10\angle 53.1°$ V，$\dot{U}_1 = 6\angle 0°$ V，分别求 $\dot{I}$、$\dot{U}$ 和未知元件的复阻抗 Z_2，分析该元件的性质。

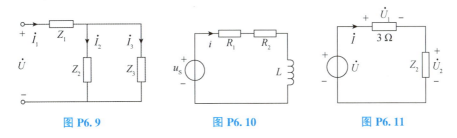

图 P6.9　　　　　　图 P6.10　　　　　　图 P6.11

6.12　根据负载特点，$\dot{I} = 10\angle 40°$ A，$U = 400$ V，Z 的实部为 25，$\varphi_Z > 0$。试求负载的功率因数。

6.13　电路如图 P6.12 所示，已知 $I_S = \sqrt{2}\cos(10^4 t)(\text{A})$，$Z_1 = (10 + \text{j}50)\ \Omega$，$Z_2 = -\text{j}50\ \Omega$。

求 Z_1 吸收的复功率。

6.14 电路如图 P6.13 所示，电流源 $I_s = 4 \angle 90°$ A，试求 Z_L 取何值时能获得最大功率，并求最大功率。

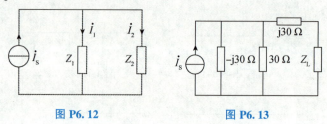

图 P6.12   图 P6.13

第7章　电路的频率响应

📌 内容提要

　　电路中的电压和电流不仅是时间的函数，而且是频率的函数。本章从频率领域研究电路的特性，首先介绍电路频率特性的描述方法，然后重点介绍串联谐振和并联谐振电路及其应用，最后简单介绍滤波电路。

📌 知识目标

◆理解网络函数的概念；

◆熟练掌握 *RLC* 串联谐振电路；

◆掌握 *RLC* 并联谐振电路；

◆了解滤波电路。

二维码 7-1　知识导图

正弦稳态电路中动态元件的阻抗都是频率的函数，当不同频率的正弦信号作用于电路时，电路的阻抗不同，响应的振幅和相位都将随频率而变化。电路响应随激励源信号的频率而变化的特性称为电路的频率响应或频率特性。

电路的频率特性通常用网络函数来描述。网络函数定义为电路的响应相量 $\dot{Y}$ 与激励源相量 $\dot{X}$ 之比，用符号表示为

$$H(\mathrm{j}\omega) = \frac{\dot{Y}}{\dot{X}}$$

式中的响应相量和激励源相量既可以是电压相量，也可以是电流相量；响应相量和激励源相量可以是同一端口处的相量，也可是不同端口处的相量。因此，网络函数可以分为两大类：策动点函数与转移函数。

1. 策动点函数

若响应相量与激励源相量属于同一个端口，则网络函数称为策动点函数。又由于响应相量与激励源相量取不同的相量，因此策动点函数又分为策动点阻抗函数与策动点导纳函数。

1）策动点阻抗函数

若激励源是电流相量，响应是同一端口的电压相量，则网络函数称为策动点阻抗函数。

图 7.1 所示端口 1 的策动点阻抗为 $\dfrac{\dot{U}_1}{\dot{I}_1}$ ，端口 2 的策动点阻抗为 $\dfrac{\dot{U}_2}{\dot{I}_2}$ 。

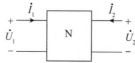

图 7.1　线性网络

2）策动点导纳函数

若激励源是电压相量，响应是同一端口的电流相量，则网络函数称为策动点导纳函数。

图 7.1 所示端口 1 的策动点导纳为 $\dfrac{\dot{I}_1}{\dot{U}_1}$ ，端口 2 的策动点导纳为 $\dfrac{\dot{I}_2}{\dot{U}_2}$ 。

2. 转移函数

若响应相量与激励源相量不属于同一个端口，则网络函数称为转移函数。又由于响应相量与激励源相量取不同的相量，因此转移函数又分为转移电压比函数、转移电流比函数、转移阻抗函数与转移导纳函数。

1）转移电压比函数

若激励源和响应是不同端口的电压相量，则网络函数称为转移电压比函数。图 7.1 所示的转移电压比函数为 $\dfrac{\dot{U}_1}{\dot{U}_2}$ 和 $\dfrac{\dot{U}_2}{\dot{U}_1}$。

2）转移电流比函数

若激励源和响应是不同端口的电流相量，则网络函数称为转移电流比函数。图 7.1 所示的转移电流比函数为 $\dfrac{\dot{I}_1}{\dot{I}_2}$ 和 $\dfrac{\dot{I}_2}{\dot{I}_1}$。

3）转移阻抗函数

若激励源是电流相量，响应是不同端口的电压相量，则网络函数称为转移阻抗函数。图 7.1 所示的转移阻抗函数为 $\dfrac{\dot{U}_1}{\dot{I}_2}$ 和 $\dfrac{\dot{U}_2}{\dot{I}_1}$。

4）转移导纳函数

若激励源是电压相量，响应是不同端口的电流相量，则网络函数称为转移导纳函数。图 7.1 所示的转移导纳函数为 $\dfrac{\dot{I}_1}{\dot{U}_2}$ 和 $\dfrac{\dot{I}_2}{\dot{U}_1}$。

网络函数不仅与电路的结构、参数有关，还与输入、输出变量的类型及端口的相互位置有关。这犹如从不同"窗口"来分析研究网络的频率特性，可以从不同角度寻找电路比较优越的频率特性和电路工作的最佳频域范围。网络函数是网络性质的一种体现，与输入、输出幅值无关。应用网络函数描述电路的频率特性的优点是：

（1）网络函数理论上描述了电路在不同频率下响应与激励源的关系，并且通过相应的特性曲线直观地反映出激励源频率变化时电路特性的变化情况；

（2）简化了分析与计算，只要确定了电路的网络函数，就能方便地利用公式求出任意给定频率的激励源作用下电路的响应，无须反复计算不同频率时电路的阻抗。

7.2 RLC 串联谐振电路

谐振现象是正弦稳态电路的一种特定的工作状态。谐振电路由于具有良好的选频特性，在通信与电子技术中得到了广泛应用。谐振电路通常由电感、电容和电阻组成，按照连接方式可分为串联谐振电路、并联谐振电路。本节只讨论串联谐振电路的谐振条件、谐振时的特点及谐振电路的频率响应。

1. RLC 串联电路的阻抗特性

由 R、L、C 组成的串联电路如图 7.2 所示。

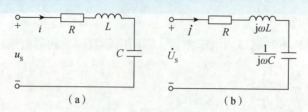

图 7.2　RLC 串联电路

(a)RLC 串联时域图；(b)RLC 串联频域图

RLC 串联电路的总阻抗：

$$Z(\mathrm{j}\omega) = R + \mathrm{j}X = R + \mathrm{j}\left(\omega L - \frac{1}{\omega C}\right)$$

幅频特性：

$$|Z(\mathrm{j}\omega)| = \sqrt{R^2 + \left(\omega L - \frac{1}{\omega C}\right)^2}$$

相频特性：

$$\varphi_Z(\mathrm{j}\omega) = \arctan \frac{\left(\omega L - \dfrac{1}{\omega C}\right)}{R}$$

由上述关系可知，在电路参数 R、L、C 一定的条件下，当激励源信号的角频率 ω 变化时，感抗 ωL 随 ω 增高而增大，容抗 $\dfrac{1}{\omega C}$ 随 ω 增高而减小，因此电抗 X 和阻抗的模 $|Z(\mathrm{j}\omega)|$ 随 ω 变化而改变。感抗、容抗、阻抗的模随角频率的变化情况如图 7.3 所示(实线部分)。

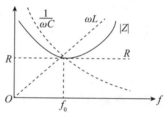

图 7.3　$|Z(\mathrm{j}\omega)|$ 频率响应曲线

由图 7.3 可见，当电源角频率较低，即 $\omega < \omega_0$(或频率 $f < f_0$)，$\omega L < \dfrac{1}{\omega C}$ 时，电抗 X 为负值，电路呈电容性，此时电流 $\dot{I}$ 超前电压 $\dot{U}_\mathrm{s}$。随着频率的逐渐升高，电抗的模 $|X|$ 减小，阻抗的模 $|Z|$ 也减小，电流的模增大。当电源的角频率增高到 ω_0(或频率增高到 f_0)时，$\omega_0 L = \dfrac{1}{\omega_0 C}$，这时电抗等于零，阻抗的模 $|Z|$ 达到最小值，电流 $\dot{I}$ 达到最大值，且与电源电压 $\dot{U}_\mathrm{s}$ 同相，电路呈电阻性。如电源角频率 ω(或频率 f)继续升高，则 $\omega L > \dfrac{1}{\omega C}$，电抗 X 为正值，电路呈电感性，此时电流 $\dot{I}$ 滞后于电压 $\dot{U}_\mathrm{s}$。

2.<i>RLC</i> 串联电路的谐振条件

当 $\varphi(\mathrm{j}\omega_0) = 0°$ 时，电压与 $\dot{U}_\mathrm{s}$ 电流 $\dot{I}$ 同相，工程上将电路的这一特殊状态定义为谐振，

由于是在 RLC 串联电路中发生的谐振，因此称为串联谐振。RLC 串联电路的谐振条件为

$$\text{Im}\left[Z(j\omega)\right] = X = \omega_0 L - \frac{1}{\omega_0 C} = 0$$

由上式可知，电路发生谐振的角频率 ω_0 和频率 f_0 为

$$\omega_0 = \frac{1}{\sqrt{LC}}, \quad f_0 = \frac{1}{2\pi\sqrt{LC}} \tag{7.1}$$

由式(7.1)可知，电路的谐振频率仅由回路元件参数 L 和 C 决定，与激励源无关，说明谐振是电路的固有频率，所以谐振频率又称为固有频率(或自由频率)。如果电路中 L、C 可调，改变电路的固有频率，则 RLC 串联电路就具有选择任一频率谐振(调谐)，或避开某一频率谐振(失谐)的性能，也可以利用串联谐振现象，判别输入信号的频率。

3. RLC 串联谐振电路的特点

(1)RLC 串联电路谐振时，电路的电抗 $X = 0$，阻抗为纯电阻性，即电路呈现电阻性，且阻抗最小，等于 R。若谐振时电路的阻抗用 Z_0 表示，有

$$Z_0 = R$$

谐振时，若 $R = 0$，则从端口看进去，$Z_0 = R = 0$，相当于端口短路。

(2)RLC 串联电路谐振时，电抗 $X = 0$，电流 $\dot I_0$ 与电源电压 $\dot U_s$ 同相，$\varphi_Z = \varphi_u - \varphi_i = 0$，并且 $\dot I_0$ 达到最大值，为

$$\dot I_0 = \frac{\dot U_s}{Z_0} = \frac{\dot U_s}{R}$$

(3)RLC 串联电路谐振时，电路的感抗与容抗数值相等，其值称为谐振电路的特性阻抗，用 ρ 表示，即

$$\rho = \omega_0 L = \frac{1}{\omega_0 C} = \sqrt{\frac{L}{C}}$$

在工程中，常用谐振电路的特性阻抗 ρ 与电阻 R 的比值来表征谐振电路的性质，此比值称为电路的品质因数，用 Q 表示，即

$$Q = \frac{\rho}{R} = \frac{1}{\omega_0 RC} = \frac{\omega_0 L}{R} = \frac{1}{R}\sqrt{\frac{L}{C}}$$

(4)RLC 串联电路谐振时，电感电压和电容电压相位相反，数值相等，且达到最大值，可达到电源电压的几十到几百倍，故串联谐振又称为电压谐振。

谐振时各元件电压分别为

$$\begin{cases} \dot U_{R0} = R\dot I_0 = R\frac{\dot U_s}{R} = \dot U_s \\ \dot U_{L0} = j\omega_0 L\dot I_0 = j\frac{\omega_0 L}{R}\dot U_s = jQ\dot U_s \\ \dot U_{C0} = -j\frac{1}{\omega_0 C}\dot I_0 = -j\frac{1}{\omega_0 RC}\dot U_s = -jQ\dot U_s \end{cases} \tag{7.2}$$

式中，Q 值一般为几十到几百。

由于 RLC 串联电路谐振时，电感电压和电容电压可以达到激励源电压的几十到几百倍，

在通信和电子技术中，传输的信号电压很弱，可以利用电压谐振获得较高的接收信号电压。

由式(7.2)还可以得出 Q 的另一种定义方法：

$$Q = \frac{U_L}{U_s} = \frac{U_C}{U_s} = \frac{1}{\omega_0 RC} = \frac{\omega_0 L}{R} = \frac{1}{R}\sqrt{\frac{L}{C}}$$

(5)以电阻电压为输出量，输入电压为输入量，其网络函数为

$$H(j\omega) = \frac{\dot{U}_R}{\dot{U}_s} = \frac{\dfrac{\dot{U}_s}{R + j\left(\omega L - \dfrac{1}{\omega C}\right)}R}{\dot{U}_s} = \frac{1}{1 + j\dfrac{\omega_0 L}{R}\left(\dfrac{\omega}{\omega_0} - \dfrac{\omega_0}{\omega}\right)} = \frac{1}{1 + jQ\left(\dfrac{\omega}{\omega_0} - \dfrac{\omega_0}{\omega}\right)} \tag{7.3}$$

由式(7.3)得到幅频特性和相频特性：

$$|H(j\omega)| = \frac{1}{\sqrt{1 + Q^2\left(\dfrac{\omega}{\omega_0} - \dfrac{\omega_0}{\omega}\right)^2}}$$

$$\varphi(\omega) = -\arctan Q\left(\frac{\omega}{\omega_0} - \frac{\omega_0}{\omega}\right)$$

品质因数 Q 取不同值时的幅频特性曲线和相频特性曲线如图 7.4 所示。

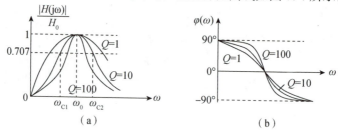

图 7.4　RLC 串联电路频率响应
(a)幅频特性曲线；(b)相频特性曲线

由图 7.4(a)可知，谐振电路对频率有选择性。Q 值越高，幅频特性曲线越尖锐，电路对偏离谐振频率的信号抑制能力越强，电路的选择性越好，因此在电子电路中常用谐振电路从许多不同频率的各种信号中选择所需要的信号。事物总是一分为二的，实际信号都占有一定的频带宽度，由于频带宽度与 Q 成反比，Q 值过高会使电路带宽过窄，这样会过多削弱所需信号中的频率分量，使信号产生严重失真。例如：广播电台信号占有一定的频带宽度，收音机中选择电台信号的谐振电路必须同时具备两方面功能，一方面为了具有很好的选择性，有效抑制临近电台信号，希望电路的 Q 值越高越好；另一方面从减小信号的失真方面考虑，要求电路的频带宽度要宽一些，电路的 Q 值越小越好。因此在实际设计中，两方面都要兼顾，选择合适的 Q 值。

由图 7.4(a)可知，RLC 串联电路为带通电路，其中心频率 ω_0 就是串联谐振频率，为

$$\omega_0 = \frac{1}{\sqrt{LC}}$$

电路具有两个截止频率，下限截止频率 ω_{C1} 和上限截止频率 ω_{C2}。当 $|H(j\omega)| = \dfrac{1}{\sqrt{2}}|H(j\omega)|_{max}$ 时，确定上、下限截止频率，有

$$\frac{1}{\sqrt{R^2 + \left(\omega L - \dfrac{1}{\omega C}\right)^2}} = \frac{1}{\sqrt{2}\, R}$$

得到上、下限截止频率为

$$\omega_{C2} = \frac{R}{2L} + \sqrt{\left(\frac{R}{2L}\right)^2 + \frac{1}{LC}}$$

$$\omega_{C1} = -\frac{R}{2L} + \sqrt{\left(\frac{R}{2L}\right)^2 + \frac{1}{LC}}$$

中心频率与上、下限截止频率的关系为

$$\omega_0 = \sqrt{\omega_{C1}\omega_{C2}}$$

RLC 串联谐振电路的通频带 BW 为

$$BW = \omega_{C2} - \omega_{C1} = \frac{R}{L} = \frac{\omega_0}{\omega_0 \dfrac{L}{R}} = \frac{\omega_0}{Q}$$

或

$$BW_f = \frac{R}{2\pi L} = \frac{f_0}{Q}$$

由此可见，Q 与 BW 成反比，即品质因数越大，通频带越窄。

【例 7.1】如图 7.2 所示的 RLC 串联电路，在频率为 $f = 500\ \text{Hz}$ 时发生谐振，谐振时 $I = 0.2\ \text{A}$，容抗 $X_C = 314\ \Omega$，品质因数 $Q = 20$。

（1）求 R、L、C 的值；

（2）若电源频率 $f = 250\ \text{Hz}$，求此时的电流 I。

解:

（1）当 $X_L = X_C$ 时，发生谐振，由题意可知 $X_C = 314\ \Omega$，所以 $X_L = 314\ \Omega$，因此可得

$$L = \frac{X_L}{2\pi f} = \frac{314}{2 \times 3.14 \times 500} = 0.1\ (\text{H})$$

$$C = \frac{1}{2\pi f X_C} = \frac{1}{2 \times 3.14 \times 500 \times 314} = 1\ (\mu\text{F})$$

因为

$$Q = \frac{U_L}{U} = \frac{U_C}{U} = \frac{1}{\omega_0 C R} = \frac{\omega_0 L}{R}$$

所以

$$R = \frac{\omega_0 L}{Q} = \frac{314}{20} = 15.7\ (\Omega)$$

电源电压为

$$U = \frac{U_L}{Q} = \frac{X_L}{Q} = \frac{314 \times 0.2}{20} = 3.14\ (\text{V})$$

（2）　　$X_L = \omega L = 2\pi f L = 2 \times 3.14 \times 250 \times 0.1 = 157\ (\Omega)$

$$X_C = \frac{1}{\omega C} = \frac{1}{2\pi f C} = \frac{1}{2 \times 3.14 \times 250 \times 10^{-6}} = 637\ (\Omega)$$

$$Z = R + j(X_L - X_C) = 15.7 + j(157 - 628) = 480.3 \angle -88.1° \ (\Omega)$$

$$I = \frac{U}{|Z|} = \frac{3.14}{480.3} = 6.54 \ (mA)$$

7.3 RLC 并联谐振电路

串联谐振电路仅适用于信号源内阻较小的场合，如果信号源内阻较大，电路的 Q 值过低，则电路的选择性变差。为了获得较好的选频特性，常采用并联谐振电路。

并联谐振的定义与串联谐振的定义相同，即端口上的电压 $\dot{U}$ 与端口电流 $\dot{I}$ 同相。由于发生在并联电路中，因此称为并联谐振。

1. RLC 并联电路的导纳

由 R、L、C 组成的并联电路如图 7.5 所示。

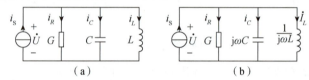

图 7.5　RLC 并联电路

(b)RLC 并联时域图；(b)RLC 并联频域图

其总的导纳为

$$Y(j\omega) = G + jB = G + \left(\omega C - \frac{1}{\omega L}\right)$$

幅频特性：

$$|Y(j\omega)| = \sqrt{G^2 + \left(\omega C - \frac{1}{\omega L}\right)^2}$$

相频特性：

$$\varphi_Z(j\omega) = -\arctan \frac{\left(\omega C - \frac{1}{\omega L}\right)}{G}$$

2. RLC 并联电路的谐振条件

在 RLC 并联电路中，谐振条件为电纳(导纳的虚部)等于零，即

$$\text{Im}[Y(j\omega)] = B = \omega_0 C - \frac{1}{\omega_0 L} = 0$$

式中，ω_0 为并联谐振频率，为

$$\omega_0 = \frac{1}{\sqrt{LC}} \qquad (7.4)$$

3. RLC 并联谐振电路的特点

(1)RLC 并联电路谐振时，电路的电纳 $B=0$，阻抗为纯电阻性，即电路呈现电阻性，且

导纳最小，等于 G。电路的阻抗最大，有

$$Y_0 = G$$

$$Z_0 = \frac{1}{Y_0} = \frac{1}{G}$$

当 $G = 0$（$R = \infty$）时，$Z_0 = \infty$。

（2）RLC 并联电路谐振时，由于电纳 $B = 0$，电压 $\dot{U}$ 与端口电流 $\dot{I}_S$ 同相，并且 $\dot{U}$ 达到最大值，为

$$\dot{U} = \frac{\dot{I}_S}{Y_0} = \frac{\dot{I}_S}{G}$$

（3）RLC 并联电路谐振时，电感电流和电容电流相位相反，数值相等，且达到最大值，可达到电源电流的几十到几百倍，故并联谐振又称为电流谐振。

谐振时各元件电流分别为

$$\begin{cases} \dot{I}_{G0} = G\dot{U} = G\dfrac{\dot{I}_S}{G} = \dot{I}_S \\[3mm] \dot{I}_{C0} = j\omega_0 C \dot{U}_0 = j\omega_0 C \dfrac{\dot{I}_S}{G} = jQ\dot{I}_S \\[3mm] \dot{I}_{L0} = \dfrac{1}{j\omega_0 L}\dot{I}_0 = -j\dfrac{1}{\omega_0 LG}\dot{I}_S = -jQ\dot{I}_S \end{cases} \tag{7.5}$$

（4）由式（7.5）可以看出 Q 的定义为

$$Q = \frac{I_C}{I_S} = \frac{I_L}{I_S} = \frac{1}{\omega_0 LG} = \frac{\omega_0 C}{G} = \frac{1}{G}\sqrt{\frac{C}{L}}$$

谐振电路的特性阻抗 ρ 为

$$\rho = \omega_0 L = \frac{1}{\omega_0 C} = \sqrt{\frac{L}{C}}$$

因此，Q 又可表示为

$$Q = \frac{\omega_0 C}{G} = \frac{1}{\omega_0 GL} = \frac{1}{G\rho} = \frac{1}{G}\sqrt{\frac{C}{L}}$$

【例 7.2】如图 7.6 所示的电路，$U = 220\ \text{V}$，当电源频率 $\omega_1 = 1\ 000\ \text{rad/s}$ 时，$U_R = 0$；当电源频率 $\omega_2 = 2\ 000\ \text{rad/s}$ 时，$U_R = U = 220\ \text{V}$。试求电路参数 L_1 和 L_2，并已知 $C = 1\ \mu\text{F}$。

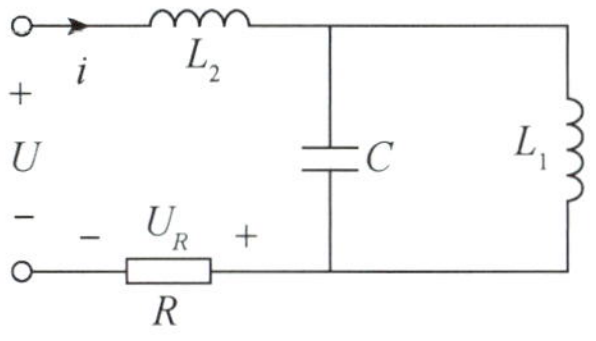

图 7.6　例 7.2 图

解：

（1）当电源频率 $\omega_1 = 1\ 000\ \text{rad/s}$ 时，$U_R = 0$，即 $I = 0$，说明电路处于断路，这时电路发生并联谐振，故

$$\omega_1 L_1 = \frac{1}{\omega_1 C}$$

$$L_1 = \frac{1}{\omega_1^2 C} = \frac{1}{1\,000^2 \times 1 \times 10^{-6}} = 1\ (\text{H})$$

（2）当电源频率 $\omega_2 = 2\,000$ rad/s 时，$U_R = U = 220$ V，说明电路发生串联谐振。先将 $L_1 C$ 并联，其等效电路阻抗为

$$Z_0 = \frac{(\mathrm{j}\omega_2 L_1)(-\mathrm{j}\frac{1}{\omega_2 C})}{\mathrm{j}(\omega_2 L_1 - \frac{1}{\omega_2 C})} = -\mathrm{j}\frac{\omega_2 L_1}{\omega_2^2 L_1 C - 1}$$

$$\dot{U} = R\dot{I} + \mathrm{j}\left(\omega_2 L_2 - \frac{\omega_2 L_1}{\omega_2^2 L_1 C - 1}\right)\dot{I}$$

在串联谐振时 $\dot{U}$ 和 $\dot{I}$ 相同，虚部为零，即

$$\omega_2 L_2 - \frac{\omega_2 L_1}{\omega_2^2 L_1 C - 1} = 0$$

$$L_2 = \frac{1}{\omega_2^2 C - \frac{1}{L_1}} = \frac{1}{2\,000^2 \times 1 \times 10^{-6} - 1} = 0.33\ (\text{H})$$

7.4　滤波电路

所谓滤波就是利用容抗或感抗随频率而改变的特性，对不同频率的输入信号产生不同的响应，让需要的某一频带的信号顺利通过，而抑制不需要的其他频率的信号。

滤波电路通常可分为低通、高通和带通、带阻等多种。其电路如图 7.7~图 7.10 所示。

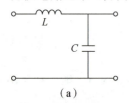 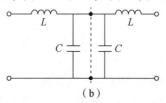 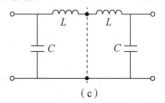

（a）　　　　　　　　（b）　　　　　　　　（c）

图 7.7　低通滤波器的单元电路

（a）L 形；（b）T 形；（c）π 形

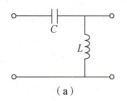 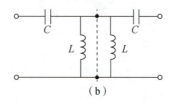 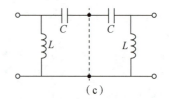

（a）　　　　　　　　（b）　　　　　　　　（c）

图 7.8　高通滤波器的单元电路

（a）L 形；（b）T 形；（c）π 形

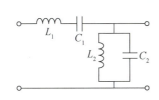

图 7.9　带通滤波器的电路

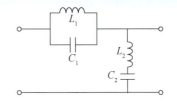

图 7.10　带阻滤波器的电路

各滤波器理想的幅频特性如图 7.11 所示。

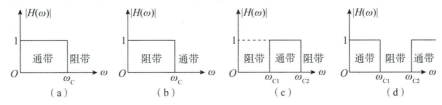

图 7.11　各滤波器理想的幅频特性

(a)低通滤波器；(b)高通滤波器；(c)带通滤波器；(d)带阻滤波器

从幅频特性上看，图 7.11(a)中，角频率低于 ω_C 的输入信号允许通过，称为滤波器的通带；高于 ω_C 的输入信号被极大地削弱，称为滤波器的阻带。通带与阻带的分界频率称为截止频率，低通滤波器的通频带 BW 为 $0 \sim \omega_C$。

从幅频特性上看，图 7.11(b)中，角频率低于 ω_C 的输入信号被极大地削弱，高于 ω_C 的输入信号允许通过，高通滤波器的通频带 BW 为 $\omega_C \sim \infty$。

从幅频特性上看，图 7.11(c)中，角频率 ω_{C1}、ω_{C2} 称为下限、上限截止频率，角频率低于 ω_{C1} 或高于 ω_{C2} 的输入信号被极大地削弱，高于 ω_{C1} 且低于 ω_{C2} 的输入信号允许通过。带通滤波器的通频带 BW 为 $\omega_{C1} \sim \omega_{C2}$。

从幅频特性上看，图 7.11(d)中，角频率 ω_{C1}、ω_{C2} 称为下限、上限截止频率，角频率高于 ω_{C1} 且低于 ω_{C2} 的输入信号被极大地削弱，低于 ω_{C1} 或高于 ω_{C2} 的输入信号允许通过。带阻滤波器的通频带 BW 为 $0 \sim \omega_{C1}$ 和 $\omega_{C2} \sim \infty$。

本章小结

(1)网络函数描述响应与激励源的关系，其分为策动点函数和转移函数两类。策动点函数描述同一端口响应与激励源的关系，转移函数描述不同端口响应与激励源的关系。网络函数用于描述电路的频率特性。

(2)谐振是当电路的电抗等于零，电流与电源电压同相时，电路的特殊工作状态。谐振电路通常分为串联谐振电路、并联谐振电路。谐振电路由于具有良好的选频特性，在通信与电子技术中用于接收微弱信号、从多种频率信号中选择所需的一种频率信号、增强发射功率等，应用非常广泛。但是在电力传输网络中，如果发生谐振会发生电网崩溃的灾难，又必须设法避免发生谐振。

(3)RLC 串联电路发生谐振称为串联谐振，又称为电压谐振，发生谐振时的频率称为串联谐振频率 ω_0。串联谐振的特点有：电路呈现电阻性，电路的电抗为零，阻抗为纯电阻性，阻抗最小；电路电流与电源电压同相，并且电流达到最大值；电路中电感电压和电容电压相位相反，数值相等，且达到最大值，可达到电源电压的几十到几百倍。RLC 串联谐振电路是带通电路，具有选频特性，选频特性的优劣取决于电路的品质因数 Q，品质因数 Q 值越高，选频特性越好。

RLC 串联谐振电路的频率特性参数主要有中心频率 ω_0、下限截止频率 ω_{C1}、上限截止频率 ω_{C2}、通频带 BW 等。

（4）RLC 并联电路发生谐振称为并联谐振，又称为电流谐振，发生谐振时的频率称为并联谐振频率 ω_0。并联谐振的特点有：电路呈现电阻性，电路的电纳为零，阻抗为纯电阻性，阻抗最大；电路电压与电源电流同相，并且电路电压达到最大值；电路中电感电流和电容电流相位相反，数值相等，且达到最大值，可达到电源电流的几十到几百倍。RLC 并联谐振电路是带通电路，具有选频特性，选频特性的优劣取决于电路的品质因数 Q，品质因数 Q 值越高，选频特性越好。

RLC 并联谐振电路的频率特性参数主要有中心频率 ω_0、下限截止频率 ω_{C1}、上限截止频率 ω_{C2}、通频带 BW 等。

（5）电路的滤波与谐振有广泛应用，可以用于电路音量的调节、信号分离、接收机的选台等。

综合练习

7.1　填空题。

（1）含有电感、电容和电阻的二端网络，在某一频率时，出现端口电压和电流波形相位相同的情况，称电路发生_____。

（2）网络函数是用于描述电路的_____，它是_____和_____的比值。

（3）频率特性包括_____特性和_____特性。

（4）电路发生谐振时，电路呈现_____性。

（5）发生电流谐振时，电感电流与电容电流之和为_____。

（6）RLC 并联电路发生谐振时，电路的阻抗_____。

（7）使电路发生谐振的方法有改变激励源信号的_____或改变电路元件的_____。

7.2　选择题。

（1）在 RLC 串联电路中，当发生谐振时，（　　）。

A. 电路呈现电感性，阻抗最大，电流最小

B. 电路呈现电容性，阻抗最小，电流最大

C. 电路呈现电阻性，阻抗最小，电流最大

D. 电路呈现电感性，阻抗最小，电流最大

（2）在 RLC 并联电路中，当发生谐振时，（　　）。

A. 电路呈现电感性，阻抗最小，电压最小

B. 电路呈现电容性，阻抗最大，电压最大

C. 电路呈现电阻性，阻抗最大，电压最大

D. 电路呈现电感性，阻抗最大，电压最大

（3）RLC 并联电路发生谐振时，端口电压的大小，以及与端口电流的相位关系为（　　）。

A. 电压最小；与电流同相 　　　　　　B. 电压最大；与电流同相

C. 电压最小；与电流相差$-90°$ 　　　　D. 电压最大；与电流相差$90°$

（4）RLC 串联电路中，$L = 320\ \mu H$，$C = 270\ pF$，$R = 2\ \Omega$，电路的谐振频率为（　　）。

A. 540 kHz 　　　　B. 1 080 kHz 　　　　C. 1 700 kHz 　　　　D. 3 400 kHz

（5）RLC 串联电路中，谐振频率为 159 kHz，电感 $L = 500\ \mu H$，电容 C 为（　　）。

A. 1 000 pF 　　　　B. 2 000 pF 　　　　C. 4 000 pF 　　　　D. 8 000 pF

（6）RLC 并联电路中，谐振角频率为 5 000 rad/s，电容 $C = 10\ \mu F$，电感 L 为（　　）。

A. 400 mH 　　　　B. 40 mH 　　　　C. 4 mH 　　　　D. 0. 4 mH

（7）RLC 并联谐振电路的品质因数 Q 为（　　）。

A. $\dfrac{1}{R}\sqrt{\dfrac{L}{C}}$ 　　　　B. $\dfrac{1}{R}\sqrt{\dfrac{C}{L}}$ 　　　　C. $R\sqrt{\dfrac{L}{C}}$ 　　　　D. $R\sqrt{\dfrac{C}{L}}$

（8）电路如图 P7.1 所示，发生谐振时，电路的等效阻抗为（　　）。

A. R 　　　　B. $R + j\omega_0 L$ 　　　　C. $R - j\dfrac{1}{\omega_0 C}$ 　　　　D. $R + j\omega_0 L - j\dfrac{1}{\omega_0 C}$

（9）电路如图 P7.2 所示，发生谐振时，电路的等效导纳为（　　）。

A. $\dfrac{1}{R}$ 　　　　B. $\dfrac{1}{R} - j\dfrac{1}{\omega_0 L}$ 　　　　C. $\dfrac{1}{R} + j\omega_0 C$ 　　　　D. $\dfrac{1}{R} + j\omega_0 C - j\dfrac{1}{\omega_0 L}$

（10）电路如图 P7.3 所示，谐振时交流电压表的读数 A、A1、A2、A3 的关系为（　　）

A. A = A1；A2 ≠ A3 　　　　　　B. A = A1；A2 = A3

C. A ≠ A1；A2 ≠ A3 　　　　　　D. A ≠ A1；A2 = A3

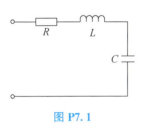 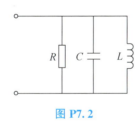 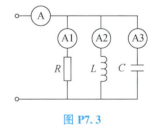

图 P7. 1 　　　　　　　　　图 P7. 2 　　　　　　　　　图 P7. 3

（11）RLC 并联电路中，$L = 100\ mH$，$C = 10\ \mu F$，$R = 1\ k\Omega$，电路的品质因数为（　　）。

A. 100 　　　　B. 50 　　　　C. 10 　　　　D. 5

（12）如果信号源的角频率 $\omega = 1\ rad/s$，则以下能发生串联谐振的电路为（　　）。

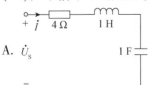 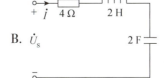

A. 　　　　　　　　　　　　　　B.

C. $\dot{U}_\mathrm{s}$　$\quad$ $4\ \Omega$ $\quad$ $0.1\ \mathrm{H}$ $\quad$ $0.1\ \mathrm{F}$

D. $\dot{U}_\mathrm{s}$　$\quad$ $4\ \Omega$ $\quad$ $10\ \mathrm{H}$ $\quad$ $10\ \mathrm{F}$

7.3　判断题。

(1) RLC 串、并联电路发生谐振时，端口电压和电流的相位相同。　　　　　（　　）

(2) RLC 串联电路发生谐振时，电感电压和电容电压大小相等，相位相反。　（　　）

(3) 在 RLC 并联电路中，欲提高电路的 Q 值，可以增加电感 L 值、减小电阻 R 值和电容 C 值。　　　　　　　　　　　　　　　　　　　　　　　　　（　　）

(4) 在 RLC 串联电路中，欲提高电路的 Q 值，可以增加电阻 R 值和电容 C 值、减小电感 L 值。　　　　　　　　　　　　　　　　　　　　　　　　（　　）

(5) 电压谐振时，R、L 和 C 的改变造成 Q 变化的倍数与 U_L、U_C 变化的倍数相同。

（　　）

第8章　耦合电感和理想变压器

内容提要

　　耦合电感在电子工程、通信工程和测量仪器等方面有着广泛的应用。本章主要介绍两类电路元件——耦合电感和理想变压器。首先介绍磁耦合、互感、耦合系数等概念。接着介绍耦合电感的特性、磁通链方程、电压电流关系。然后详细讨论含有耦合电感的电路分析和计算。最后简单介绍空心变压器和理想变压器的概念。本章重点是耦合电感元件的伏安关系、同名端的概念，耦合电感的去耦等效，空心变压器的等效电路，理想变压器的伏安关系和阻抗变换作用。本章难点是互感电压的确定。

知识目标

　　◆理解磁耦合、磁通链、互感电压、互感系数、耦合系数、同名端等概念；
　　◆熟练掌握含耦合电感电路的分析和计算，耦合电感的串联电路、并联电路去耦方法；
　　◆掌握空心变压器、理想变压器的工作原理，以及理想变压器电压变换、电流变换和阻抗变换关系；
　　◆了解三相变压器的结构和原理。

二维码 8-1　知识导图

8.1 耦合电感

磁耦合是指载流电感线圈之间通过彼此产生的磁场，产生相互联系的现象。例如，一个变化电流流过电感线圈时，所产生的变化磁通会在电感线圈中产生感应电压，如果该磁通或磁通的一部分还通过其他电感线圈，也会在其他电感线圈中产生感应电压。通过磁通耦合的两个电感线圈，称为耦合电感线圈(以下将电感线圈简称为电感)。

8.1.1 互感

如果有两个相互耦合的电感，如图 8.1 所示，设电感 1 有 N_1 匝，自感为 L_1，电感 2 有 N_2 匝，自感为 L_2。当电感 1 通以电流 i_1 时，在电感 1 中产生自感磁通 Φ_{11}，在电感密绕的情况下，磁通 Φ_{11} 与电感的各匝都交链，有

$$\Psi_{11} = N_1\Phi_{11} = L_1 i_1 \tag{8.1}$$

式中，Ψ_{11} 为自感磁通链，简称自感磁链。电感 1 产生的磁通 Φ_{11} 的一部分 Φ_{21} 通过电感 2，与电感 2 的各匝交链，有

$$\Psi_{21} = N_2\Phi_{21} = M_{21} i_1 \tag{8.2}$$

式中，Ψ_{21} 为互感磁通链，简称互感磁链；M_{21} 为电感 1 与电感 2 的互感系数，简称互感。

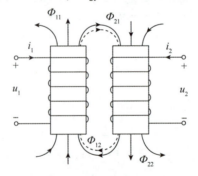

图 8.1 两个耦合电感

同样，当电感 2 通以电流 i_2 时，在电感 2 中产生自感磁通 Φ_{22}，Φ_{22} 与电感 1 交链，并且有一部分磁通 Φ_{12} 通过电感 1，与电感 1 交链，于是电感 2 的自感磁链 Ψ_{22} 和电感 2 对电感 1 的互感磁链 Ψ_{12} 分别为

$$\Psi_{22} = N_2\Phi_{22} = L_2 i_2 \tag{8.3}$$
$$\Psi_{12} = N_1\Phi_{12} = M_{12} i_2 \tag{8.4}$$

式中，M_{12} 为电感 2 与电感 1 的互感。在线性条件下，即磁介质是均匀的，各向同性，有

$$M_{12} = M_{21} = M \tag{8.5}$$

因此，以后不再区分 M_{12} 和 M_{21}。互感的单位是亨利(H)。

8.1.2　耦合系数

为了定量描述两个电感耦合的紧密程度，把两个电感的互感磁链与自感磁链比值的几何平均值定义为耦合系数，用 k 表示，即为

$$k = \sqrt{\frac{\Psi_{12}}{\Psi_{11}} \cdot \frac{\Psi_{21}}{\Psi_{22}}}$$

将两个电感的互感磁链与自感磁链的表达式代入上式，得到

$$k = \frac{M}{\sqrt{L_1 L_2}} \tag{8.6}$$

耦合系数 k 的大小与电感的结构、相互位置及周围的磁介质有关。因为 $\Phi_{21} \leqslant \Phi_{11}$，$\Phi_{12} \leqslant \Phi_{22}$，所以耦合系数 $k \leqslant 1$。当 $k = 0$ 时，$M = 0$，表明两电感互无影响，没有任何磁通通过其他电感；当 $k = 1$ 时，即 $M^2 = L_1 \cdot L_2$，称为全耦合；当 $k > 0.5$ 时称为紧耦合；$k < 0.5$ 时称为松耦合。在电子电路和电力系统中，为了有效地传输信号或功率，一般采用紧耦合。在高频电路中，为了避免电感之间的干扰，可以合理布置电感的相对位置，使之为松耦合或无耦合。

8.1.3　耦合电感的自感电压与互感电压

1. 耦合电感的磁链

由以上分析可知，各电感的总磁链包含自感磁链和互感磁链两部分。如图 8.1 所示的耦合电感 1 和 2 的总磁链分别为

$$\begin{cases} \Psi_1 = \Psi_{11} \pm \Psi_{12} = L_1 i_1 \pm M i_2 \\ \Psi_2 = \Psi_{22} \pm \Psi_{21} = L_2 i_2 \pm M i_1 \end{cases} \tag{8.7}$$

式中，耦合电感的磁链与施感电流是线性关系，是各施感电流独立产生的磁链叠加的结果。这里选取自感磁链与电流为关联关系，即满足右手螺旋法则的关系。互感磁链前面的"±"表示两种可能性，当互感磁链方向与自感磁链方向相同时，互感磁链前取"+"，为"相互增强"的作用；反之，当互感磁链方向与自感磁链方向相反时，互感磁链前取"−"，为"相互削弱"的作用。

自感磁链和互感磁链的方向可以利用右手螺旋法则确定，决定电感的总磁链是自感磁链和互感磁链相加，还是两者相减。例如，图 8.1 所示的两个耦合电感中，自感磁链与互感磁链方向相同，因此，总磁链是两者相加，即 $\Psi_1 = L_1 i_1 + M i_2$，$\Psi_2 = L_2 i_2 + M i_1$。

2. 同名端

在实际问题中，耦合电感大多数是密封的，无法得知电感的绕向，也就无法使用右手螺旋法则确定自感磁链和互感磁链的方向，无法求出耦合电感的总磁链。那么现实中如何判定自感磁链和互感磁链的方向呢？工程中采用标记电感端子的方法，这种方法称为同名端法。

1）耦合电感同名端的规定

当两电流分别从各电感的某端子流入（或流出）时，若产生的磁通相互加强，则称这两个端子为耦合电感的同名端，用"·"或"＊"表示，如图 8.2 所示。

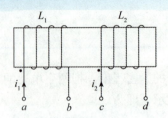

图 8.2　耦合电感的同名端

图 8.2 中的两个耦合电感，假设电流从 a、c 端子流入，由于产生的磁通方向一致，相互加强，因此 a 端和 c 端互为同名端，标记为"·"，而不带标记的 b 端和 d 端也互为同名端，同时可知，a 端和 d 端或 b 端和 c 端互为异名端。

　　2)耦合电感同名端的测定

　　如果已经知道耦合电感的绕行方向，两个电感绕向相同时，两个电感的起始端(或终止端)互为同名端，如图 8.3 所示，耦合电感电感 L_1 与电感 L_2 绕向相同，a 端与 c 端为两个电感的起始端，互为同名端。

　　如果不知道耦合电感的绕行方向，可以通过实验来判定同名端。实验电路如图 8.4 所示，L_1、L_2 是被测耦合电感。当开关 S 闭合时，电感 L_1 的电流从 a 端流入，此时电压表的指针如果正向偏转，说明电感 L_2 的 c 端为感应电压的正极，从而判定 a 端和 c 端为同名端。如果电压表的指针反向偏转，说明电感 L_2 的 d 端为感应电压的正极，从而判定 a 端和 d 端为同名端。

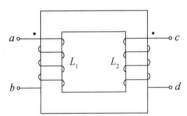

图 8.3　由电感绕向确定同名端

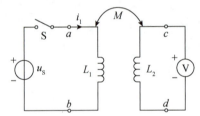

图 8.4　用实验法判定电感的同名端

　　3)用同名端法确定耦合电感中互感磁链的方向

　　如果电流从耦合电感的同名端流入(或流出)，则互感磁链与自感磁链的方向相同；如果电流从耦合电感的异名端流入(或流出)，则互感磁链与自感磁链的方向相反。

　　如图 8.5 所示，图(a)中互感磁链与自感磁链的方向相同，各耦合电感的总磁链为

$$\Psi_1 = L_1 i_1 + M i_2$$
$$\Psi_2 = L_2 i_2 + M i_1$$

图(b)中互感磁链与自感磁链的方向相反，各耦合电感的总磁链为

$$\Psi_1 = L_1 i_1 - M i_2$$
$$\Psi_2 = L_2 i_2 - M i_1$$

　　【例 8.1】耦合电感如图 8.5(b)所示，已知 $i_1 = 10$ A，$i_2 = 5\cos 10t$(A)，$L_1 = 2$ H，$L_2 = 3$ H，$M = 1$ H，试求各电感的总磁链。

　　解：图中电流从两个耦合电感的异名端流入，互感磁链与自感磁链方向相反，总磁链为

$$\Psi_1 = L_1 i_1 - M i_2 = 2 \times 10 - 1 \times 5\cos 10t = 20 - 5\cos 10t(\text{Wb})$$
$$\Psi_2 = L_2 i_2 - M i_1 = 3 \times 5\cos 10t - 1 \times 10 = -10 + 15\cos 10t(\text{Wb})$$

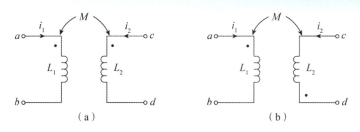

图 8.5　用同名端法确定互感磁链方向
(a)电流从同名端流入；(b)电流从异名端流入

3. 耦合电感的感应电压

由法拉第电磁感应定律可知，当耦合电感中的磁链发生变化时，产生感应电压。在图 8.1 所示的电感 1 和电感 2 中的自感磁链的变化，产生的自感电压为

$$u_{11} = \frac{\mathrm{d}\mathit{\Psi}_{11}}{\mathrm{d}t} = L_1 \frac{\mathrm{d}i_1}{\mathrm{d}t}$$

$$u_{22} = \frac{\mathrm{d}\mathit{\Psi}_{22}}{\mathrm{d}t} = L_2 \frac{\mathrm{d}i_2}{\mathrm{d}t}$$

电感 1 和电感 2 中的互感磁链的变化，产生的互感电压为

$$u_{21} = \frac{\mathrm{d}\mathit{\Psi}_{21}}{\mathrm{d}t} = M \frac{\mathrm{d}i_1}{\mathrm{d}t}$$

$$u_{12} = \frac{\mathrm{d}\mathit{\Psi}_{12}}{\mathrm{d}t} = M \frac{\mathrm{d}i_2}{\mathrm{d}t}$$

由于各电感中既产生自感电压，又产生互感电压，因此，总的感应电压为自感电压与互感电压的叠加，电感 1 和电感 2 中感应电压为

$$\begin{cases} u_1 = u_{11} \pm u_{12} = L_1 \dfrac{\mathrm{d}i_1}{\mathrm{d}t} \pm M \dfrac{\mathrm{d}i_2}{\mathrm{d}t} \\ u_2 = u_{22} \pm u_{21} = L_2 \dfrac{\mathrm{d}i_2}{\mathrm{d}t} \pm M \dfrac{\mathrm{d}i_1}{\mathrm{d}t} \end{cases} \tag{8.8}$$

式中，互感电压前的"±"号说明有两种情况：当互感电压与自感电压方向相同时，互感电压前取"+"，表示相互加强；当互感电压与自感电压方向相反时，互感电压前取"−"，表示相互削弱。

在实际应用中，互感电压前的"±"的选择可以用同名端法确定。当电流从两个的同名端流入（或流出）时，取"+"，互感电压与自感电压方向相同，为两者相加；当电流从两个的异名端流入（或流出）时，取"−"，互感电压与自感电压方向相反，为两者相减。

【例 8.2】耦合电感如图 8.6 所示，试写出耦合电感感应电压的表达式。

解：（1）在图 8.6(a)所示电路中，电流从两个电感的异名端流入，两个电感感应电压与电流为关联参考方向，耦合电感感应电压的表达式为

$$u_1 = L_1 \frac{\mathrm{d}i_1}{\mathrm{d}t} - M \frac{\mathrm{d}i_2}{\mathrm{d}t}$$

$$u_2 = L_2 \frac{\mathrm{d}i_2}{\mathrm{d}t} - M \frac{\mathrm{d}i_1}{\mathrm{d}t}$$

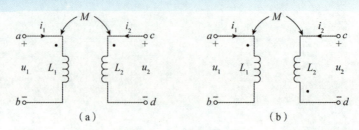

图 8.6 例 8.2 电路

（2）在图 8.6（b）所示电路中，电流从两个电感的同名端流入，电感 1 的感应电压与电流为关联参考方向，电感 2 的感应电压与电流为非关联参考方向，耦合电感感应电压的表达式为

$$u_1 = L_1 \frac{\mathrm{d}i_1}{\mathrm{d}t} + M \frac{\mathrm{d}i_2}{\mathrm{d}t}$$

$$u_2 = -\left(L_2 \frac{\mathrm{d}i_2}{\mathrm{d}t} + M \frac{\mathrm{d}i_1}{\mathrm{d}t}\right) = -L_2 \frac{\mathrm{d}i_2}{\mathrm{d}t} - M \frac{\mathrm{d}i_1}{\mathrm{d}t}$$

注意，电感 2 的感应电压表达式中自感电压与互感电压前都有"−"号，是因为端子电压 u_2 与端子电流 i_2 的参考方向是非关联的。

4. 感应电压的相量形式

在图 8.7（a）所示的耦合电感的时域电路中，施感电流与感应电压之间为微分关系，即

$$\begin{cases} u_1 = L_1 \dfrac{\mathrm{d}i_1}{\mathrm{d}t} \pm M \dfrac{\mathrm{d}i_2}{\mathrm{d}t} \\ u_2 = L_2 \dfrac{\mathrm{d}i_2}{\mathrm{d}t} \pm M \dfrac{\mathrm{d}i_1}{\mathrm{d}t} \end{cases}$$

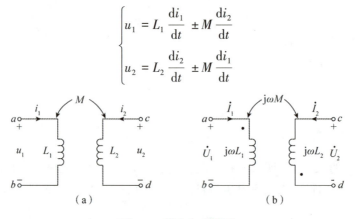

图 8.7 耦合电感模型

（a）耦合电感的时域模型；（b）耦合电感的相量模型

如果施感电流是正弦电流，感应电压也必然是正弦电压，耦合电感的分析与计算可以用相量法，耦合电感的相量模型如图 8.7（b）所示，耦合电感的感应电压的相量形式为

$$\begin{cases} \dot{U}_1 = \mathrm{j}\omega L_1 \dot{I}_1 \pm \mathrm{j}\omega M \dot{I}_2 \\ \dot{U}_2 = \mathrm{j}\omega L_2 \dot{I}_2 \pm \mathrm{j}\omega M \dot{I}_1 \end{cases} \tag{8.9}$$

式中，$\mathrm{j}\omega L_1$ 为自感 L_1 的自感抗；$\mathrm{j}\omega L_2$ 为自感 L_2 的自感抗；$\mathrm{j}\omega M$ 为互感 M 的互感抗。式中互感电压相量前面的"±"号的选取，仍然采用同名端法，即电流从同名端流入，则取"+"号；否则，电流从异名端流入，则取"−"号。

8.2　耦合电感的去耦合等效电路

在正弦稳态电路分析一章，我们学习了无耦合电感电路的分析与计算。在图 8.8 所示的无耦合电感电路中，电感 L_1 和电感 L_2 之间没有互感，是相互独立的，很容易使用 KVL 列出电压方程，为

$$\dot{U}_1 = R_1\dot{I} + j\omega L_1\dot{I}$$

$$\dot{U}_2 = R_2\dot{I} + j\omega L_2\dot{I}$$

用相量法很容易求解无耦合电感电路。

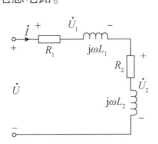

图 8.8　无耦合电感电路

如果电感 L_1 和 L_2 之间存在互感，问题就复杂多了。如果能够把含有耦合电感电路转换为无耦合电感电路，解决含有耦合电感电路的问题就简单多了。把耦合电感变换为无耦合电感称为去耦合，去掉耦合的无耦合电感电路称为去耦合等效电路。

1. 耦合电感的串联电路去耦合方法

两个耦合电感串联有两种连接方式——顺接串联和反接串联。

1）顺接串联

如果电流从两个耦合电感的同名端流进（或流出），称为顺接串联，如图 8.9 所示。

（1）顺接串联耦合电感的去耦合。

根据 KVL，耦合电感顺接串联时有

$$\begin{cases} \dot{U}_1 = R_1\dot{I} + j\omega L_1\dot{I} + j\omega M\dot{I} = R_1\dot{I} + j\omega(L_1 + M)\dot{I} \\ \dot{U}_2 = R_2\dot{I} + j\omega L_2\dot{I} + j\omega M\dot{I} = R_2\dot{I} + j\omega(L_2 + M)\dot{I} \end{cases} \tag{8.10}$$

由式（8.10）看出，如果把 L_1+M 视为电感 L_1 的等效电感，把 L_2+M 视为电感 L_2 的等效电感，则电感 L_1+M 和电感 L_2+M 为无耦合电感，这样耦合电感顺接串联电路转换为无耦合电感串联电路，如图 8.10 所示。

由以上分析可得，耦合电感顺接串联时，去耦合的方法是用 $L+M$ 的等效电感替换耦合电感 L。

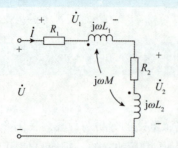

图 8.9　耦合电感的顺接串联电路

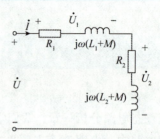

图 8.10　耦合电感顺接串联的去耦合电路

（2）顺接串联耦合电感的去耦合等效电感。

由图 8.10 可得

$$\dot{U} = \dot{U}_1 + \dot{U}_2 = R_1\dot{I} + j\omega(L_1 + M)\dot{I} + R_2\dot{I} + j\omega(L_2 + M)\dot{I}$$

$$= (R_1 + R_2)\dot{I} + j\omega(L_1 + L_2 + 2M)\dot{I}$$

等效电感为

$$L_{eq} = L_1 + L_2 + 2M \tag{8.11}$$

2）反接串联

如果电流从两个耦合电感的异名端流进（或流出），称为反接串联，如图 8.11 所示。

（1）反接串联耦合电感的去耦合。

根据 KVL，耦合电感反接串联时有

$$\begin{cases} \dot{U}_1 = R_1\dot{I} + j\omega L_1\dot{I} - j\omega M\dot{I} = R_1\dot{I} + j\omega(L_1 - M)\dot{I} \\ \dot{U}_2 = R_2\dot{I} + j\omega L_2\dot{I} - j\omega M\dot{I} = R_2\dot{I} + j\omega(L_2 - M)\dot{I} \end{cases} \tag{8.12}$$

由式（8.12）将耦合电感反接串联电路转换为无耦合电感串联电路，如图 8.12 所示。

由以上分析可得，耦合电感反接串联时，去耦合的方法是用 $L-M$ 的等效电感替换耦合电感 L。

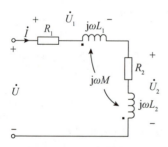

图 8.11　耦合电感的反接串联电路

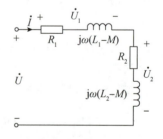

图 8.12　耦合电感反接串联的去耦合电路

（2）反接串联耦合电感的去耦合等效电感。

由图 8.12 可得

$$\dot{U} = \dot{U}_1 + \dot{U}_2 = R_1\dot{I} + j\omega(L_1 - M)\dot{I} + R_2\dot{I} + j\omega(L_2 - M)\dot{I}$$

$$= (R_1 + R_2)\dot{I} + j\omega(L_1 + L_2 - 2M)\dot{I}$$

等效电感为

$$L_{eq} = L_1 + L_2 - 2M \tag{8.13}$$

归纳上述两种耦合电感串联方式的去耦合分析可得：耦合电感串联电路的去耦合方法为用 $L \pm M$ 的无耦合电感等效替换耦合电感 L，其中"$\pm$"的选取方法为：如果电流从电感的同名端流入，则选取"$+$"，反之，如果电流从电感的异名端流入，则选取"$-$"。耦合电感串联的等效电感为 $L_1 + L_2 \pm 2M$，其中"$\pm$"的选取方法同样使用同名端法选取，如上述。

【例 8.3】耦合电感串联电路如图 8.13 所示，已知 $L_1 = 2\,H$，$L_2 = 3\,H$，$M = 1\,H$，求电路中 $1 - 1'$ 端的等效电感。

解：（1）在图 8.13（a）所示电路中，假设电流从 1 端流入，从 $1'$ 端流出，由于电流从两个电感的同名端流入，电感 L_1 的等效电感为 $L_1 + M$，电感 L_2 的等效电感为 $L_2 + M$。

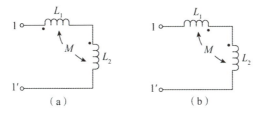

图 8.13　例 8.3 图

$$L_{\text{eq}} = L_1 + M + L_2 + M = L_1 + L_2 + 2M = 2 + 3 + 2 \times 1 = 7(H)$$

（2）在图 8.13（b）所示电路中，假设电流从 1 端流入，从 $1'$ 端流出，由于电流由两电感的异名端流入，电感 L_1 的等效电感为 $L_1 - M$，电感 L_2 的等效电感为 $L_2 - M$。电路中 $1 - 1'$ 端的等效电感为

$$L_{\text{oq}} = L_1 - M + L_2 - M = L_1 + L_2 - 2M = 2 + 3 - 2 \times 1 = 3(H)$$

2. 耦合电感的并联电路去耦合方法

耦合电感的并联也有两种方式——同名端并联和异名端并联，如图 8.14 所示。

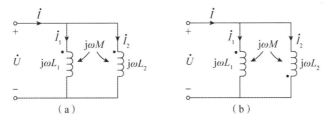

图 8.14　耦合电感并联电路

（a）同名端并联；（b）异名端并联

1）耦合电感同名端并联的去耦合

在图 8.14（a）所示电路中，根据 KVL 有

$$\dot{U} = j\omega L_1 \dot{I}_1 + j\omega M \dot{I}_2 \tag{8.14}$$

$$\dot{U} = j\omega L_2 \dot{I}_2 + j\omega M \dot{I}_1 \tag{8.15}$$

式（8.14）中互感是由电流 $\dot{I}_2$ 产生的，如果去掉含有 $\dot{I}_2$ 的项，即去掉了耦合，利用 KCL，将 $\dot{I}_2 = \dot{I} - \dot{I}_1$ 代入，得到

$$\dot{U} = j\omega L_1 \dot{I}_1 + j\omega M \dot{I}_2 = j\omega L_1 \dot{I}_1 + j\omega M (\dot{I} - \dot{I}_1) = j\omega (L_1 - M) \dot{I}_1 + j\omega M \dot{I} \tag{8.16}$$

同理，式（8.15）中互感是由电流 $\dot{I}_1$ 产生的，如果去掉含有 $\dot{I}_1$ 的项，即去掉了耦合，利

用 KCL，将 $\dot{I}_1 = \dot{I} - \dot{I}_2$ 代入，得到

$$\dot{U} = j\omega L_2\dot{I}_2 + j\omega M\dot{I}_1 = j\omega L_2\dot{I}_2 + j\omega M(\dot{I} - \dot{I}_2) = j\omega(L_2 - M)\dot{I}_2 + j\omega M\dot{I} \qquad (8.17)$$

由去掉耦合的式(8.16)和式(8.17)得到电路如图 8.15 所示。

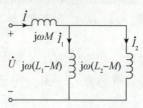

图 8.15 耦合电感同名端并联的去耦合等效电路

由图 8.15 可知，耦合电感同名端并联的去耦合方法为：将耦合电感 L_i，用无耦合电感 $L_i - M$ 代换，同时在公共端支路上添加一个无耦合电感 M，电路变换为无耦合电感电路。

2）耦合电感异名端并联的去耦合

在图 8.14(b)所示电路中，根据 KVL 有

$$\dot{U} = j\omega L_1\dot{I}_1 - j\omega M\dot{I}_2 \qquad (8.18)$$

$$\dot{U} = j\omega L_2\dot{I}_2 - j\omega M\dot{I}_1 \qquad (8.19)$$

将式(8.18)和式(8.19)中的耦合项去掉，得到

$$\dot{U} = j\omega L_1\dot{I}_1 - j\omega M\dot{I}_2 = j\omega L_1\dot{I}_1 - j\omega M(\dot{I} - \dot{I}_1) = j\omega(L_1 + M)\dot{I}_1 - j\omega M\dot{I} \qquad (8.20)$$

$$\dot{U} = j\omega L_2\dot{I}_2 - j\omega M\dot{I}_1 = j\omega L_2\dot{I}_2 - j\omega M(\dot{I} - \dot{I}_2) = j\omega(L_2 + M)\dot{I}_2 - j\omega M\dot{I} \qquad (8.21)$$

由去掉耦合的式(8.20)和式(8.21)得到电路如图 8.16 所示。

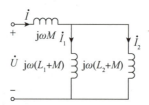

图 8.16 耦合电感异名端并联的去耦合等效电路

由图 8.16 可知，耦合电感异名端并联的去耦合方法为：将耦合电感 L_i，用无耦合电感 $L_i + M$ 代换，同时在公共端支路上添加一个无耦合电感 $-M$，电路变换为无耦合电感电路。

【例 8.4】耦合电感并联电路如图 8.17 所示，试求 ab 端的等效电感。

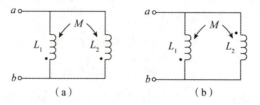

图 8.17 例 8.4 图
(a)同名端连接；(b)异名端连接

解：(1)图 8.17(a)为耦合电感同名端并联电路，去耦合方法为：L_1 用 $L_1 - M$ 代换，L_2 用 $L_2 - M$ 代换，公共端支路添加无耦合电感 M，其去耦合等效电路如图 8.18(a)所示。

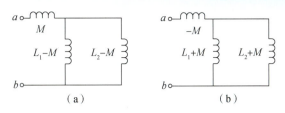

图 8.18　例 8.4 电路的去耦合等效电路

由图 8.18(a)可得 ab 端的等效电感为

$$L_{ab} = M + \frac{(L_1 - M)(L_2 - M)}{L_1 - M + L_2 - M} = \frac{L_1 L_2 - M^2}{L_1 + L_2 - 2M}$$

(2)图 8.17(b)为耦合电感异名端并联电路,去耦合方法为:L_1 用 $L_1 + M$ 代换,L_2 用 $L_2 + M$ 代换,公共端支路添加无耦合电感 $-M$,其去耦合等效电路如图 8.18(b)所示。

由图 8.18(b)可得 ab 端的等效电感为

$$L_{ab} = -M + \frac{(L_1 + M)(L_2 + M)}{L_1 + M + L_2 + M} = \frac{L_1 L_2 - M^2}{L_1 + L_2 + 2M}$$

3. 耦合电感的 T 形网络去耦合方法

上述对耦合电感并联电路的去耦合方法也是耦合电感的 T 形网络去耦合方法,如图 8.19 所示。

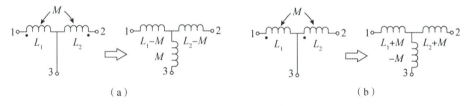

图 8.19　耦合电感的 T 形网络去耦合方法
(a)同名端连接;(b)异名端连接

由图 8.19 可知,耦合电感的 T 形网络去耦合方法为:将耦合电感 L_i 用无耦合电感 $L_i \mp M$ 代换,并在 T 形网络的第 3 条支路中添加一个无耦合电感 $\pm M$。其中"$\pm$"号的选择由 T 形网络的连接方式决定,即 T 形网络同名端连接时,3 个无耦合电感选取 $L_1 - M$、$L_2 - M$、$+M$;T 形网络异名端连接时,3 个无耦合电感选取 $L_1 + M$、$L_2 + M$、$-M$。

【例 8.5】耦合电感电路如图 8.20 所示,$\omega = 1$ rad/s,试求 ab 端的输入阻抗。

解:将两个耦合电感的下端连接,如图 8.21(a)所示。耦合电感成为同名端连接的 T 形网络,其去耦合等效电路如图 8.21(b)所示。

由图 8.21(b)可得输入阻抗为

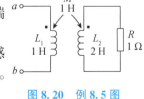

图 8.20　例 8.5 图

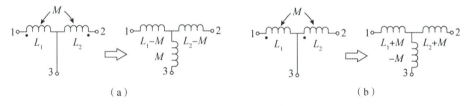

图 8.21　例 8.5 电路的去耦合等效电路

211

$$Z_{ab} = j\omega(L_1 - M) + \frac{j\omega M[R + j\omega(L_2 - M)]}{j\omega M + R + j\omega(L_2 - M)} = j\omega(L_1 - M) + \frac{j\omega M[R + j\omega(L_2 - M)]}{R + j\omega L_2}$$

$$= 0 + \frac{j1 \times (1 + j1)}{1 + j2} = 0.2 - j0.6(\Omega)$$

8.3　含有耦合电感电路的计算

含有耦合电感电路通常用相量法进行分析与计算，首先利用去耦合的方法，把耦合电感电路变换为无耦合电感电路，然后可以采用基尔霍夫定律、网孔电流法、结点电压法、电源模型等效变换、叠加定理、戴维南定理等合适的方法求解电路。

【例 8.6】耦合电感电路如图 8.22 所示，电压 $U = 50$ V，求当开关 S 断开和闭合时的电流。

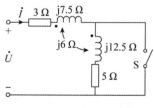

图 8.22　例 8.6 图

解：当开关断开时，两个耦合电感是顺接串联，去耦合等效电路如图 8.23(a)所示。

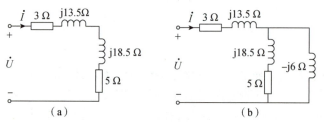

图 8.23　例 8.6 电路的去耦合等效电路
(a)开关断开；(b)开关闭合

设电压为 $\dot{U} = 50\angle 0°$ V，由图 8.23(a)所示电路得到电流为

$$\dot{I} = \frac{50\angle 0°}{3 + j13.5 + 5 + j18.5} = \frac{50\angle 0°}{32.98\angle 75.96°} = 1.52\angle -75.96°(A)$$

当开关闭合时，电路为耦合电感异名端连接的 T 形网络，其去耦合等效电路如图 8.23(b)所示。电路的等效阻抗为

$$Z = 5 + j13.5 + \frac{-j6 \times (5 + j18.5)}{-j6 + 5 + j18.5} = 7.82\angle 39.96°(\Omega)$$

$$\dot{I} = \frac{\dot{U}}{Z} = \frac{50\angle 0°}{7.82\angle 39.96°} = 6.39\angle -39.96°(A)$$

【例 8.7】含有耦合电感的电路如图 8.24 所示，已知 $R_1 = R_2 = 10\ \Omega$，$L_1 = 100$ mH，$L_2 =$

150 mH，$M = 50$ mH，$U_\mathrm{S} = 10$ V，$\omega = 2 \times 10^2$ rad/s，求电流 $\dot{I}_1$、$\dot{I}_2$。

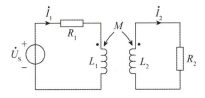

图 8.24 例 8.7 图

解： 将耦合电感下端连接，成为同名端连接的 T 形网络，其去耦合等效电路如图 8.25 所示。

设电源电压为 $\dot{U}_\mathrm{S} = 10\angle 0°$ V，各电感的阻抗为

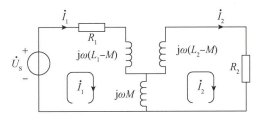

图 8.25 例 8.7 电路的去耦合等效电路

$$j\omega(L_1 - M) = j \times 2 \times 10^2 \times (100 - 50) \times 10^{-3} = j10(\Omega)$$
$$j\omega(L_2 - M) = j \times 2 \times 10^2 \times (150 - 50) \times 10^{-3} = j20(\Omega)$$
$$j\omega M = j \times 2 \times 10^2 \times 50 \times 10^{-3} = j10(\Omega)$$

使用网孔电流法，设网孔电流为 $\dot{I}_1$、$\dot{I}_2$，网孔电流方程为

$$[R_1 + j\omega(L_1 - M) + j\omega M]\dot{I}_1 - j\omega M \dot{I}_2 = \dot{U}_\mathrm{S}$$
$$[R_2 + j\omega(L_2 - M) + j\omega M]\dot{I}_2 - j\omega M \dot{I}_1 = 0$$

代入数值并整理得到

$$(1 + j2)\dot{I}_1 - j1\dot{I}_2 = 1$$
$$(1 + j3)\dot{I}_2 - j1\dot{I}_1 = 0$$

解得

$$\dot{I}_1 = 0.493\angle -57.1°(\mathrm{A}),\ \dot{I}_2 = 0.156\angle -38.7°(\mathrm{A})$$

【例 8.8】 含有耦合电感的电路如图 8.26 所示，已知 $\dot{U}_\mathrm{S} = 10\angle 0°$ V，$R_1 = R_2 = 3\ \Omega$，$j\omega M = j2\ \Omega$，$j\omega L_1 = j\omega L_2 = j4\ \Omega$，求：(1) ab 端开路时的电压 $\dot{U}_{ab}$；(2) ab 端短路时的短路电流 $\dot{I}_{ab}$。

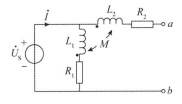

图 8.26 例 8.8 图

解：图 8.26 所示电路为耦合电感异名端连接的 T 形网络，其去耦合等效电路如图 8.27(a)所示。

（1）求开路电压。开路电压为电感 $L_1 + M$ 和 R_1 两端的电压，利用分压公式求得开路电压为

$$\dot{U}_{ab} = \frac{R_1 + j\omega(L_1 + M)}{R_1 + j\omega(L_1 + M) - j\omega M}\dot{U}_S = \frac{R_1 + j\omega(L_1 + M)}{R_1 + j\omega L_1}\dot{U}_S$$

$$= \frac{3 + j6}{3 + j4} \times 10\angle 0° = 13.4\angle 10.3°(V)$$

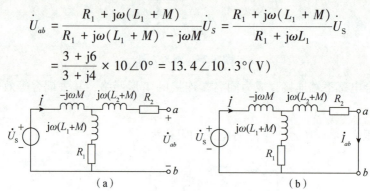

图 8.27　例 8.8 电路的去耦合等效电路

(a)求开路电压的去耦合等效电路；(b)求短路电流的去耦合等效电路

（2）求短路电流。将 ab 端短路，如图 8.27(b)所示，电路的总阻抗为

$$Z = -j\omega M + \frac{[R_1 + j\omega(L_1 + M)][R_2 + j\omega(L_2 + M)]}{R_1 + j\omega(L_1 + M) + R_2 + j\omega(L_2 + M)}$$

$$= -j2 + \frac{(3 + j6)(3 + j6)}{3 + j6 + 3 + j6} = 1.5 + j1 = 1.8\angle 33.7°(\Omega)$$

总电流为

$$\dot{I} = \frac{\dot{U}_S}{Z} = \frac{10\angle 0°}{1.8\angle 33.7°} = 5.56\angle -33.7°(A)$$

利用分流公式得到短路电流为

$$\dot{I}_{ab} = \frac{R_1 + j\omega(L_1 + M)}{R_1 + j\omega(L_1 + M) + R_2 + j\omega(L_2 + M)} \times \dot{I}$$

$$= \frac{3 + j6}{3 + j6 + 3 + j6} \times 5.56\angle -33.7° = 2.78\angle -33.7°(A)$$

8.4　理想变压器

变压器是电子电路、电力系统中常见的器件，小到收音机输入输出变压器，大到生产生活中大型电网用来升压降压的电力变压器。顾名思义，变压器的主要作用就是变压，也就是改变电压。变压器的原理是电磁感应技术，为便于对变压器的学习，先来学习一下磁路的基本知识。

8.4.1　磁路的基本概念

在电工技术中，根据电磁现象及其原理制成的电气设备种类很多，其中变压器是广泛用于电力系统、仪器仪表、家用电器等领域的电气设备，它是借助于磁场来实现能量变换的装置。因此，只有同时掌握了电路和磁路的基本理论，才能对各种电工设备作全面的分析。

1. 磁路

磁路问题是局限于一定路径内的磁场问题，因此磁场的各个基本物理量是分析磁路的基础。研究磁路问题时，常用的基本物理量主要有如下几个。

1）磁感应强度（B）

与磁场方向相垂直的单位面积上所通过的磁通，叫作磁感应强度，又叫作磁通密度，通常用字母 B 来表示。它是一个矢量，与电流（电流产生磁场）之间的方向关系可用右手螺旋法则来确定，其大小为

$$B = \frac{\Phi}{S} \tag{8.22}$$

式中，Φ 为通过面积 S 的磁通。在国际单位制（SI）中，磁通的单位是 Wb（韦伯）。磁通常用的非 SI 单位是 Mx（麦克斯韦）。两者的换算关系为

$$1\ Wb = 10^8\ Mx$$

在 SI 中，磁感应强度的单位是 T（特斯拉）。磁感应强度常用的非 SI 单位为 Gs（高斯）。两者的换算关系为

$$1\ T = 10^4\ Gs$$

2）磁场强度（H）

根据物理学中学过的安培环路定理可知，磁场强度矢量 H 沿任意闭合回线上的线积分等于穿过该闭合回线所围面积的电流的代数和，即

$$\oint H \mathrm{d}l = \sum I \tag{8.23}$$

式中规定，凡是电流方向与闭合回线的循环方向符合右手螺旋法则的电流为正，反之为负。在 SI 中，磁场强度的单位是 A/m（安/米）。

二维码 8-2　磁路的分析

8.4.2　理想变压器概述

变压器是一种常用的器件，其在电路中的作用是通过磁场耦合传输能量或信号。尽管变压器种类很多，就其耦合紧密程度可以分为空心变压器和铁芯变压器两种。它们的主要区别是：空心变压器绕制两个线圈的铁芯是非铁磁性材料；而铁芯变压器的铁芯是铁磁性材料。

空心变压器的耦合系数小，属于松耦合；铁芯变压器的耦合系数大，接近于 1，属于紧耦合。在工程应用中，为了简化计算，对紧耦合的情况常用理想变压器近似。

1. 理想变压器的概念

理想变压器是实际铁芯变压器理想化的电路模型，利用耦合电感的互感作用，实现电压变换、电流变换和阻抗变换。

1) 理想变压器的条件

理想变压器具有 3 个理想化条件：

（1）变压器本身不消耗能量，即线圈没有阻值，电导率趋于无穷大，铁芯的磁导率趋于无穷大；

（2）是全耦合变压器，即耦合系数 $k = 1$；

（3）两个线圈的自感系数 L_1、L_2 为无穷大，并且两者比值为常数，互感系数 M 也为无穷大。

实际变压器的制作为了接近理想变压器的条件，选用电导率高的金属导线绕制线圈，并且用磁导率高的硅钢片按叠式结构制作铁芯，来实现理想化条件中无损耗的条件。采用线圈紧绕、密绕和双线绕，并且对外采取磁屏蔽，力求满足理想化条件中的全耦合条件。增加线圈的匝数来实现理想化条件中参数无穷大的条件。这样在电路总能量不变的条件下，尽可能减少变压器不必要的损耗。

2) 理想变压器的主要性能及符号

理想变压器一、二次线圈的匝数 N_1、N_2 与一、二次线圈的电感值 L_1、L_2 的关系为

$$\sqrt{\frac{L_1}{L_2}} = \frac{N_1}{N_2} = n \tag{8.24}$$

式中，n 表示一次和二次线圈的匝数之比，称为理想变压器的变比或匝数比，是理想变压器的重要参数。

理想变压器的电路符号如图 8.28 所示。

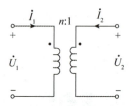

图 8.28　理想变压器的电路符号

2. 电压变换关系

如图 8.28 所示，设电压 u_1、u_2 的参考方向"+"极在同名端。由于理想变压器的耦合系数 $k = 1$，为全耦合变压器。一次线圈电流产生的磁通为 Φ_{11}，二次线圈电流产生的磁通为 Φ_{22}，在全耦合条件下，同一电流产生的互感磁通与自感磁通相同，有

$$\Phi_{21} = \Phi_{11} = \Phi，\ \Phi_{12} = \Phi_{22} = \Phi；\ \Psi_1 = N_1 \Phi，\ \Psi_2 = N_2 \Phi$$

一次线圈和二次线圈的感应电压为

$$u_1 = \frac{\mathrm{d}\Psi_1}{\mathrm{d}t} = N_1 \frac{\mathrm{d}\Phi}{\mathrm{d}t}，\ u_2 = \frac{\mathrm{d}\Psi_2}{\mathrm{d}t} = N_2 \frac{\mathrm{d}\Phi}{\mathrm{d}t}$$

电压变换关系为

$$\frac{u_1}{u_2} = \frac{N_1}{N_2} = n \tag{8.25}$$

理想变压器的电压变换关系也可以写成

$$\frac{\dot{U}_1}{\dot{U}_2} = \frac{N_1}{N_2} = n \tag{8.26}$$

变压器的变比 $n>1$ 时，为降压变压器，即二次线圈电压低于一次线圈电压；当 $n<1$ 时，为升压变压器，即二次线圈电压高于一次线圈电压。

如果电压 u_1、u_2 的参考方向"+"极在异名端，如图 8.29 所示，则电压比为负变比，为

$$\frac{u_1}{u_2} = -\frac{N_1}{N_2} = -n \text{ 或 } \frac{\dot{U}_1}{\dot{U}_2} = -\frac{N_1}{N_2} = -n \tag{8.27}$$

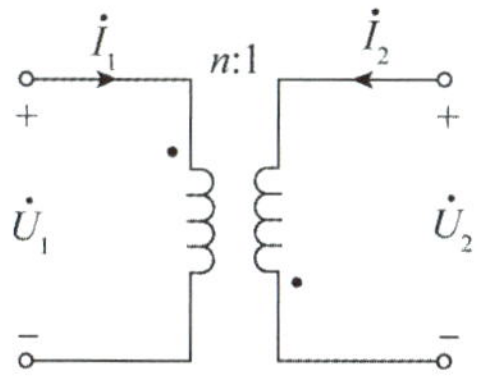

图 8.29　理想变压器变压、变流关系

3. 电流变换关系

如图 8.28 所示，两个线圈的电流 i_1、i_2 从同名端流入（或流出），变压器一次线圈吸收功率为

$$P_1 = u_1 i_1$$

变压器二次线圈发出功率为

$$P_2 = u_2 i_2$$

由于理想变压器没有能量损失，有

$$P_1 = -P_2, \quad u_1 i_1 = -u_2 i_2$$

电流变换关系为

$$\frac{i_1}{i_2} = -\frac{N_2}{N_1} = -\frac{1}{n} \text{ 或 } \frac{\dot{I}_1}{\dot{I}_2} = -\frac{N_2}{N_1} = -\frac{1}{n} \tag{8.28}$$

如果电流 i_1、i_2 从变压器的异名端流入，如图 8.29 所示，则 i_1、i_2 变换关系为

$$\frac{i_1}{i_2} = \frac{N_2}{N_1} = \frac{1}{n} \text{ 或 } \frac{\dot{I}_1}{\dot{I}_2} = \frac{N_2}{N_1} = \frac{1}{n} \tag{8.29}$$

在实际工程中，将一些近似满足理想化条件的变压器等效成理想变压器，使电路的分析和计算大大简化。

4. 阻抗变换关系

理想变压器具有变压、变流特性，还具有变换阻抗的特性。

1) 理想变压器的输入阻抗

理想变压器二次端接负载，如图 8.30(a) 所示，一次端的输入阻抗为

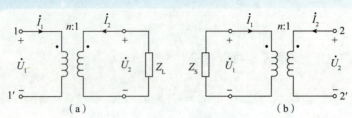

图 8.30　理想变压器的阻抗变换关系

（a）理想变压器的输入阻抗；（b）理想变压器的输出阻抗

$$Z_{11'} = \frac{\dot{U}_1}{\dot{I}_1} = \frac{n\dot{U}_2}{-\frac{1}{n}\dot{I}_2} = n^2 Z_L \tag{8.30}$$

$n^2 Z_L$ 为二次端折合到一次端的等效阻抗，称为折合阻抗。

2）理想变压器的输出阻抗

理想变压器的一次端有阻抗 Z_S，如图 8.30（b）所示，二次端的输出阻抗为

$$Z_{22'} = \frac{\dot{U}_2}{\dot{I}_2} = \frac{\frac{1}{n}\dot{U}_1}{-n\dot{I}_1} = \frac{1}{n^2} Z_S \tag{8.31}$$

理想变压器的阻抗变换关系不受同名端位置的影响。同时，它的阻抗变换性质只改变原阻抗大小，不改变阻抗的性质，即当负载阻抗为感性时，变换到一次端的阻抗也是感性的；负载阻抗为容性时，变换到一次端的阻抗也是容性的。

由式（8.30）可知，当接有负载阻抗时，改变变压器的变比 n，会影响输入阻抗的值。在实际应用中，可以通过这种方法，实现与电源内阻的匹配，从而实现在负载上获得最大功率。

【例 8.9】 理想变压器电路如图 8.31 所示，已知 $\dot{U}_S = 10\angle0° \text{ V}$，求负载的电压 $\dot{U}_2$。

解：理想变压器负载等效到一次端的阻抗 $Z_{11'}$ 为

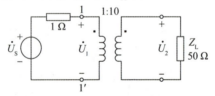

图 8.31　例 8.9 图

$$Z_{11'} = n^2 Z_L = (0.1)^2 \times 50 = 0.5(\Omega)$$

变压器一次端的等效电路如图 8.32 所示，利用分压公式得到 $\dot{U}_1$ 为

$$\dot{U}_1 = \frac{0.5}{1 + 0.5} \times 10\angle0° = \frac{10}{3}\angle0°(\text{V})$$

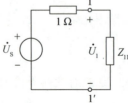

图 8.32　例 8.9 电路的等效电路

由理想变压器的电压变换关系得到二次端电压为

$$\dot{U}_2 = \frac{\dot{U}_1}{n} = \frac{\frac{10}{3}\angle 0°}{0.1} = 33.33\angle 0°(V)$$

【例 8.10】电路如图 8.33 所示，信号源电压的有效值 $U_S = 50$ V，信号源内阻 $R_S = 100$ Ω，负载为扬声器，其等效电阻 $R_L = 8$ Ω，求负载的功率。

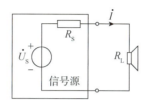

图 8.33　例 8.10 图

解：（1）将负载直接接到信号源上，负载得到的功率为

$$P_L = I^2 R_L = \left(\frac{U_S}{R_S + R_L}\right)^2 R_L = \left(\frac{50}{100 + 8}\right)^2 \times 8 = 1.7(W)$$

（2）将负载通过变压器接到信号源上，如图 8.34 所示。

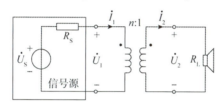

图 8.34　变压器接负载电路

为使负载获得最大功率，需要满足变压器一次端获得最大功率的条件 $R_{11'} = R_S$，即

$$n^2 R_L = R_S$$

选择变压器的变比为

$$n = \sqrt{\frac{R_S}{R_L}} = \sqrt{\frac{100}{8}} = 3.54$$

$$R_{11'} = n^2 R_L = 3.54^2 \times 8 = 100(\Omega)$$

负载得到的功率为

$$P_L = I_1^2 R_{11'} = \left(\frac{U_S}{R_S + R_{11'}}\right)^2 R_{11'} = \left(\frac{50}{100 + 100}\right)^2 \times 100 = 6.25(W)$$

由此例可见，加入变压器以后，利用变压器的阻抗变换作用，实现负载与信号源之间的匹配，使输出功率提高了很多。

【例 8.11】电源变压器电路如图 8.35 所示，变压器的一次端由两个额定电压为 110 V 的线圈构成。若要接入 220 V 电源，问这两个线圈应如何连接？若连接错误，会发生什么情况？

解：当电源电压为 220 V 时，应将 1'端与 2 端（异名端）相连，1 端与 2'端接电源。此时两个线圈的电压都是 110 V，产生的磁通方向一致。

如果 1'端和 2'端连接，从 1 端和 2 端接入电源，那么任何瞬间两线圈中产生的磁通都将相互抵消，这时磁路中没有交变磁通，所以线圈中将没有感应电动势，一次端中的电流将会很大(只取决于电源电压和线圈电阻),变压器线圈会迅速发热而烧毁。

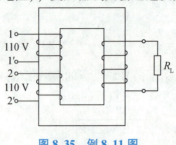

图 8.35 例 8.11 图

8.5 耦合电感的应用

变压器是耦合电感的重要应用,下面介绍几种变压器。

8.5.1 电力变压器

变压器是电力网中的重要设备,其主要作用是升高或降低电压,以利于电能的合理输送、分配和使用。

1. 电力网的组成与作用

电力网由输电网和配电网组成。输电网主要将发电厂的电能经过变压器升压,通过高压输电线路送到负载中心的枢纽变电站,同时输电网还有联络相邻电力系统和联系相邻变电站的作用,或向特大用电户直接供电。输电网的额定电压通常为 220~750 kV 或更高。

配电网可分为高压、中压和低压配电网。高压配电网的电压一般为 35~110 kV 或更高,中压配电网的电压一般为 6~20 kV,它们将来自变电站的电能分配到众多的配电变压器,以及直接供应中等用电户。低压配电网的电压为 380/220 V,用于向数量很大的小用户供电。

我国国家标准规定的电力网络电压等级为 0.38、3、6、10、35、63、110、220、330、500、750 kV。

2. 电力变压器的主要技术指标

电力变压器的主要技术指标见二维码 8-3。

二维码 8-3 电力变压器的主要技术指标

8.5.2 自耦变压器

自耦变压器的二次线圈是一次线圈的一部分,两者同在一个磁路上,如图 8.36 所示。

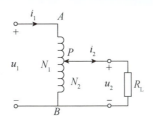

图 8.36　自耦变压器

自耦变压器的一次、二次电压之比与普通双线圈变压器的相同，即 $U_1/U_2 = N_1/N_2 = n$。改变二次线圈的匝数，就可以获得不同的输出电压 U_2。

一般地，在自耦变压器的二次端设置几个抽头，不同抽头可引出不同的电压。使用时，改变滑动端的位置，便可得到不同的输出电压。二次端匝数可以自由调节，获得可以调节的电压，就是实验室中使用的调压器。

与双线圈的变压器相比较，自耦变压器虽然节约了一个独立的二次线圈，但是由于一次、二次线圈为同一个线圈，之间有直接的电联系，在接线不当或公共部分断开的情况下，二次端会出现高电压，将危及操作人员的安全。

自耦变压器属于不安全变压器，所以行灯、机床照明灯等与操作人员直接接触的电气设备，不准使用自耦变压器变换电压。

实验室中常用的调压器就是一种可改变二次线圈匝数的自耦变压器，其外形和电路如图8.37 所示。

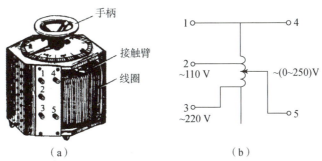

图 8.37　调压器的外形和电路
（a）外形；（b）电路

8.5.3　互感器

电力系统中，高电压和大电流不便于测量，通常用专用的变压器把电流变小或把电压降低后再进行测量，这种特种专用的变压器称为互感器。

互感器的分类见二维码 8-4

二维码 8-4　互感器的分类

8.5.4　三相变压器

变换三相电压的变压器称为三相变压器。按变换方式的不同，三相变压器分为三相组式变压器和三相心式变压器两种。

三相组式变压器和三相心式变压器介绍见二维码8-5。

二维码8-5　三相组式变压器和三相心式变压器介绍

本章小结

（1）耦合线圈1的施感电流i_1产生磁通与线圈2相交链的磁链与i_1之比定义为互感。

①互感系数是描述电感间耦合关系的重要参数。

②由于互感的存在，每个电感的磁链为自感磁链与互感磁链的叠加；每个电感产生的感应电压也为自感电压与互感电压的叠加。

③引入同名端的概念，使用同名端法很容易确定磁链或感应电压的叠加关系。当两个线圈的电流都从同名端流入时，自感磁链与互感磁链相加，自感电压与互感电压相加；否则为相减。

（2）耦合电感电路的去耦方法。

①分析含有耦合电感电路时，首先对耦合电感进行去耦合，再对无耦合电感电路进行分析计算。

②耦合电感串联的去耦合方法：用无耦合电感$L_i \pm M$替代耦合电感L_i；等效电感为$L = L_1 + L_2 \pm 2M$。如果为顺接串联取"+"；如果为反接串联取"−"。

③耦合电感并联的去耦合方法：用无耦合电感$L_i \mp M$替代耦合电感L_i，并在第3条支路增加一个无耦合电感$\pm M$。符号的选取：耦合电感同名端连接，第3条支路取$+M$，第1条支路与第2条支路取$-M$；耦合电感异名端连接，第3条支路取$-M$，第1条支路与第2条支路取$+M$。

④耦合电感T形网络的去耦合方法与耦合电感并联的去耦合方法相同。

（3）理想变压器是一个无能量损耗，全耦合，参数L_1、L_2、M无穷大的变压器模型。

理想变压器的功能是实现电压、电流、阻抗的变换。

电压变换关系为$\dfrac{u_1}{u_2} = \dfrac{N_1}{N_2} = n$；电流变换关系为$\dfrac{i_1}{i_2} = \dfrac{N_2}{N_1} = -\dfrac{1}{n_1}$；阻抗变换关系为$Z_{11'} = n^2 Z_L$。

（4）特殊变压器根据使用要求各有特点，本章只对其中几种作了简单介绍。特殊变压器的种类很多，需要时可参阅有关资料。

综合练习

8.1　填空题。

(1) 耦合电感的耦合系数 $k=0$，说明耦合电感的耦合程度为_____。

(2) 两个耦合电感在串联时，顺接和反接的等效电感相差_____。

(3) 图 P8.1 所示耦合电感的同名端为_____。

(4) 理想变压器如图 P8.2 所示，变比 $n=10$，一次端电压 $U_1=220$ V，二次端电压 U_2 为_____。

(5) 理想变压器如图 P8.3 所示，变比 $n=5$，一次端电流 $I_1=1$ A，二次端电流 I_2 为_____。

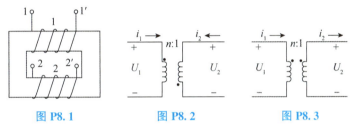

图 P8.1　　　　图 P8.2　　　　图 P8.3

(6) 两个耦合电感的耦合系数 k、互感 M、自感 L_1 与 L_2 的关系为_____。

(7) 电路如图 P8.4 所示，理想变压器的变比为 $10:1$，电阻 R_L 为_____时获得最大功率。

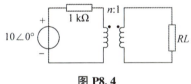

图 P8.4

(8) 电路如图 P8.5 所示，理想变压器的变比为 $10:1$，电压 $\dot{U}_2=$_____。

(9) 电路如图 P8.6 所示，如果使 $10\ \Omega$ 电阻获得最大功率，理想变压器的变比为_____。

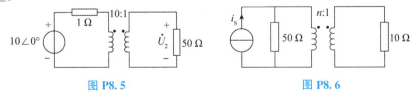

图 P8.5　　　　　　　　图 P8.6

(10) 参数为 L_1、L_2、M 的互感线圈的互阻抗为_____。

8.2　选择题。

(1) 图 P8.7 所示耦合电感 1 与 2 的同名端和 1 与 3 的同名端为(　　　)。

A. 1 与 2；1 与 3   B. 1 与 2′；1 与 3

C. 1′与 2；1′与 3   D. 无法确定

(2)电路如图 P8.8 所示，电感 L_1 的磁链的表达式为（   ）。

A. $\Psi_1=L_1i_1+Mi_1$ B. $\Psi_1=L_1i_1+Mi_2$ C. $\Psi_1=L_1i_1+Mi_1$ D. $\Psi_1=L_1i_1+Mi_2$

(3)电路如图 P8.9 所示，电感 L_2 的感应电压的表达式为（   ）。

A. $u_2=L_2\dfrac{\mathrm{d}i_1}{\mathrm{d}t}+M\dfrac{\mathrm{d}i_1}{\mathrm{d}t}$

B. $u_2=L_2\dfrac{\mathrm{d}i_2}{\mathrm{d}t}+M\dfrac{\mathrm{d}i_1}{\mathrm{d}t}$

C. $u_2=L_2\dfrac{\mathrm{d}i_2}{\mathrm{d}t}-M\dfrac{\mathrm{d}i_1}{\mathrm{d}t}$

D. $u_2=L_2\dfrac{\mathrm{d}i_2}{\mathrm{d}t}+M\dfrac{\mathrm{d}i_2}{\mathrm{d}t}$

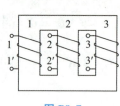 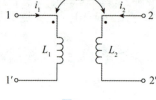 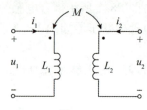

图 P8.7   图 P8.8   图 P8.9

(4)理想变压器的变比为 n，一次端与二次端电流有效值之比为（   ）。

A. 等于 n B. 等于 $1/n$ C. 等于 n^2 D. 无法确定

8.3 判断题。

(1)耦合电感上的电压包含自感电压和互感电压两部分。   （   ）

(2)耦合电感的电压与电流的关系遵从欧姆定律。   （   ）

(3)理想变压器的电压、电流变换关系式与电压、电流的参考方向无关。   （   ）

(4)耦合电感只要是串联，它们的等效电感一定是 $L=L_1+L_2+2M$。   （   ）

(5)两个耦合电感，一个通入交流电，另一个通入直流电，两个电感上的感应电压中只有自感电压，没有互感电压。   （   ）

(6)理想变压器一次端的输入等效电阻与其变比的平方成正比。   （   ）

(7)若两个电感中同时有电流 i_1 和 i_2 存在，则每个电感中总磁链为本身的磁链和另一个电感中电流形成的磁链的代数和。   （   ）

(8)变比是理想变压器的唯一参数。   （   ）

8.4 电路如图 P8.10 所示，当 $i_S=\sqrt{2}\cos(50t)$（A）时，$u_2(t)=\cos(50t+90°)$（V），求互感 M。

8.5 电路如图 P8.11 所示，已知 $\dot{U}_S=5\angle 0°\text{V}$，$\mathrm{j}\omega M=\mathrm{j}2\ \Omega$，电源的角频率为 $\omega=1\ \text{rad/s}$。求耦合电感中电流 $\dot{I}_1$。

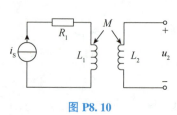 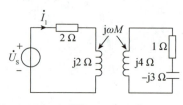

图 P8.10   图 P8.11

第9章　三相电路

内容提要

　　目前世界各国电力系统普遍采用三相电路来发电、传输和分配大功率电能，三相电路由三相电源、三相负载和三相输电线路几部分组成。本章首先介绍三相电路的连接方式，详细介绍对称三相电路中线电压与相电压、线电流与相电流的关系；然后重点介绍对称三相电路的分析与计算，同时简单介绍非对称三相电路的分析；最后介绍三相电路的功率的计算与测量方法。

知识目标

　　◆掌握三相电路的连接方式，理解三相电路的相电压、线电压、相电流、线电流的概念及它们之间的关系；

　　◆熟练掌握对称三相电路的分析与计算；

　　◆了解非对称三相电路的特点和分析；

　　◆掌握三相电路功率的计算。

二维码9-1　知识导图

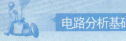

9.1 三相电路的基本概念

三相电技术问世于 19 世纪，由于三相电路输送电能比单相电路经济，三相交流电机的运行性能和效率也远比单相交流电机好，因此三相电得到了广泛的应用，且已标准化或规范化。三相电路由三相电源、三相负载和三相输电线路三部分组成。

9.1.1 对称三相电源及其连接方式

三相电路中的三相电源通常由三相发电机产生。

1. 对称三相电源

对称三相电源是由 3 个幅度相等、频率相同、初相依次相差 120° 的正弦电压源按一定方式连接而成的。3 个电压分别称为 A 相、B 相和 C 相，用 u_A、u_B、u_C 表示，其波形如图 9.1 所示。

对称三相电压的瞬时值表达式为

$$\begin{cases} u_A = \sqrt{2}\,U\cos\omega t \\ u_B = \sqrt{2}\,U\cos(\omega t - 120°) \\ u_C = \sqrt{2}\,U\cos(\omega t + 120°) \end{cases} \tag{9.1}$$

对称三相电压的相量形式为

$$\begin{cases} \dot{U}_A = U\angle 0° \\ \dot{U}_B = U\angle -120° \\ \dot{U}_C = U\angle 120° \end{cases} \tag{9.2}$$

对称三相电压的相量图如图 9.2 所示。

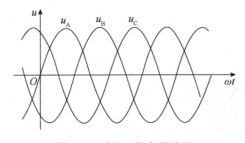

图 9.1 对称三相电压波形

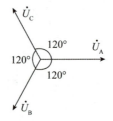

图 9.2 对称三相电压的相量图

1) 对称三相电源电压的关系

对称三相电源的电压瞬时值之和为零，3 个电压相量之和也为零，如图 9.3 所示，即有

$$u_A + u_B + u_C = 0, \quad \dot{U}_A + \dot{U}_B + \dot{U}_C = 0 \tag{9.3}$$

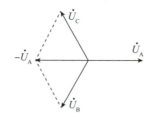

图 9.3　对称三相电压相量关系

2）相序

三相电源的 3 个电压分别达到最大值的先后顺序叫作相序。式(9.1)所示三相电压的相序是 A—B—C—A，这种相序称为正序，即 A 相超前 B 相，B 相超前 C 相；如果是 A—C—B—A，则称为反序或逆序。本书如果不加说明，则三相电压的相序是指正序。

对称三相电源有两种连接方式：一种是 Y 形连接，另一种是 △ 形连接。

2. 三相电源的 Y 形连接

如果将 3 个电源的负极性端连在一起，从各电源的正极性端向外引线，如图 9.4 所示，这种连接方式称为 Y 形连接或星形连接。

3 个负极性连接点称为中点，用 N 表示，从中点引出的线称为中线 NN′，也称为零线；从各电源正极性端引出的线称为端线，也称为火线，分别用 A、B、C 表示。

1）相电压与线电压

端线与中线之间的电压称为相电压，分别为 $\dot{U}_A$、$\dot{U}_B$、$\dot{U}_C$，一般用 $\dot{U}_P$ 表示。相电压就是每相电源的电压，相电压的相量形式为

$$\dot{U}_A = U\angle 0°, \quad \dot{U}_B = U\angle -120°, \quad \dot{U}_C = U\angle 120°$$

由相电压的相量形式可知，相电压为对称三相电压。

端线与端线之间的电压称为线电压，分别为 $\dot{U}_{AB}$、$\dot{U}_{BC}$、$\dot{U}_{CA}$，一般用 $\dot{U}_L$ 表示，如图 9.4 所示。

2）线电压与相电压的关系

由图 9.4 可知，线电压与相电压的关系为

$$\dot{U}_{AB} = \dot{U}_A - \dot{U}_B = \dot{U}_A + (-\dot{U}_B)$$

相量图如图 9.5 所示。由图可知

$$\dot{U}_{AB} = \sqrt{3}\dot{U}_A\angle 30° = \sqrt{3}U\angle 30°$$

同理可得

$$\dot{U}_{BC} = \dot{U}_B - \dot{U}_C = \sqrt{3}\dot{U}_B\angle 30° = \sqrt{3}U\angle -90°$$

$$\dot{U}_{CA} = \dot{U}_C - \dot{U}_A = \sqrt{3}\dot{U}_C\angle 30° = \sqrt{3}U\angle 150°$$

线电压与相电压关系的相量图如图 9.5 所示，可看出：

(1)线电压有效是相电压有效值的 $\sqrt{3}$ 倍，即

$$U_L = \sqrt{3}U_P \tag{9.4}$$

227

（2）线电压超前对应相电压 30°，即 $\dot{U}_{AB}$ 超前 $\dot{U}_A$ 30°，$\dot{U}_{BC}$ 超前 $\dot{U}_B$ 30°，$\dot{U}_{CA}$ 超前 $\dot{U}_C$ 30°。线电压与相电压的关系式为

$$\dot{U}_L = \sqrt{3}\,\dot{U}_P \angle 30° \tag{9.5}$$

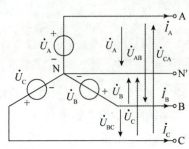

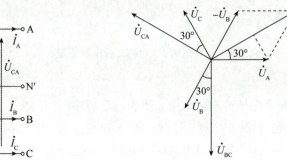

图 9.4　Y 形连接的对称三相电源　　　图 9.5　对称三相电源相电压与线电压关系的相量图

3）相电流与线电流

相电流为流过各相电源的电流，用 $\dot{I}_P$ 表示，由图 9.4 可知，各相的相电流分别为 $\dot{I}_A$、$\dot{I}_B$、$\dot{I}_C$。

线电流为流过各端线的电流，用 $\dot{I}_L$ 表示，由图 9.4 可知，流过各端线的线电流分别为 $\dot{I}_A$、$\dot{I}_B$、$\dot{I}_C$。

由此得到，对称三相电源采用 Y 形连接时，线电流与相电流相等，即有

$$\dot{I}_L = \dot{I}_P \tag{9.6}$$

【例 9.1】已知 Y 形连接的对称三相电源的线电压 $\dot{U}_{CA} = 380\angle 150°$ V，求各线电压和相电压，并画出相量图。

解：根据已知条件，由 Y 形连接的对称三相电源线电压与相电压之间关系得

$$\dot{U}_C = \frac{\dot{U}_{CA}}{\sqrt{3}}\angle - 30° = 220\angle 120°(\mathrm{V})$$

$$\dot{U}_B = \dot{U}_C \angle 120° = 220\angle - 120°(\mathrm{V})$$

$$\dot{U}_A = \dot{U}_B \angle 120° = 220\angle 0°(\mathrm{V})$$

由对称三相电源线电压的对称性可得

$$\dot{U}_{AB} = \dot{U}_A \angle 0° = 380\angle 30°(\mathrm{V})$$

$$\dot{U}_{BC} = \dot{U}_B \angle 30° = 380\angle - 90°(\mathrm{V})$$

依据相电压与线电压的关系，由线电压 $\dot{U}_{AB}$ 得出相电压 $\dot{U}_A$ 为

$$\dot{U}_A = \frac{1}{\sqrt{3}}\dot{U}_{AB}\angle - 30°$$

相量图如图 9.6 所示。

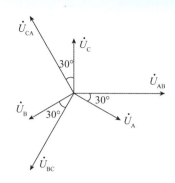

图 9.6　例 9.1 线电压与相电压的相量图

2. 三相电源的△形连接

如果将 3 个电源的正、负极性顺序连接，并从 3 个连接端各向外引线，如图 9.7 所示，这种连接方式称为△形连接或三角形连接。

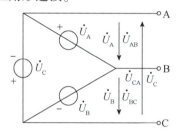

图 9.7　△形连接的对称三相电源

由图 9.7 可知，三相电源采用△形连接时，由于没有中线，只有 3 个端线，线电压和相电压为同一个电压，因此有

$$\dot{U}_{\mathrm{L}} = \dot{U}_{\mathrm{P}} \qquad\qquad (9.7)$$

或

$$\begin{cases} \dot{U}_{\mathrm{A}} = \dot{U}_{\mathrm{AB}} \\ \dot{U}_{\mathrm{B}} = \dot{U}_{\mathrm{BC}} \\ \dot{U}_{\mathrm{C}} = \dot{U}_{\mathrm{CA}} \end{cases}$$

应该注意，当电源采用△形连接时，必须按图 9.7 所示的正确方法连接。这样，三相电源组成的回路中，电压之和 $\dot{U}_{\mathrm{A}} + \dot{U}_{\mathrm{B}} + \dot{U}_{\mathrm{C}} = 0$，回路中的电压为零，回路中没有电流。如果连接方法不正确，一旦有一个电源极性接反，就会使回路电压不为零，从而产生很大的环流，造成电源的损坏。

9.1.2　三相负载及其连接方式

1. 三相负载

三相电路中每一相连接一个负载，共有 3 个负载，组成三相负载。三相负载一般可以分为两类：一类是对称负载，如三相交流电动机，其特征是每相负载的阻抗相等，即 $Z_{\mathrm{A}} = Z_{\mathrm{B}} = Z_{\mathrm{C}} = Z$；另一类是非对称负载，如电灯、家用电器等，它们只需单相电源供电，三相电源各接有不同的负载，形成非对称负载。接有对称负载的三相电路称为对称三相电路，接有非对称负载的三相电路称为非对称三相电路。

三相负载的连接方式也有两种：Y形连接与△形连接。

2. 三相负载的Y形连接

三相负载的Y形连接如图9.8所示。3个负载Z_A、Z_B、Z_C的一端连接在一起为中点N'，引出线为中线；3个负载的另一端引出线为端线，用A、B、C表示。端线A、B、C和中线N'与对称三相电源相连接。

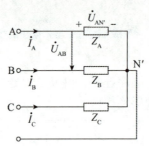

图9.8 三相负载的Y形连接

1）负载的相电压与线电压

负载的相电压为负载两端的电压，分别为$\dot{U}_{AN'}$、$\dot{U}_{BN'}$、$\dot{U}_{CN'}$。

负载的线电压为端线与端线之间的电压，分别为$\dot{U}_{AB}$、$\dot{U}_{BC}$、$\dot{U}_{CA}$。

当三相负载为对称负载，即$Z_A = Z_B = Z_C = Z$时，称为对称三相负载。负载的线电压的有效值为负载相电压有效值的$\sqrt{3}$倍，线电压超前对应相电压30°，则有

$$\dot{U}_L = \sqrt{3}\,\dot{U}_P \angle\, 30° \tag{9.8}$$

2）负载的相电流与线电流

负载的相电流为流过每一相负载的电流，由图9.8可知，各相电流为$\dot{I}_A$、$\dot{I}_B$、$\dot{I}_C$。

负载的线电流为流过每一端线的电流，由图9.8可知，各线电流为$\dot{I}_A$、$\dot{I}_B$、$\dot{I}_C$。

由此可知，相电流与线电流为同一个电流。因此，在三相负载为Y形连接时，线电流等于相电流，即

$$\dot{I}_L = \dot{I}_P \tag{9.9}$$

3. 三相负载的△形连接

三相负载的△形连接如图9.9所示。三相负载为△形连接时，没有中线，只有端线A、B、C。端线A、B、C与对称三相电源相连接。

1）负载的相电压与线电压

负载的相电压为$\dot{U}_{AB}$、$\dot{U}_{BC}$、$\dot{U}_{CA}$，负载的线电压也为$\dot{U}_{AB}$、$\dot{U}_{BC}$、$\dot{U}_{CA}$，为同一个电压。因此，在三相负载为△形连接时，线电压等于相电压，即

$$\dot{U}_L = \dot{U}_P \tag{9.10}$$

2）负载的相电流与线电流

流过端线的电流为线电流，在图9.9中，三相负载的线电流分别为$\dot{I}_A$、$\dot{I}_B$、$\dot{I}_C$。流过每

相负载的电流为相电流，分别为 $\dot{I}_{AB}$、$\dot{I}_{BC}$、$\dot{I}_{CA}$。则有

$$\dot{I}_{AB} = \frac{\dot{U}_{AB}}{Z_A}, \quad \dot{I}_{BC} = \frac{\dot{U}_{BC}}{Z_B}, \quad \dot{I}_{CA} = \frac{\dot{U}_{CA}}{Z_C}$$

当负载为对称三相负载时，有 $Z_A = Z_B = Z_C = Z = |Z| \angle \varphi_Z$。对称三相电源的线电压为 $\dot{U}_{AB} = U_L \angle \varphi$，$\dot{U}_{BC} = U_L \angle (\varphi - 120°)$，$\dot{U}_{CA} = U_L \angle (\varphi + 120°)$，那么负载相电流为

$$\dot{I}_{AB} = \frac{\dot{U}_{AB}}{Z_A} = \frac{U_L \angle \varphi}{Z \angle \varphi_Z} = I_P \angle (\varphi - \varphi_Z)$$

$$\dot{I}_{BC} = I_P \angle (\varphi - \varphi_Z - 120°)$$

$$\dot{I}_{CA} = I_P \angle (\varphi - \varphi_Z + 120°)$$

上式中各个相电流的有效值相等，用 I_P 表示，$I_P = U_L/Z$。根据 KCL 得线电流为

$$\dot{I}_A = \dot{I}_{AB} - \dot{I}_{CA} = \dot{I}_{AB} - \dot{I}_{AB} \angle 120° = \dot{I}_{AB}(1 - 1 \angle 120°) = \dot{I}_{AB}\sqrt{3} \angle -30°$$

$$\dot{I}_B = \dot{I}_{BC} - \dot{I}_{AB} = \dot{I}_{BC} - \dot{I}_{BC} \angle 120° = \dot{I}_{BC}(1 - 1 \angle 120°) = \dot{I}_{BC}\sqrt{3} \angle -30°$$

$$\dot{I}_C = \dot{I}_{CA} - \dot{I}_{BC} = \dot{I}_{CA} - \dot{I}_{CA} \angle 120° = \dot{I}_{CA}(1 - 1 \angle 120°) = \dot{I}_{CA}\sqrt{3} \angle -30°$$

由以上分析可知，在对称三相负载△形连接时，线电流与相电流的关系如下。

(1) 线电流的有效值为相电流有效值的 $\sqrt{3}$ 倍，有

$$I_L = \sqrt{3} I_P \tag{9.11}$$

(2) 线电流的相位滞后于对应相电流 30°。

线电流与相电流关系的相量图如图 9.10 所示，一般关系式为

$$\dot{I}_L = \sqrt{3} \dot{I}_P \angle -30° \tag{9.12}$$

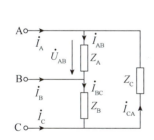

图 9.9　三相负载的△形连接

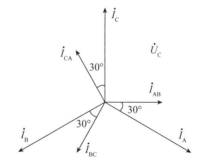

图 9.10　线电流与相电流关系的相量图

9.2　对称三相电路的计算

三相电路从形式上看是特殊连接的 3 个对称电压源作用的电路，属于复杂正弦交流电路问题，但是由于三相电源的对称性，可适当简化计算过程。

9.2.1 三相电路的基本连接形式

三相负载与三相电源相互连接构成三相电路。三相电源有 Y 形和 △ 形两种连接方式，三相负载也同样有 Y 形和 △ 形两种连接方式。三相负载与三相电源连接方式的不同组合就构成了三相电路的 4 种连接形式，分别为 Y—Y 连接、Y—△ 连接、△—Y 连接和 △—△ 连接，而在 Y—Y 连接中，根据电源与负载的中点间是否连接中线，又分为有中线和无中线两种，有中线的是三相四线制系统，无中线的是三相三线制系统。所以，三相电路共有 5 种基本连接形式。

三相负载的阻抗都相等，即 $Z_A = Z_B = Z_C = Z$，称为对称负载。由对称三相电源和对称三相负载组成的三相电路称为对称三相电路。

我国的电力系统主要采用 Y 形连接的对称三相电源供电，因此本书重点讨论三相四线制 Y—Y 连接对称三相电路、三相三线制 Y—Y 连接对称三相电路，以及 Y—△ 连接对称三相电路。这 3 种对称三相电路如图 9.11 所示。

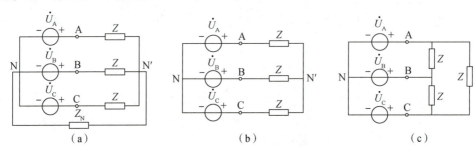

图 9.11 常用的对称三相电路
(a)三相四线制 Y—Y 连接；(b)三相三线制 Y—Y 连接；(c)Y—△ 连接

9.2.2 Y—Y 连接对称三相电路

对称三相电源为 Y 形电源，对称三相负载也为 Y 形负载，称为 Y—Y 连接形式的对称三相电路。Y—Y 连接形式的对称三相电路有两种形式，有中线的三相四线制和无中线的三相三线制。

1. 有中线的 Y—Y 连接对称三相电路

有中线的 Y—Y 连接对称三相电路如图 9.12 所示。其中，负载为 Z，中线阻抗为 Z_N，端线阻抗为 Z_l。

1）求解方法

对于对称三相电路，三相电源的相电压与线电压是对称的。端线阻抗相等，三相负载都为 Z，负载的相电压、线电压、相电流、线电流也都是对称的。因此，三相电路只要求出其中一相电路的电压和电流，然后利用对称性，即可得到其他两相的电压和电流，对称三相电路就全部求解出来了。因此，把解三相电路转换为解单相电路，关键问题是如何从三相电路中分离出单相电路。

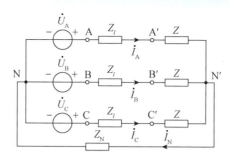

图 9.12　有中线的 Y—Y 连接对称三相电路

从图 9.12 所示电路看到，三相的电流汇集到中线形成中线电流，由 KCL 得到

$$\dot{I}_A + \dot{I}_B + \dot{I}_C = \dot{I}_N$$

由于三相电流是对称的，它们的相量和为零，因此有

$$\dot{I}_A + \dot{I}_B + \dot{I}_C = \dot{I}_N = 0$$

可知中线电流为零，于是中点 N 与 N′为等电位点，它们之间相当于一根短路线。于是 N 与 N′之间的三相支路与 NN′短路线自然分成了 3 个独立的单相回路，这样把三相电路分解成单相电路，其中 A 相电路如图 9.13 所示。

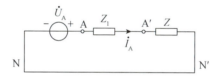

图 9.13　A 相电路

2）求解步骤

求解 Y—Y 连接对称三相电路步骤如下。

（1）首先从 Y—Y 连接对称三相电路中分解出 A 相电路。

（2）求解 A 相电路，即求相电流、线电流、相电压和线电压。

线电流等于相电流，有

$$\dot{I}_A = \frac{\dot{U}_A}{Z_1 + Z}$$

相电压为

$$\dot{U}_{A'N'} = Z \cdot \dot{I}_A$$

根据线电压与相电压的关系，得线电压为

$$\dot{U}_{A'B'} = \sqrt{3}\,\dot{U}_{A'N'} \angle 30°$$

（3）根据对称性，求出 B 相和 C 相的电压和电流。

线电流、相电流为

$$\dot{I}_B = \dot{I}_A \angle -120°, \quad \dot{I}_C = \dot{I}_A \angle 120°$$

相电压为

$$\dot{U}_{B'N'} = \dot{U}_{A'N'} \angle -120°, \quad \dot{U}_{C'N'} = \dot{U}_{A'N'} \angle 120°$$

线电压为

$$\dot{U}_{B'C'} = \dot{U}_{A'B'} \angle -120°; \quad \dot{U}_{C'A'} = \dot{U}_{A'B'} \angle 120°$$

【例 9.2】Y—Y 连接对称三相电路如图 9.14(a)所示，已知三相电源的线电压 $u_{AB} = 380$ $\sqrt{2}\cos(\omega t + 30°)(V)$，端线阻抗 $Z_1 = (1 + j2)\Omega$，负载阻抗 $Z = (5 + j6)\Omega$，求各相负载的相电流、线电流、相电压与线电压。

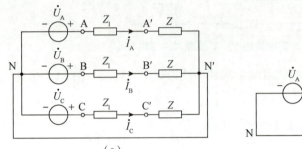
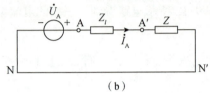

(a)　　　　　　　　　　　　(b)

图 9.14　例 9.2 图

(a)对称三相电路；(b)A 相电路

解：(1)画出 A 相电路，如图 9.14(b)所示。

(2)求线电流和相电流。令电源的线电压为 $\dot{U}_{AB} = 380 \angle 30°V$，电源的相电压为 $\dot{U}_A = \dfrac{\dot{U}_{AB}}{\sqrt{3}} \angle -30° = \dfrac{380 \angle 30°}{\sqrt{3}} \angle -30° = 220 \angle 0°(V)$

三相负载为 Y 形连接，线电流等于相电流，有

$$\dot{I}_A = \frac{\dot{U}_A}{Z + Z_1} = \frac{220 \angle 0°}{5 + j6 + 1 + j2} = \frac{220}{6 + j8} = \frac{220}{10 \angle 53.1°} = 22 \angle -53.1°(A)$$

因为对称三相电路的线电流与相电流都是对称电流，所以

$$\dot{I}_B = \dot{I}_A \angle -120° = 22 \angle -173.1°(A)$$

$$\dot{I}_C = \dot{I}_A \angle 120° = 22 \angle 66.9°(A)$$

(3)求负载相电压。负载相电压为

$$\dot{U}_{A'N'} = Z \cdot \dot{I}_A = (5 + j6) \times 22 \angle -53.1° = 7.81 \angle 50.2° \times 22 \angle -53.1° = 171.8 \angle -2.9°(V)$$

根据负载相电压的对称性，得到

$$\dot{U}_{B'N'} = \dot{U}_{A'N'} \angle -120° = 171.8 \angle -122.9°(V)$$

$$\dot{U}_{C'N'} = \dot{U}_{A'N'} \angle 120° = 171.8 \angle 117.1°(V)$$

(4)求负载线电压。根据线电压与相电压的关系，得线电压为

$$\dot{U}_{A'B'} = \sqrt{3}\dot{U}_{A'N'} \angle 30° = \sqrt{3} \times 171.8 \angle 27.1° = 297.6 \angle 27.1°(V)$$

由线电压的对称性，得到

$$\dot{U}_{B'C'} = \dot{U}_{A'B'} \angle -120° = 297.6 \angle -92.9°(V)$$

$$\dot{U}_{C'A'} = \dot{U}_{A'B'} \angle 120° = 297.6 \angle 147.1°(V)$$

【例 9.3】Y—Y 连接对称三相电路如图 9.15(a)所示，电压表的读数为 1 143.16 V，负载 $Z = (15 + j15\sqrt{3})\,\Omega$，端线阻抗 $Z_1 = (1 + j2)\,\Omega$，求电流表的读数和线电压 U_{AB}。

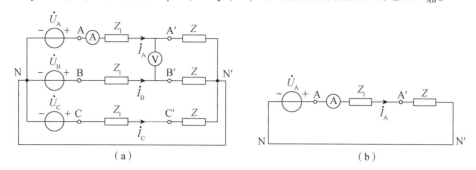

图 9.15　例 9.3 图
（a）对称三相电路；（b）A 相电路

解：(1)画出 A 相电路，如图 9.15(b)所示。

(2)求电流表的读数。电压表读数为负载端的线电压的有效值，根据线电压与相电压的关系，负载的相电压有效值为

$$U_{A'N'} = \frac{U_{A'B'}}{\sqrt{3}} = \frac{1\,143.16}{\sqrt{3}} = 660\,(V)$$

相电流的有效值为

$$I_A = \frac{U_{A'N'}}{|Z|} = \frac{660}{\sqrt{15^2 + (15\sqrt{3})^2}} = 22\,(A)$$

电流表的读数为 22 A。

(3)求电源线电压的有效值 U_{AB}。A 相电路的总阻抗为

$$Z_{总} = Z_1 + Z = 1 + j2 + 15 + j15\sqrt{3} = 32.23 \angle 60.24°\,(\Omega)$$

电源的相电压有效值为

$$U_A = |Z_{总}| \cdot I_A = 32.23 \times 22 = 709\,(V)$$

电源线电压的有效值 U_{AB} 为

$$U_{AB} = \sqrt{3}\,U_A = \sqrt{3} \times 709 = 1228\,(V)$$

2. 无中线的 Y—Y 连接对称三相电路

无中线的 Y—Y 连接对称三相电路如图 9.16 所示。

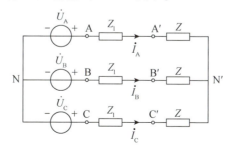

图 9.16　无中线的 Y—Y 连接对称三相电路

由结点电压法可得到 NN′间的结点电压为

$$\left(\frac{1}{Z_1+Z}+\frac{1}{Z_1+Z}+\frac{1}{Z_1+Z}\right)\dot{U}_{NN'}=\frac{\dot{U}_A}{Z_1+Z}+\frac{\dot{U}_B}{Z_1+Z}+\frac{\dot{U}_C}{Z_1+Z}$$

$$\left(\frac{1}{Z_1+Z}+\frac{1}{Z_1+Z}+\frac{1}{Z_1+Z}\right)\dot{U}_{NN'}=\frac{\dot{U}_A}{Z_1+Z}(\dot{U}_A+\dot{U}_B+\dot{U}_C)=0$$

得到

$$\dot{U}_{NN'}=0$$

由此可见，电源中点 N 与负载中点 N′是等电位点。在分析计算时，可以视为 NN′之间连有一根短路线，同样可以把 Y—Y 连接对称三相电路分解为 3 个独立的单相电路。因此，对无中线的 Y—Y 连接对称三相电路的分析和计算与有中线的 Y—Y 连接对称三相电路完全相同。

对于 Y—Y 连接对称三相电路，由于中线电流为零，因此无论有无中线，对称三相电路都同样正常工作。但是采用无中线的 Y—Y 连接对称三相电路时，一旦出现三相负载不对称，就会使负载上的三相电压不再对称，会出现烧毁负载，以至于损坏三相电源的严重事故。有中线情况下，中线保证了无论负载是否对称，各相电压总是对称的，各相独立工作，互不影响。因此，居民用电的三相电路必须采用三相四线制(有中线)，并且不允许中线断路。为防止运行时中线中断，中线上不允许安装开关或熔断器。

因此，三相三线制 Y—Y 连接对称三相电路(无中线)，只能应用在对称三相负载的条件下。

9.2.3　Y—△连接对称三相电路

对称三相电源为 Y 形连接，对称三相负载为 △形连接，称为 Y—△连接对称三相电路，如图 9.17 所示。

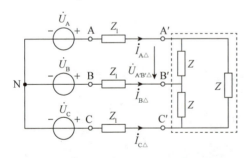
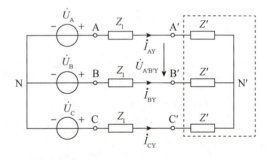

图 9.17　对称 Y—△连接对称三相电路　　　图 9.18　等效 Y—Y 连接对称三相电路

1. Y—△连接对称三相电路的求解方法

为了充分利用 Y—Y 连接对称三相电路求解简便的特点，在分析 Y—△连接对称三相电路时，将△形三相负载变换为 Y 形三相负载，把 Y—△连接对称三相电路变换成 Y—Y 连接对称三相电路，如图 9.18 所示，利用求解 Y—Y 连接对称三相电路的方法求解 Y—△连接对称三相电路。

比较图 9.17 的 Y—△连接对称三相电路和图 9.18 的 Y—Y 连接对称三相电路，对称△形三相负载等效变换为对称 Y 形三相负载，根据电路等效变换原理，端子 A′、B′、C′的电

压与电流保持不变，即

$$\dot{I}_{AY} = \dot{I}_{A\triangle}；\dot{I}_{BY} = \dot{I}_{B\triangle}；\dot{I}_{CY} = \dot{I}_{C\triangle}；\dot{U}_{A'B'Y} = \dot{U}_{A'B'\triangle}；\dot{U}_{B'C'Y} = \dot{U}_{B'C'\triangle}；\dot{U}_{C'A'Y} = \dot{U}_{C'A'\triangle}$$

也就是等效的 Y 形三相负载的线电流和线电压，与△形三相负载的线电流和线电压对应相等。

因此，Y—△连接对称三相电路的求解方法为：把 Y—△连接对称三相电路变换成 Y—Y 连接对称三相电路，在 Y—Y 连接对称三相电路中求出负载的线电流与线电压，也就是原来 Y—△连接对称三相电路中负载的线电流与线电压。再根据△形负载的相电压与线电压的关系，以及根据相电流与线电流的关系，又可求出相电压与相电流。这样 Y—△连接对称三相电路就求解出来了。

2. Y—△连接对称三相电路的求解步骤

（1）首先将 Y—△连接对称三相电路等效变换为 Y—Y 连接对称三相电路。

（2）在等效 Y—Y 连接对称三相电路中，求出 A 相负载的线电流 $\dot{I}_{LY}$ 和线电压 $\dot{U}_{LY}$。

（3）根据电路的等效变换原理有 $\dot{I}_{L\triangle} = \dot{I}_{LY}$ 和 $\dot{U}_{L\triangle} = \dot{U}_{LY}$，再依据△形负载的相电压与线电压相等，即 $\dot{U}_P = \dot{U}_L$，得到 A 相负载的相电压；再根据 $\dot{I}_L = \sqrt{3}\dot{I}_P\angle -30°$，求出 A 相负载的相电流。

（4）根据 Y—△连接对称三相电路的对称性，求出 B、C 相的电流和电压。

【例 9.4】Y—△连接对称三相电路如图 9.19（a）所示，$Z_1 = (3 + j4)\Omega$，$Z = (19.2 + j14.4)\Omega$，电源线电压的有效值 $U_{AB} = 380$ V，求各相负载的线电压、相电压、线电流和相电流。

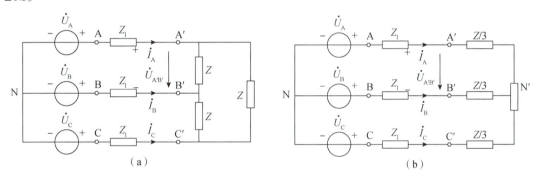

图 9.19　例 9.4 图

（a）Y—△连接对称三相电路；（b）等效 Y—Y 连接对称三相电路

解：（1）将△形负载变换为 Y 形负载，如图 9.19（b）所示，Y 形负载的阻抗为 $Z/3$，有

$$\frac{Z}{3} = \frac{19.2 + j14.4}{3} = 6.4 + j4.8 = 8\angle 36.9°(\Omega)$$

（2）求 Y—Y 连接对称三相电路中，A 相的线电流与线电压。令电源的相电压为 $\dot{U}_A = \frac{U_{AB}}{\sqrt{3}}\angle 0° = 220\angle 0°(V)$，负载的线电流为

$$\dot{I}_{AY} = \frac{\dot{U}_A}{Z/3 + Z_1} = \frac{220\angle 0°}{6.4 + j4.8 + 3 + j4} = \frac{220}{9.4 + j8.8} = \frac{220}{12.88\angle 43.1°} = 17.1\angle -43.1°(A)$$

负载的相电压为

$$\dot{U}_{A'N'} = \dot{I}_A \times \frac{Z}{3} = 17.1\angle -43.1° \times 8\angle 36.9° = 136.8\angle -6.2° (V)$$

负载的线电压为

$$\dot{U}_{A'B'Y} = \sqrt{3}\,\dot{U}_{A'N'}\angle 30° = \sqrt{3}\angle 30° \times 136.8\angle -6.2° = 236.9\angle 23.8° (V)$$

(3)求 Y—△ 连接对称三相电路中，A 相的电流与电压。

Y—△ 连接对称三相电路中，△形负载的线电流和线电压等于等效 Y—Y 连接对称三相电路中对应的线电流和线电压，有

$$\dot{I}_A = \dot{I}_{AY} = 17.1\angle -43.1° (A), \quad \dot{U}_{A'B'} = \dot{U}_{A'B'Y} = 236.9\angle 23.8° (V)$$

△形负载的相电压与线电压相等，都为

$$\dot{U}_{A'B'} = 236.9\angle 23.8° (V)$$

△形负载的相电流为

$$\dot{I}_{A'B'} = \frac{\dot{I}_A}{\sqrt{3}}\angle 30° = \frac{17.1\angle -43.1°}{\sqrt{3}}\angle 30° = 9.87\angle -13.1° (A)$$

(4)由对称性得到各相的电流、电压。

相电压等于线电压为

$$\dot{U}_{A'B'} = 236.9\angle 23.8° (V), \quad \dot{U}_{B'C'} = 236.9\angle -96.2° (V), \quad \dot{U}_{C'A'} = 236.9\angle 143.8° (V)$$

线电流为

$$\dot{I}_A = 17.1\angle -43.1° (A), \quad \dot{I}_B = 17.1\angle -163.1° (A), \quad \dot{I}_C = 17.1\angle 76.9° (A)$$

相电流为

$$\dot{I}_{A'B'} = 9.87\angle -13.1° (A), \quad \dot{I}_{B'C'} = 9.87\angle -133.1° (A), \quad \dot{I}_{C'A'} = 9.87\angle 106.9° (A)$$

【例9.5】Y—△ 连接对称三相电路如图9.20所示，三相电源相电压 $U_A = 220$ V，端线阻抗忽略不计，负载阻抗 $Z = (6 + j8)\Omega$。试求各相负载的相电压、线电压、相电流和线电流。

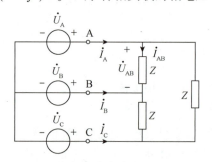

图9.20 例9.5图

解：Y—△ 连接对称三相电路中，如果端线阻抗忽略不计，负载上的相电压就是三相电源的线电压，就不必再变换成 Y—Y 连接对称三相电路了，直接用欧姆定律计算出负载的相电流，再利用线电流与相电流的关系得到线电流。

令三相电源的相电压为 $\dot{U}_A = 220\angle 0°$ V，则三相电源的线电压为

$$\dot{U}_{AB} = \sqrt{3}\,\dot{U}_A\angle 30° = 380\angle 30° (V)$$

负载的线电压和相电压相等，为电源的线电压。负载的相电流为

$$\dot{I}_{AB} = \frac{\dot{U}_{AB}}{Z} = \frac{380\angle 30°}{6 + j8} = \frac{380\angle 30°}{10\angle 36.9°} = 38\angle - 6.9°(A)$$

线电流为

$$\dot{I}_{A} = \sqrt{3}\dot{I}_{AB}\angle - 30° = \sqrt{3}\angle - 30° \times 38\angle - 6.9° = 65.8\angle - 36.9°(A)$$

由对称性得到各相的电流与电压。

线电压等于相电压，有

$$\dot{U}_{AB} = 380\angle 30°(V)，\dot{U}_{BC} = 380\angle - 90°(V)，\dot{U}_{CA} = 380\angle 150°(V)$$

相电流为

$$\dot{I}_{AB} = 38\angle - 6.9°(A)，\dot{I}_{BC} = 38\angle - 126.9°(A)，\dot{I}_{CA} = 38\angle 113.1°(A)$$

线电流为

$$\dot{I}_{A} = 65.8\angle - 36.9°(A)，\dot{I}_{B} = 65.8\angle - 156.9°(A)，\dot{I}_{C} = 65.8\angle 83.1°(A)$$

【例 9.6】对称三相电路如图 9.21 所示，三相电源线电压的有效值 $U_{AB} = 380$ V，$|Z_1| = 10\ \Omega$，$\cos\varphi_1 = 0.6$（感性），$Z_2 = - j60\ \Omega$，$Z_N = (1 + j2)\Omega$。试求各相的线电流与相电流。

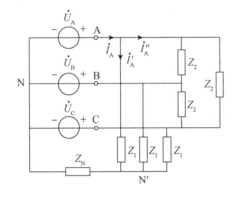

图 9.21　例 9.6 图

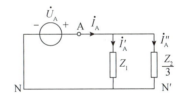

图 9.22　A 相等效电路

解： 将△形负载等效变换为 Y 形负载，并画出 A 相等效电路，如图 9.22 所示。

设 $\dot{U}_{A} = \frac{U_{AB}}{\sqrt{3}}\angle 0° = 220\angle 0°$ V，由 $\cos\varphi_1 = 0.6$，为感性元件，得到 $\varphi_1 = 53.1°$。阻抗 Z_1 为

$$Z_1 = |Z_1|\angle\varphi_1 = 10\angle 53.1° = (6 + j8)\Omega$$

于是有

$$\dot{I}'_{A} = \frac{\dot{U}_{A}}{Z_1} = \frac{220\angle 0°}{10\angle 53.1°} = 22\angle - 53.1° = 13.2 - j17.6(A)$$

$$\dot{I}''_{A} = \frac{\dot{U}_{A}}{Z_2/3} = \frac{220\angle 0°}{- j20} = j11(A)$$

$$\dot{I}_{A} = \dot{I}'_{A} + \dot{I}''_{A} = 13.2 - j17.6 + j11 = 13.2 - j6.6 = 14.76\angle - 26.6°(A)$$

由电流的对称性，得到

$$\dot{I}_B = 14.76\angle -146.6°(A)$$

$$\dot{I}_C = 13.9\angle 93.4°(A)$$

第一组负载 Z_1 为 Y 形负载，相电流等于线电流，第一组负载的相电流为

$$\dot{I}'_A = 22\angle -53.1°(A)， \dot{I}'_B = 22\angle -173.1°(A)， \dot{I}'_C = 22\angle 66.9°(A)$$

第二组负载 Z_2 为 △ 形负载，相电流为

$$\dot{I}_{AB2} = \frac{1}{\sqrt{3}}\dot{I}''_A\angle 30° = \frac{1}{\sqrt{3}}\times j11\angle 30° = 6.35\angle 120°(A)$$

由对称性得到

$$\dot{I}_{BC2} = 6.35\angle 0°(A)， \dot{I}_{CA2} = 6.35\angle -120°(A)$$

9.3 不对称三相电路的概念

由对称三相电源、对称三相负载及阻抗相同的 3 条输电线组成的三相电路称为对称三相电路。这 3 个条件中，只要有一个不满足，就构成不对称三相电路。

在三相电路中，通常采用对称电源，因此只讨论负载不对称的情况。产生负载不对称可以是三相负载不相等，也可以是电路出现故障，一相负载出现短路或断路等。由于在不对称三相电路中，各相、线电流，各相、线电压都不存在对称关系，因此不能采用对称三相电路的求解方法，三相都要分别计算，并且一相负载的变化，会影响另外两相的电流或电压。以图 9.23 所示的 Y—Y 连接对称三相电路为例进行分析，三相负载不对称。

1）开关 S 打开(不接中线)时的情况

用结点电压法，可以求得 N′、N 之间的结点电压 $U_{N'N}$ 为

$$\dot{U}_{N'N} = \frac{\dfrac{\dot{U}_A}{Z_A} + \dfrac{\dot{U}_B}{Z_B} + \dfrac{\dot{U}_C}{Z_C}}{\dfrac{1}{Z_A} + \dfrac{1}{Z_B} + \dfrac{1}{Z_C}} \tag{9.13}$$

由上式可知，由于负载不对称，一般情况下 $U_{N'N} \neq 0$，即 N′ 和 N 电位不相等。根据 KVL，负载各相的相电压为

$$\begin{cases} \dot{U}_{AN'} = \dot{U}_A - \dot{U}_{N'N} \\ \dot{U}_{BN'} = \dot{U}_B - \dot{U}_{N'N} \\ \dot{U}_{CN'} = \dot{U}_C - \dot{U}_{N'N} \end{cases} \tag{9.14}$$

由各相的相电压就可以解得各相的相电流。

根据式(9.13)和式(9.14)画出三相电源相电压、负载相电压及 N′ 和 N 电位的相量图，如图 9.24 所示。由相量图可见，三相电源的中点与不对称三相负载的中点不重合，称这种现象为中点位移。中点电位差越大，三相电路越不对称，电路中某相的电压过大，可能会导致元件或设备出现过热或过压而烧毁。所以在工程中，这种情况要尽量避免。

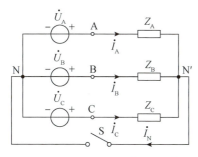 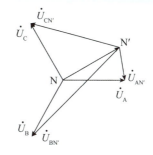

图 9.23　Y—Y 连接不对称三相电路　　图 9.24　Y—Y 连接不对称三相电路的相量图

2）开关 S 闭合（连接中线）时的情况

合上开关 S，如果 $Z_N \approx 0$，则可使 $U_{N'N} = 0$。尽管电路是不对称的，但在这个条件下，可使各相保持独立性，各相的工作互不影响，因而各相可以分别独立计算。这就克服了无中线时引起的缺点。因此，在负载不对称的情况下，中线的存在是非常重要的。

在三相负载不对称时，相电流也不对称，中线电流一般不为零，即 $\dot{I}_N = \dot{I}_A + \dot{I}_B + \dot{I}_C \neq 0$。由以上分析可得出三相电路在实际应用中，要注意以下几点：

（1）不对称 Y 形负载未接中线时，负载相电压不再对称，且负载电阻越大，负载承受的电压越高，如果超出了负载的额定电压，会造成负载的烧毁；

（2）不对称 Y 形负载连接中线时，保证 Y 形不对称三相负载上的相电压仍然是对称的；

（3）照明电路的三相负载不对称，因此必须采用三相四线制供电方式，并保证中线的阻抗尽量接近为零，且永远是连通的，中线中不允许接熔断器或刀闸开关。

【例 9.7】Y—Y 连接不对称三相电路如图 9.25 所示，三相电源对称，$\dot{U}_A = 220\angle 0°$ V，三相负载不相等，分别为 $Z_A = 100\ \Omega$，$Z_B = j50\ \Omega$，$Z_C = -j100\ \Omega$。试求通过各相负载的电流。

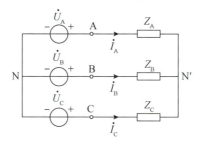

图 9.25　例 9.7 图

解：由于三相电路是不对称的，首先用结点电压法计算中点电位，即

$$\dot{U}_{N'N} = \frac{\dfrac{\dot{U}_A}{Z_A} + \dfrac{\dot{U}_B}{Z_B} + \dfrac{\dot{U}_C}{Z_C}}{\dfrac{1}{Z_A} + \dfrac{1}{Z_B} + \dfrac{1}{Z_C}} = \frac{\dfrac{220\angle 0°}{100} + \dfrac{220\angle -120°}{j50} + \dfrac{220\angle 120°}{-j100}}{\dfrac{1}{100} + \dfrac{1}{j50} + \dfrac{1}{-j100}}$$

$$= \frac{2.2\angle 0° + 4.4\angle 150° + 2.2\angle -150°}{0.01 - j0.01} = 260.77\angle -152.35°\,(\text{V})$$

通过各相负载的电流分别为

$$\dot{I}_{\mathrm{A}} = \frac{\dot{U}_{\mathrm{A}} - \dot{U}_{\mathrm{N'N}}}{Z_{\mathrm{A}}} = \frac{220\angle 0° - 260.77\angle -152.35°}{100} = 4.67\angle 15.02°(\mathrm{A})$$

$$\dot{I}_{\mathrm{B}} = \frac{\dot{U}_{\mathrm{B}} - \dot{U}_{\mathrm{N'N}}}{Z_{\mathrm{B}}} = \frac{220\angle -120° - 260.77\angle -152.35°}{\mathrm{j}50} = 2.79\angle -119.88°(\mathrm{A})$$

$$\dot{I}_{\mathrm{C}} = \frac{\dot{U}_{\mathrm{C}} - \dot{U}_{\mathrm{N'N}}}{Z_{\mathrm{C}}} = \frac{220\angle 120° - 260.77\angle -152.35°}{-\mathrm{j}100} = 3.34\angle 158.77°(\mathrm{A})$$

9.4 三相电路的功率

1. 有功功率

三相电路的有功功率为各相有功功率之和，即

$$P = P_{\mathrm{A}} + P_{\mathrm{B}} + P_{\mathrm{C}} = U_{\mathrm{A}}I_{\mathrm{A}}\cos\varphi_{\mathrm{A}} + U_{\mathrm{B}}I_{\mathrm{B}}\cos\varphi_{\mathrm{B}} + U_{\mathrm{C}}I_{\mathrm{C}}\cos\varphi_{\mathrm{C}} \qquad (9.15)$$

式中，U_{A}、U_{B}、U_{C} 分别为各相负载的相电压；I_{A}、I_{B}、I_{C} 分别为各相负载的相电流；φ_{A}、φ_{B}、φ_{C} 分别为各相负载的阻抗角，也就是相电压与相电流的相位差。

当三相电路为对称电路时，每相功率必然相等，故

$$P = 3P_{\mathrm{A}} = 3U_{\mathrm{A}}I_{\mathrm{A}}\cos\varphi_{\mathrm{A}} = 3U_{\mathrm{P}}I_{\mathrm{P}}\cos\varphi \qquad (9.16)$$

三相电路功率还可以用线电压和线电流计算。当负载为 Y 形连接时，$U_{\mathrm{L}} = \sqrt{3}U_{\mathrm{P}}$，$I_{\mathrm{L}} = I_{\mathrm{P}}$；当负载为△形连接时，$U_{\mathrm{L}} = U_{\mathrm{P}}$，$I_{\mathrm{L}} = \sqrt{3}I_{\mathrm{P}}$。若用线电压和线电流来表示三相负载的有功功率，则有

$$P = \sqrt{3}U_{\mathrm{L}}I_{\mathrm{L}}\cos\varphi \qquad (9.17)$$

因此在对称三相电路中，不论负载的连接方式如何，它们的三相功率既可以按式(9.16)计算，又可以按式(9.17)计算。必须注意，式中 φ 都是相电压与相电流的相位差，即 φ 是负载的阻抗角。

2. 无功功率

三相负载的无功功率应为各相负载的无功功率之和，即

$$Q = Q_{\mathrm{A}} + Q_{\mathrm{B}} + Q_{\mathrm{C}} = U_{\mathrm{A}}I_{\mathrm{A}}\sin\varphi_{\mathrm{A}} + U_{\mathrm{B}}I_{\mathrm{B}}\sin\varphi_{\mathrm{B}} + U_{\mathrm{C}}I_{\mathrm{C}}\sin\varphi_{\mathrm{C}} \qquad (9.18)$$

在对称电路中，不论负载是 Y 形连接还是△形连接，负载的总无功功率为

$$Q = 3U_{\mathrm{A}}I_{\mathrm{A}}\sin\varphi_{\mathrm{A}} = 3U_{\mathrm{P}}I_{\mathrm{P}}\sin\varphi = \sqrt{3}U_{\mathrm{L}}I_{\mathrm{L}}\sin\varphi \qquad (9.19)$$

3. 视在功率

三相负载的视在功率为

$$S = \sqrt{P^2 + Q^2} \qquad (9.20)$$

对称三相负载的视在功率为

$$S = 3U_{\mathrm{P}}I_{\mathrm{P}} = \sqrt{3}U_{\mathrm{L}}I_{\mathrm{L}} \qquad (9.21)$$

4. 复功率

对称三相负载的复功率为

$$\dot{S} = \dot{S}_A + \dot{S}_B + \dot{S}_C = 3\dot{S}_A = 3\dot{U}_A \dot{I}_A^* = P + jQ \qquad (9.22)$$

【例 9.8】Y—Y 连接对称三相电路中，电源相电压为 220 V，负载阻抗为 $Z = (150+j50)\,\Omega$，端线电阻为 $Z_L = (10+j10)\,\Omega$。试求每相负载的电流，以及三相负载消耗的总功率。

解：在三相电路的 A 相电路中，设 $\dot{U}_A = 220\angle 0°$ V，则 A 相负载电流为

$$\dot{I}_A = \frac{\dot{U}_A}{Z + Z_L} = \frac{220\angle 0°}{150 + j50 + 10 + j10} = \frac{220\angle 0°}{170.88\angle 20.6°} = 1.29\angle -20.6°(\text{A})$$

根据对称性，B、C 相负载电流为

$$\dot{I}_B = 1.29\angle -140.6°(\text{A}),\ \dot{I}_C = 1.29\angle 99.4°(\text{A})$$

A 相负载的相电压为

$$\dot{U}_{AN'} = \dot{I}_A \cdot Z = 1.29\angle -20.6° \times (150 + j50) = 1.29\angle -20.6° \times 111.8\angle 26.6° = 144.2\angle 6°(\text{V})$$

得到相电压 $U_P = 144.2$ V，相电流 $I_P = 1.29$ A，相位差 $\varphi = 6° - (-20.6°) = 26.6°$，三相负载消耗总功率为

$$P = 3U_P I_P \cos\varphi = 3 \times 144.2 \times 1.29 \times \cos 26.6° = 499.2(\text{W})$$

【例 9.9】对称三相电路如图 9.26 所示，三相电源的线电压为 380 V，三相电路为 Y 形连接，功率因数等于 1，电路的有功功率为 75 kW，另有一台三相交流电动机为 △ 形连接，功率因数等于 0.8，有功功率为 36 kW。试求电源的线电流。

解：由题中给出的有功功率和功率因数求出无功功率，利用 $S = \sqrt{P^2 + Q^2}$ 求出视在功率 S，再利用 $S = \sqrt{3}\,U_L I_L$，即可求出电源的线电流。

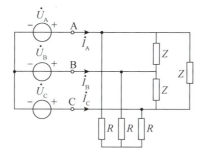

图 9.26　例 9.9 图

电路的功率因数 $\cos\varphi_1 = 1$，故电路的无功功率 $Q_1 = 0$ var。电动机的功率因数 $\cos\varphi_2 = 0.8$，$\varphi_2 = 36.9°$，故电动机的无功功率为 $Q_2 = P_2 \tan\varphi_2 = 36 \times \tan 36.9° = 27$ kvar。

电源输出的总有功功率、无功功率和视在功率为

$$P = P_1 + P_2 = 75 + 36 = 111(\text{kW})$$

$$Q = Q_1 + Q_2 = 0 + 27 = 27(\text{kvar})$$

$$S = \sqrt{P^2 + Q^2} = \sqrt{111^2 + 27^2} = 114(\text{kV}\cdot\text{A})$$

由视在功率求得电源的线电流为

$$I_L = \frac{S}{\sqrt{3}\,U_L} = \frac{114 \times 10^3}{1.73 \times 380} = 173.4(\text{A})$$

二维码9-2　三相电路功率的测量

本章小结

三相电路由三相电源、三相负载和三相输电线路组成。

（1）对称三相电源由 3 个频率相同、幅值相等、初相依次相差120°的正弦电压源构成。频率相同、幅值相等、初相依次相差 120°的正弦量，称为对称正弦量，其特点是它们的和为零，即

$$\dot{U}_A + \dot{U}_B + \dot{U}_C = 0$$

三相电源有 Y 形连接和△形连接两种连接方式。Y 形连接的三相电源线电压与相电压的关系为 $\dot{U}_L = \sqrt{3}\dot{U}_P \angle 30°$，线电流与相电流的关系为 $\dot{I}_L = \dot{I}_P$。△形连接的三相电源线电压与相电压的关系为 $\dot{U}_L = \dot{U}_P$。

（2）负载也有 Y 形和△形两种连接方式。Y 形连接对称负载线电压与相电压关系为 $\dot{U}_{A'B'} = \sqrt{3}\dot{U}_{A'N'} \angle 30°$，负载线电流等于对应负载相电流。△形连接对称负载线电压等于对应负载相电压，负载线电流与相电流的关系为 $\dot{I}_A = \sqrt{3}\dot{I}_{A'B'} \angle -30°$。

（3）三相电路有 Y—Y、Y—△、△—Y 和△—△4 种连接形式。对称三相电路由于各相电压与电流具有对称性，只要求出一相的电流与电压，利用对称性就可以得到其他各相的量。Y—Y 连接对称三相电路是最基本的计算，利用中线电流为零的特点，将三相电路分解为单相电路，将计算三相电路转换为计算单相电路。Y—△连接对称三相电路的计算是利用三相负载的等效变换，将 Y—△连接对称三相电路变换成 Y—Y 连接对称三相电路，再进行计算。

若电源不对称，或三相负载不相等，都是不对称三相电路。不对称三相电路通常用结点电压法计算。

（4）三相电路的功率为各相功率之和。对称三相电路的有功功率为 $P = 3U_P I_P \cos\varphi = \sqrt{3}U_L I_L \cos\varphi$；无功功率为 $Q = 3U_P I_P \sin\varphi = \sqrt{3}U_L I_L \sin\varphi$；视在功率为 $S = 3U_P I_P = \sqrt{3}U_L I_L$；复功率为 $\tilde{S} = 3\dot{U}_A \dot{I}_A^*$。有功功率、无功功率、视在功率之间的关系为 $S = \sqrt{P^2 + Q^2}$。

三相电路的功率通常采用测量来获得，测量方法通常有：一表法、二表法和三表法。

综合练习

9.1　填空题。

(1)对称负载的三相电路，若负载的线电压等于负载的相电压，则三相负载为_____形连接。

(2)三相负载接到三相电源中，若各相负载的额定电压等于电源线电压的 $1/\sqrt{3}$ 时，负载应为_____形连接。

(3)三相电源为 Y 形连接，电源的相电压 $U_P = 127$ V，则电源的线电压为_____V。

(4)对称三相电路负载为 Y 形连接，已知 A 相负载的线电流为 $\dot{I}_A = 4\angle 20°$ A，则 C 相负载的相电流 $\dot{I}_{CN'} =$ _____A。

(5)对称三相电路负载为 △ 形连接，已知 A 相负载的线电流为 $\dot{I}_A = 5\angle 10°$ A，则相电流 $\dot{I}_{BC} =$ _____A。

9.2　选择题。

(1)在三相交流电路中，如负载为 △ 形连接，端线电阻为零，加在每一相负载上的电压为三相电源的(　　)，此时负载相电流与线电流的关系为(　　)。

A. 线电压，相电流等于线电流　　　　B. 相电压，相电流等于线电流

C. 线电压，线电流等于相电流的 $\sqrt{3}$ 倍　　D. 相电压，线电流等于相电流的 $\sqrt{3}$ 倍

(2)在三相交流电路中，如负载为 Y 形连接，端线电阻为零，加在每一相负载上的电压为三相电源的(　　)，此时负载相电流与线电流的关系为(　　)。

A. 线电压，相电流等于线电流　　　　　B. 相电压，相电流等于线电流

C. 线电压，线电流等于相电流的 $\sqrt{3}$ 倍　　D. 相电压，线电流等于相电流的 $\sqrt{3}$ 倍

(3)对称三相电源的线电压 $U_L = 230$ V，对称负载阻抗 $Z = (12+j16)\,\Omega$，忽略端线阻抗，负载分别为 Y 形连接和 △ 形连接时，负载的线电流之比为(　　)。

A. 3 : 1　　　　　B. 1 : 1　　　　　C. 1 : 3　　　　　D. 1 : 6

(4)对称三相电源的相电压 $U_P = 220$ V，对称负载阻抗 $Z = (8+j6)\,\Omega$，忽略端线阻抗，负载分别为 Y 形连接和 △ 形连接时，三相负载的有功功率之比为(　　)。

A. 3 : 1　　　　　B. 1 : 1　　　　　C. 1 : 3　　　　　D. 1 : 6

9.3　判断题(正确打√号，错误打×号)。

(1)3 个频率相同、幅值相等的交流电源称为三相交流电源。　　　　　　　(　　)

(2)在三相电路中，负载为 Y 形连接时，必须连接中线。　　　　　　　　(　　)

(3)在三相电路中，中线电流总是为零。　　　　　　　　　　　　　　　　(　　)

(4)在对称 △ 形负载的三相电路中，负载的线电压为 220 V，负载的相电压一定为 127 V。
　　　　　　　　　　　　　　　　　　　　　　　　　　　　　　　　　(　　)

9.4　对称三相电路中，电源电压 $u_{AB} = 380\sqrt{2}\cos(\omega t + 60°)$（V），负载为 Y 形连接，每相负载的电阻为 8 Ω，感抗为 6 Ω，忽略端线阻抗，求负载的相电流。

9.5 对称三相负载为△形连接，电源线电压为 220 V，线电流为 10 A，忽略端线阻抗，求负载阻抗的模 $|Z|$。

9.6 某三相对称负载为△形连接，忽略端线阻抗，每相负载的电阻为 4 Ω，感抗为 3 Ω，接于线电压为 380 V 的三相电源上，求三相负载的有功功率、无功功率和视在功率。

9.7 已知对称三相电路的 Y 形负载 $Z = (78 + j59)\,\Omega$，端线阻抗 $Z_1 = (2 + j1)\,\Omega$，电源的线电压 $U_L = 380$ V。求三相负载的有功功率、无功功率和视在功率。

9.8 三相三线制 Y—Y 连接对称三相电路中，已知电源线电压为 380 V，负载阻抗 $Z = (80 + j60)\,\Omega$，端线阻抗 $Z_1 = (2 + j4)\,\Omega$，求负载的相电压和线电流。

9.9 一个 Y—Y 连接三相电路如图 P9.1 所示，对称电源线电压 $u_{AB} = 380\sqrt{2}\cos(314t + 30°)$ (V)，负载为白炽灯，若 $R_1 = R_2 = R_3 = 5\,\Omega$，求负载的线电流及中线电流 I_N；若 $R_1 = 5\,\Omega$，$R_2 = 10\,\Omega$，$R_3 = 20\,\Omega$，求负载的线电流及中线电流 I_N。

9.10 照明系统如图 P9.1 所示，对称电源线电压 $U_L = 380$ V，负载为白炽灯，$R_1 = R_2 = R_3 = 5\,\Omega$。试分析下列情况：(1) R_1 短路，中线未断，求各相负载电压；(2) R_1 短路，中线断开，求各相负载电压；(3) A 相断路，中线未断，求各相负载电压；(4) A 相断路，中线断开，求各相负载电压。

9.11 对称三相电路如图 P9.2 所示，电源线电压为 380 V，负载阻抗为 $Z_1 = (6 + j8)\,\Omega$，$Z_2 = (9 + j2)\,\Omega$，试求：(1) 电源电流 $\dot{I}_A$、$\dot{I}_B$、$\dot{I}_C$；(2) 三相电源供给的有功功率 P；(3) 用二表法测量电路的功率，画出两只功率表的接法，并计算出两只功率表的读数。

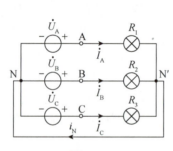

图 P9.1   图 P9.2

参 考 文 献

[1] 邱关源，罗先觉. 电路[M]. 5 版. 北京：高等教育出版社，2015.

[2] 唐朝仁. 电路基础[M]. 北京：清华大学出版社，2015.

[3] 巨辉，周蓉. 电路分析技术[M]. 北京：高等教育出版社，2013.

[4] 康丽杰，刘敏. 电路分析基础项目化教程[M]. 北京：清华大学出版社，2016.

[5] 李海凤，蔡新梅. 电路基础项目教程[M]. 北京：机械工业出版社，2018.

[6] 王民权. 电路分析及应用[M]. 北京：清华大学出版社，2019.

[7] 曾令琴. 电路分析基础[M]. 北京：化学工业出版社，2013.

[8] 吴建华，李华. 电路原理[M]. 北京：机械工业出版社，2013.